Internet Internals

Peter Mandl

Internet Internals

Vermittlungsschicht, Aufbau und Protokolle

Peter Mandl
Hochschule München
München, Deutschland

ISBN 978-3-658-23535-2   ISBN 978-3-658-23536-9 (eBook)
https://doi.org/10.1007/978-3-658-23536-9

Die Deutsche Nationalbibliothek verzeichnet diese Publikation in der Deutschen Nationalbibliografie; detaillierte bibliografische Daten sind im Internet über http://dnb.d-nb.de abrufbar.

Vorwort

Netzwerke und insbesondere das globale Internet sind die Basis für verteilte Anwendungssysteme. In diesem Buch werden neben den Grundlagen, Konzepten und Standards der Vermittlungsschicht vor allem die wichtigsten Protokolle und Zusammenhänge der Internet-Vermittlungsschicht behandelt.

Das Buch soll dazu beitragen, den komplexen Sachverhalt bis ins Detail verständlich zu machen. Dabei liegt der Schwerpunkt vor allem auf praktisch relevanten Themen, aber auch die grundlegenden Aspekte sollen erläutert werden. Das Buch behandelt die folgenden Themenkomplexe:

1. Kommunikation im Internet
2. Grundlagen der Vermittlungsschicht
3. Aufbau des Internets
4. Internetprotokoll IPv4
5. Routing und Forwarding
6. Steuer- und Konfigurationsprotokolle
7. Internetprotokoll IPv6

Kap. 1 gibt in Kürze eine grundlegende Einführung in die wichtigsten Grundbegriffe der Kommunikation im Internet und in das TCP/IP-Referenzmodell. Auf das ISO/OSI-Referenzmodell wird nur vergleichend eingegangen. Kap. 2 fasst wichtige Grundkonzepte und Protokollmechanismen, die typisch für die Vermittlungsschicht sind, zusammen. Wenn beim Leser schon grundlegende Kenntnisse zu Netzwerken und Datenkommunikation vorhanden sind und vor allem Interesse an den Funktionen der Internet-Vermittlungsschicht besteht, können die ersten beiden Kapitel übersprungen werden. In Kap. 3 werden der Aufbau und das Zusammenspiel der vielen Einzelsysteme im globalen Internet vorgestellt. Kap. 4 erläutert vertiefend Protokollmechanismen des Internetprotokolls IPv4. Kap. 5 befasst sich mit den Routing-Mechanismen in Netzwerken und mit dem netzwerkübergreifenden Routing im globalen Internet. In Kap. 6 werden die für die Funktionsfähigkeit des Internets notwendigen Steuer- und Konfigurationsprotokolle diskutiert. Kap. 7 geht entsprechend auf das neue Internetprotokoll IPv6 ein.

In diesem Buch wird ein praxisnaher Ansatz gewählt. Der Stoff wird mit vielen Beispielen und Skizzen veranschaulicht. Der Inhalt des Buches entstand zum einen aus mehreren Vorlesungen über Datenkommunikation über mehr als 15 Jahre an der Hochschule für angewandte Wissenschaften München und zum anderen aus konkreten Praxisprojekten, in denen Netzwerke eingerichtet und erprobt sowie verteilte Anwendungen entwickelt und betrieben wurden. Die Vermittlungsschicht spielt zusammen mit der Transportschicht eine tragende Rolle. Das Buch ist daher als Spezialisierung zu diesem konkreten Themenkomplex gedacht und stellt damit eine Fortsetzung bzw. Weiterentwicklung des Buches „Grundkurs Datenkommunikation – TCP/IP-basierte Kommunikation: Grundlagen, Konzepte und Standards" (Mandl et al. 2010) sowie eine Ergänzung des Buchs „TCP und UDP Internals" dieses Verlags dar (Mandl 2017). Das ursprüngliche Buch wurde aufgrund des Umfangs in zwei Einzelbücher zerlegt, erweitert und an vielen Stellen aktualisiert.

Bedanken möchte ich mich sehr herzlich bei unseren Studentinnen und Studenten, die mir Feedback zum Vorlesungsstoff gaben. Ebenso gilt mein Dank meinen Projektpartnern aus Industrie und Verwaltung. Den Gutachtern danke ich für ihre guten Verbesserungsvorschläge. Dem Verlag, insbesondere Frau Sybille Thelen, möchte ich ganz herzlich für die großartige Unterstützung im Projekt und für die sehr konstruktive Zusammenarbeit danken.

Fragen und Korrekturvorschläge richten Sie bitte an peter.mandl@hm.edu.
Für begleitende Informationen zur Vorlesung siehe www.prof-mandl.de.

München, Juni 2018   Peter Mandl

Noch ein Hinweis für die Leser

In diesem Buch werden häufig *Requests for Comments (RFC)* referenziert. Dies sind frei verfügbare Dokumente der Internet Community, welche die wesentlichen Standards des Internets, wie etwa die Protokollspezifikation von IPv4 und IPv6 beschreiben. Die Dokumentation wird ständig weiterentwickelt. Jedes Dokument hat einen Status. Nicht alle Dokumente sind Standards. Bis ein Standard erreicht wird, müssen einige Qualitätskriterien (z. B. nachgewiesen lauffähige Implementierungen) erfüllt werden. Ein RFC durchläuft dann die Zustände „Proposed Standard", „Draft Standard" und schließlich „Internet Standard". Es gibt auch RFCs, die nur der Information dienen (informational RFC) oder nur Experimente beschreiben (experimental RFC). Zudem gibt es RFCs mit dem Status „Best Current Practice RFC", die nicht nur der Information, sondern vielmehr als praktisch anerkannte Vorschläge dienen. Schließlich gibt es historische RFCs, die nicht länger empfohlen werden.

Der RFC-Prozess an sich, auch IETF Standards Process (Internet Engineering Task Force) genannt, ist in einem eigenen RFC mit der Nummer 2026 (The Internet Standard Process – Revision 3) definiert.

Jeder RFC erhält eine eindeutige Nummer. Wird ein RFC ergänzt, erweitert oder verändert, wird jeweils ein neuer RFC mit eigener Nummer angelegt. Eine Referenz auf die Vorgängerversion wird mit verwaltet. Damit ist auch die Nachvollziehbarkeit gegeben. Im Internet können alle RFCs zum Beispiel über https://www.rfc-editor.org/ eingesehen werden.

RFCs werden in diesem Buch direkt im Text referenziert und sind nicht im Literaturverzeichnis eingetragen.

Inhaltsverzeichnis

Kommunikation im Internet

1

Zusammenfassung

Kommunikation ist der Austausch von Informationen nach bestimmten Regeln. Dies ist zwischen Menschen ähnlich wie zwischen Maschinen. Das Regelwerk fasst man in der Kommunikationstechnik unter dem Begriff Kommunikationsprotokoll (kurz Protokoll) zusammen. Die nachrichtenbasierte Kommunikation in verteilten Systemen ist aufgrund der vielen Protokolldetails sehr komplex. Aus diesem Grund entwickelte man Beschreibungsmodelle, also Referenzmodelle, in denen die Komplexität durch Schichtung und Kapselung der einzelnen Funktionen überschaubarer dargestellt wurde. Eines dieser Referenzmodelle ist das TCP/IP-Referenzmodell, das heute einen hohen Stellenwert für das Internet hat. Die in diesem Buch behandelten Themen ordnen sich in dieses Referenzmodell ein, weshalb es in diesem Kapitel eingeführt wird.

1.1 Das TCP/IP-Referenzmodell

In mehreren Gremien und Organisationen wurde in den letzten Jahrzehnten versucht, die komplexe Materie der Rechner-zu-Rechner-Kommunikation über Nachrichten in Modellen zu formulieren und zu standardisieren, einheitliche Begriffe einzuführen und schichtenorientierte Referenzmodelle für die Kommunikation zu schaffen. Einen wesentlichen Beitrag leistete bis in die Neunziger Jahr hinein die ISO (International Standardization Organization), aber vor allem in den letzten 30 Jahren setzte die TCP/IP-Gemeinde hier die wesentlichen Akzente. Das von der Internet-Gemeinde entwickelte TCP/IP-Referenzmodell (vgl. Abb. 1.1) ist heute der Defacto-Standard in der Rechnerkommunikation im Internet. Es hat vier Schichten, wobei die Internetschicht (auch als Netzwerk- oder Vermittlungsschicht bezeichnet) und die Transportschicht (Mandl 2017) die tragenden Schichten sind.

© Springer Fachmedien Wiesbaden GmbH, ein Teil von Springer Nature 2019
P. Mandl, *Internet Internals*, https://doi.org/10.1007/978-3-658-23536-9_1

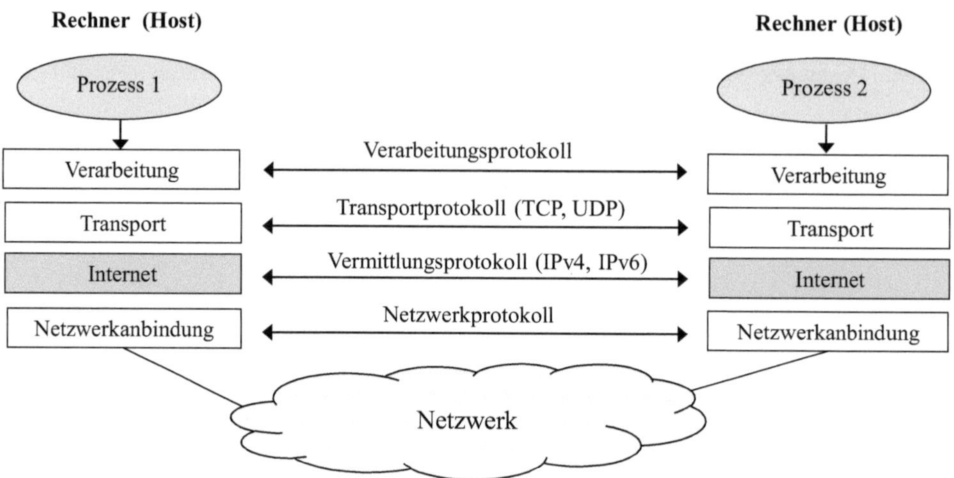

Abb. 1.1 TCP/IP-Referenzmodell

- Die Anwendungsschicht befasst sich mit den Anwendungsprotokollen. Hierzu gehören FTP (Filtetransfer), HTTP (Web-Kommunikation), SMPT (Mail-Kommunikation) und viele weitere.
- Die Transportschicht stellt einen verbindungsorientierten (TCP = Transmission Control Protocol) oder verbindungslosen (UDP = User Datagram Protocol) Transportdienst zur Verfügung.
- Die Internetschicht dient der verbindungslosen, paketorientierten Kommunikation über Netzwerke hinweg. In der Netzwerkschicht wird neben einigen Steuerungsprotokollen im Wesentlichen das Protokoll IP (Internet Protocol) in zwei Ausprägungen (IPv4 und IPv6) benutzt.
- Die Netzwerkzugangsschicht sorgt für den Zugang zu Netzwerktechnologien wie Ethernet oder Wireless LAN (WLAN).

Eine Anordnung von Protokollen verschiedener Schichten wird auch als *Protokollstack* (siehe Definition) bezeichnet. Auf verschiedenen Rechnersystemen muss die Anordnung der Protokolle gleich sein, sonst können die Systeme nicht miteinander kommunizieren. Endsysteme, im Internet auch als Hosts bezeichnet, verfügen über einen kompletten Protokollstack. Knotenrechner, im Internet auch IP-Router oder Router, manchmal auch Gateways genannt, benötigen für die reine Paketvermittlung nur die unteren beiden Schichten, verfügen aber in der Regel auch über einen kompletten Protokollstack, da sie auch der Anwendungsschicht zugeordnete Protokolle wie HTTP nutzen.

▶ **Kommunikationsprotokoll** Ein Kommunikationsprotokoll oder kurz ein Protokoll ist ein Regelwerk zur Kommunikation zweier Rechnersysteme untereinander. Protokolle folgen in der Regel einer exakten Spezifikation. In der TCP/IP-Welt werden die Spezifikationen in Internet Standards (RFCs) festgehalten.

▶ **Protokollstack** Eine konkrete Protokollkombination wird auch als Protokollstack (kurz Stack) bezeichnet. Der Begriff Stack (auch Kellerspeicher oder Stapelspeicher genannt) wird deshalb verwendet, weil Nachrichten innerhalb eines Endsystems von der höheren zur niedrigeren Schicht übergeben werden, wobei jedes Mal Steuerinformation ergänzt wird. Diese Steuerinformation wird im sendenden System von oben nach unten in jeder Protokollschicht angereichert, im empfangenden System beginnend bei Schicht 1 in umgekehrter Reihenfolge interpretiert und vor der Weiterreichung einer Nachricht an die nächsthöhere Schicht entfernt.

Die Implementierungen bzw. *Protokollinstanzen* (siehe Definition) der gleichen Schicht tauschen Nachrichten in Form von Protocol Data Units (PDU) miteinander aus, die sowohl Steuerinformationen der jeweiligen Schicht als auch die Nutzdaten der nächsthöheren Schicht enthalten.

▶ **Protokollinstanz** Unter einer Protokollinstanz oder einer Instanz versteht man in der Datenkommunikation die Implementierung einer konkreten Schicht. Instanzen gleicher Schichten kommunizieren miteinander über ein gemeinsames Protokoll.

ISO/OSI-Referenzmodell

Nur wenige Protokolle, die in der Praxis genutzt werden, basieren auf dem ISO/OSI-Referenzmodell (kurz: OSI-Modell). Eines davon ist das Routing-Protokoll IS-IS, das in diesem Buch auch kurz betrachtet wird.

Das OSI-Modell teilt die gesamte Funktionalität in sieben Schichten ein. Jede Schicht stellt der darüberliegenden Schicht bzw. bei Schicht 7 der Anwendung eine Schnittstelle, auch Dienst genannt, zur Nutzung ihrer Funktionen zur Verfügung.

In Tab. 1.1 werden die Schichten des ISO/OSI-Referenzmodells mit denen des TCP/IP-Referenzmodells gegenübergestellt.

In Abb. 1.2 wird ein Überblick über den gesamten TCP/IP-Protokollstack mit einigen wichtigen Protokollen gegeben. Das Bild soll zeigen, dass es viele verschiedene Protokolle gibt. FTP steht zum Beispiel für ein *Filetransfer*-Protokoll zum Übertragen von Dateien von einem Rechner zu einem anderen. SNMP steht für *Simple Network Management*

Tab. 1.1 Gegenüberstellung ISO/OSI- mit TCP/IP-Referenzmodell

ISO/OSI-Referenzmodell	TCP/IP-Referenzmodell	PDU-Bezeichnung
Anwendungsschicht Darstellungsschicht Sitzungsschicht	Anwendungsschicht	Nachricht der jeweiligen Anwendung
Transportschicht	Transportschicht	Segment
Vermittlungsschicht	Vermittlungsschicht (Internetschicht)	Paket
Sicherungsschicht Bitübertragungsschicht	Netzwerkzugangsschicht	Frame Bits, Bitgruppen

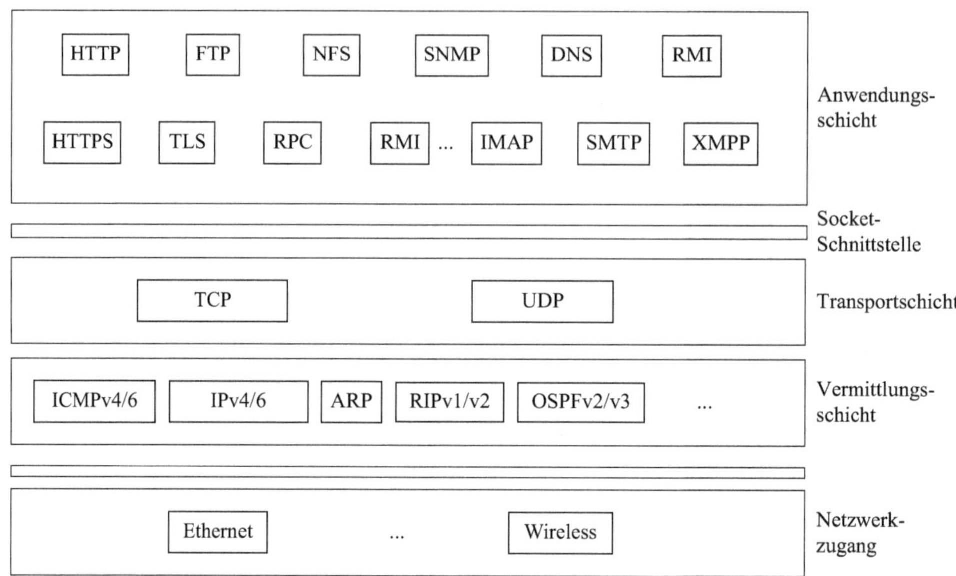

Abb. 1.2 Protokollbeispiele der TCP/IP-Welt

Protokoll und dient dem Verwalten von Netzwerkkomponenten. Auf einzelne Anwendungsprotokolle soll hier nicht weiter eingegangen werden. Die Schnittstelle zwischen den Anwendungen und der Transportschicht wird als Socket-Schnittstelle bezeichnet (Mandl 2017).

Standardisierung im Internet

Für die Weiterentwicklung des Internets ist das IAB (Internet Activity Board, heute: Internet Architecture Board) zuständig, das bereits 1983 gegründet und 1989 umorganisiert wurde. Das Board hat mehrere Bereiche und Gruppen (siehe Abb. 1.3):

- Das *IAB* (Board) bestimmt die Richtlinien der Politik.
- Die *IETF* kümmert sich in verschiedenen Bereichen (areas) um kurz- und mittelfristige Probleme.
- Die *IESG* koordiniert die IETF Working Groups.
- Die *IRTF* ist ein Forschungsbereich, der die TCP/IP-Forschungsthemen koordiniert.
- Die *IRSG* koordiniert die Forschungsaktivitäten der einzelnen Gruppen.

Die Working Groups setzen sich aus freiwilligen Mitarbeitern zusammen.

Das NIC (Network Information Center, gesprochen „Nick") ist zuständig für die Dokumentation und die Verwaltung der umfangreichen Informationen über Protokolle, Standards, Services usw. Das NIC verwaltet das Internet und auch die Domänennamen (InterNIC 2018). In Deutschland ist die DENIC (Denic 2018) als nationale Vertretung in Frankfurt aktiv.

Diese Organisationen setzen DNS-Server für die Verwaltung ein. Jedes Land hat seine eigene Registrierungspolitik. Die Domäne.*de* wurde ursprünglich technisch und auch administrativ an den Universitäten in Dortmund und Karlsruhe verwaltet und wurde ab 1996 mit der Gründung der DENIC nach Frankfurt überführt. Die DENIC ist heute eine eingetragene Genossenschaft.

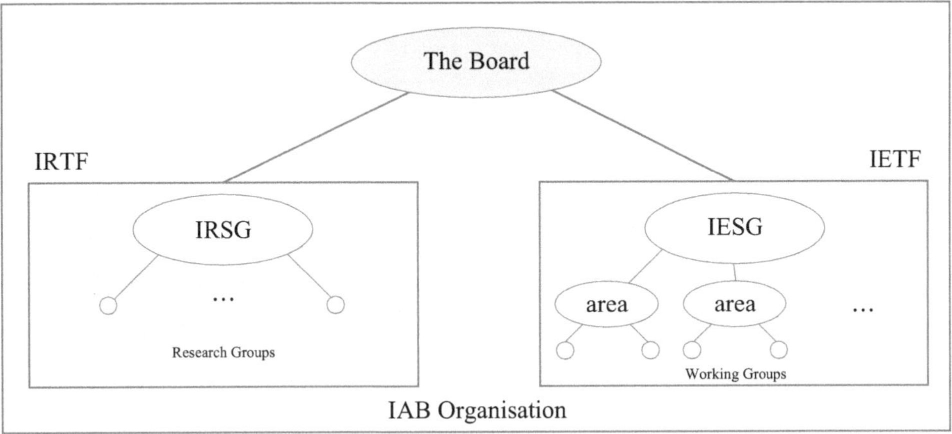

Abb. 1.3 Organisation des Internet Architecture Boards

1.2   Nachrichten und Steuerinformation

Der Austausch von Nachrichten zwischen den Kommunikationspartnern wird durch die Anwendungen über das verwendete Anwendungsprotokoll initiiert. In der TCP/IP-Protokollfamilie unterscheiden wir vier Schichten. Demzufolge werden einer Nutzdatennachricht, die eine Anwendung versendet, vier Header hinzugefügt. Header enthalten Kontroll- und Steuerinformationen, welche die sendende Instanz der empfangenden Instanz der gleichen Schicht bereitstellt. Beispielsweise enthält ein Header Adressinformationen, redundante Informationen zur Fehlererkennung, Zähler für die übertragenden Bytes und Bestätigungsinformation.

In jeder Schicht, welche die Nutzdatennachricht lokal auf den beteiligten Rechnern durchläuft, wird auf der Senderseite ein Header ergänzt und entsprechend auf der Empfängerseite wieder entfernt, bis schließlich bei der empfangenden Anwendung nur noch die Nutzdaten übrig bleiben, um die es ja eigentlich geht. In Abb. 1.4 sehen wir die Nutzdatennachricht, die zunächst durch das Anwendungsprotokoll um einen Anwendungs-Header ergänzt wird. Im Gesamten sprechen wir von der Anwendungs-PDU. In der TCP/IP-Welt wird hierfür auch der Begriff *Nachricht* verwendet. Ein typischer Header der Anwendungsschicht wäre zum Beispiel der Header für die Web-Kommunikation (meist HTTP). Entsprechend wird in der nächsten Schicht – je nach Transportprotokoll – ein TCP- oder UDP-Header ergänzt. Daraus ergibt sich die Transport-PDU, die in der TCP/IP-Welt auch als *Segment* bezeichnet wird.

Abb. 1.4 zeigt in der Schicht 3 (Vermittlungsschicht), dass ein Segment um einen IP-Header erweitert wird. Daraus entsteht die IP-PDU, die auch als *Paket* bezeichnet wird. Schließlich wird in der Netzzugangsschicht ein entsprechender Header ergänzt und damit ein

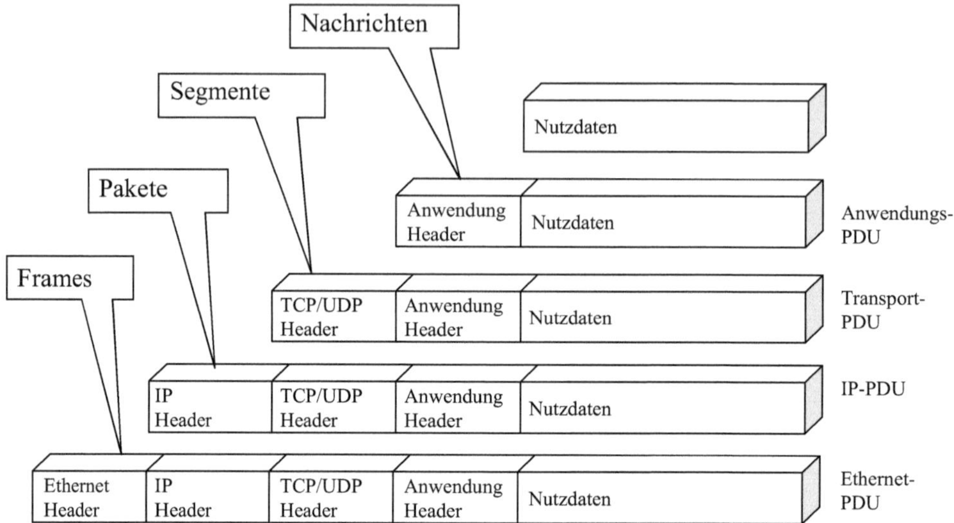

Abb. 1.4 Typischer Nachrichtenaufbau

Frame erzeugt. In unserem Beispiel wurde ein Ethernet-Header ergänzt. Die Ethernet-PDU wird schließlich über einen Netzwerkadapter physisch in das Netzwerk gesendet. Die gebräuchlichen Bezeichnungen für PDUs sind in der folgenden Definition zusammengefasst.

Die Schichtenanordnung des Protokollstacks kann sich auf dem Weg von der Quelle zum Ziel erweitern, wenn die Nachricht zum Beispiel mehrere Rechnerknoten, in der TCP/IP-Welt als Router bezeichnet, überquert. Insbesondere die Netzzugangsschichten können hier variieren, jedoch ist es wichtig, dass zwei direkt benachbarte Rechnerknoten jeweils den gleichen Protokollstack kennen. Dies trifft aber nur auf die Schichten zu, die auch für die Bearbeitung benötigt werden. Ein klassischer IP-Router in einem IP-Netzwerk betrachtet in der Regel die Protokoll-Header oberhalb der Schicht 3 nicht.

Literatur

Mandl, P. (2017). *TCP und UDP Internals – Protokolle und Programmierung*. Wiesbaden: Springer Vieweg.

Internetquellen

Denic. (2018). https://www.denic.de. Zugegriffen am 16.03.2018.
InterNIC. (2018). https://www.internic.net. Zugegriffen am 16.03.2018.

Zusammenfassung

Zu den wesentlichen Aufgaben der Vermittlungs- oder Netzwerksschicht gehören die Nachrichtenvermittlung, die Wegewahl und die Staukontrolle. Darüber hinaus unterstützt die Schicht üblicherweise ein Multiplexing/Demultiplexing sowie bei Bedarf eine Fragmentierung von Nachrichten mit entsprechender Defragmentierung beim Zielrechner. Für die Vermittlung von Nachrichten gibt es grundsätzlich mehrere Verfahren, von denen die wichtigsten die Leitungsvermittlung und die Paketvermittlung sind. Eine Zwitterlösung bilden Virtual Circuits quasi als Leitungen über paketvermittelte Netze. Die Wegewahl, auch Routing genannt, dient dazu, die richtigen Wege zwischen Quellrechner und Zielrechner auch in komplexen Netzwerkstrukturen zu finden. Hier gibt es verschiedene Ansätze wie ein zentrales oder ein dezentrales Routing. Optimale Wege von Paketen durch das Netzwerk müssen ermittelt werden. Die Staukontrolle soll helfen, drohende Netzwerkengpässe frühzeitig zu erkennen und Maßnahmen zur Entlastung des Netzwerks einzuleiten.

2.1 Aufgaben und Einordnung

Die Vermittlungsschicht ist die unterste Schicht, die sich mit Ende-zu-Ende-Übertragung in einem Netzwerk befasst. Die Schnittstelle zur Vermittlungsschicht ist für WAN-Zugänge auch meist die Netzbetreiberschnittstelle. Endsysteme kommunizieren meist über einen oder mehrere Netzknotenrechner (auch kurz Knotenrechner oder einfach Router genannt) und über einen oder mehrere Übertragungswege (Teilstrecken) miteinander. Zu den Aufgaben der Vermittlungsschicht gehören im Wesentlichen die Wegewahl (auch Routing genannt), das Multiplexen und Demultiplexen, die Staukontrolle (Congestion Control) sowie die Fragmentierung und Defragmentierung. Diese werden im Weiteren näher erläutert.

© Springer Fachmedien Wiesbaden GmbH, ein Teil von Springer Nature 2019
P. Mandl, *Internet Internals*, https://doi.org/10.1007/978-3-658-23536-9_2

2.2   Vermittlungsverfahren

2.2.1   Überblick

In der Vermittlungsschicht haben wir es vor allem in Weitverkehrsnetzen (Wide Area Networks, WAN) üblicherweise mit Teilstreckennetzen, die aus Knotenrechnern bzw. Routern und verbindenden Leitungen bestehen, zu tun. An diese werden die Datenendeinrichtungen (DEE) oder Hosts, also die einzelnen Endsysteme, angeschlossen.

Den Gesamtvorgang der Verbindungsherstellung, des Haltens und des Abbauens einer Verbindung bezeichnet man als *Vermittlung* (engl. *Switching*). In dem Beispielnetz aus Abb. 2.1 wird eine Verbindung zwischen DEE1 und DEE2 über die Knoten B, C und E hergestellt.

Wir greifen im Folgenden die Vermittlungsverfahren Leitungsvermittlung und Paketvermittlung auf. Diese Verfahren sind in Abb. 2.2 strukturiert und mit Beispielen belegt. Die Paketvermittlung ist wie die Nachrichtenvermittlung eine Sonderform der Speichervermittlung. Bei der Speichervermittlung werden Nachrichten in Vermittlungsstellen zwischengespeichert (Store-and-Forward-Prinzip), bis eine Weiterleitung möglich ist. Bei der Nachrichtenvermittlung werden immer ganze Nachrichten gesendet, während bei der Paketvermittlung die Nachrichten in Pakete zerlegt und dann versendet werden. Sie müssen dann im Zielsystem wieder zusammengesetzt werden.

2.2.2   Leitungsvermittlung

In leitungsvermittelten Netzwerken werden alle auf dem Netzwerkpfad benötigten Ressourcen wie Bandbreite und Pufferspeicher in den Netzwerkknoten für die Dauer der Verbindung vorab reserviert.

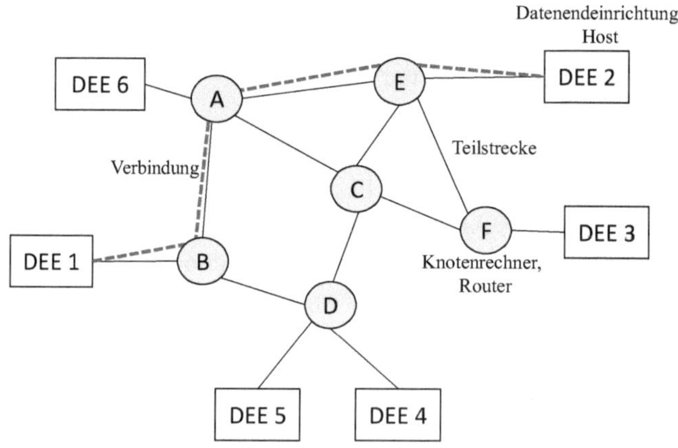

Abb. 2.1 Beispiel für ein Vermittlungsnetzwerk

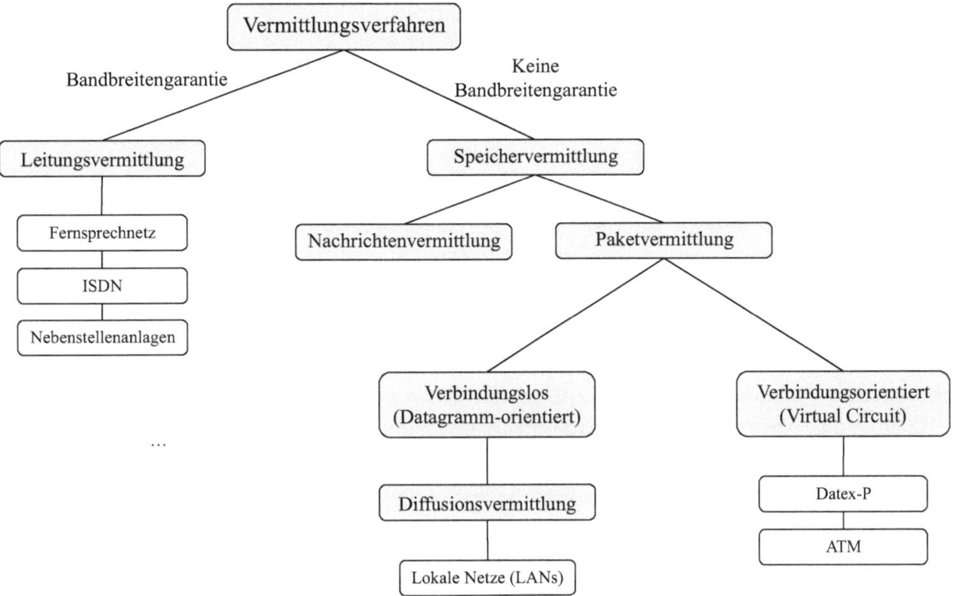

Abb. 2.2 Übersicht über Vermittlungsverfahren

Beispielnetze für die klassische Leitungsvermittlung sind das alte analoge Fernsprechnetz und das ebenfalls in die Jahre gekommene digitale ISDN. Bei diesem Switching-Verfahren, auch *circuit switching* oder *Durchschaltevermittlung* genannt, wird über die gesamte Verbindung ein physikalischer Verbindungsweg durch das Netzwerk geschaltet. Es wird eine feste Bandbreite garantiert und zwar unabhängig von dem, was tatsächlich übertragen wird.

Bei der Leitungsvermittlung ist es wahrscheinlich, dass Bandbreite unnötig reserviert wird, wenn z. B. das Nachrichtenaufkommen nicht immer konstant ist. Auch mit Blockierungen, also der Ablehnung eines Verbindungswunsches, ist zu rechnen, wenn kein Verbindungsweg mehr frei ist.

Die teuren Leitungen zwischen den Netzknoten werden in heutigen Netzwerken mit Hilfe von Multiplexverfahren in mehrere „Sprechkreise" aufgeteilt. Die verwendeten Verfahren sind Frequenzmultiplexen (FDM) und Zeitmultiplexen (TDM), wobei sich das Zeitmultiplexverfahren immer mehr durchsetzt. Dabei wird jeder Ende-zu-Ende-Verbindung zwischen zwei Knotenrechnern ein Zeitschlitz zugeordnet, über den eine bestimmte Bitrate möglich ist.

2.2.3 Paketvermittlung

Bei der Paketvermittlung werden immer komplette Nachrichten in einzelnen Datenpaketen zwischen den Netzwerkknoten ausgetaucht. Nachrichten werden erst weitergesendet, wenn sie vollständig sind. Man spricht hier auch von Store-and-Forward-Verfahren.

Bei der Paketvermittlung werden die Ressourcen nicht vorab reserviert, sondern zur Laufzeit dynamisch zugewiesen. Das Netz überträgt die Nachrichten immer mit der Zieladresse evtl. über mehrere Knoten mit Zwischenspeicherung und zerlegt sie in einzelne Pakete (N-PDUs), die über unterschiedliche Wege zum Ziel gesendet werden können, wie dies bei der Übertragung zwischen Host H1 und Host H2 in Abb. 2.3 zu sehen ist.

Die Paketvermittlung ist für die Datenübertragung effizienter als die Leitungsvermittlung, jedoch wird keine Bandbreite garantiert. Daher gibt es aber auch kaum Blockierungen. Ein typisches Beispiel für ein Paketvermittlungsnetz ist das Internet. In heutigen Netzwerken wird die Leitungsvermittlung zunehmend durch die Paketvermittlung ersetzt.

In Abb. 2.4 ist dargestellt, wie ein Knotenrechner bzw. Router in einem paketvermittelten Netz grundsätzlich arbeitet. Über eine oder mehrere Eingangsleitungen werden ankommende Pakete entgegengenommen und über eine Switching- und Routing-Logik an die passende Ausgangsleitung weitergegeben.

Bei der Paketvermittlung unterscheidet man die verbindungslose und die verbindungsorientierte Variante. Bei der verbindungslosen Paketvermittlung werden Datagramme (N-PDUs) ohne vorhergehenden Verbindungsaufbau gesendet. Jedes Datagramm enthält die Quell- und die Zieladresse. Die Knotenrechner ermitteln für jedes Datagramm einen optimalen Weg (Routing). Man bezeichnet dies auch als verbindungslose Vermittlung. Es ist nur ein einfacher Dienst zum Senden von Datagrammen erforderlich. Als Spezialfall

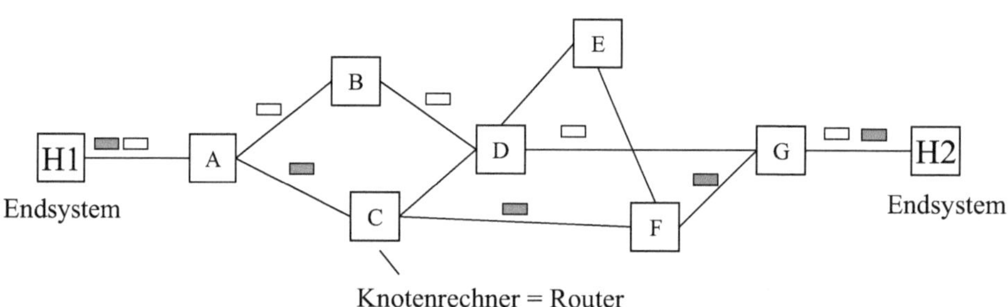

Abb. 2.3 Paketvermittlung mit Übertragung auf unterschiedlichen Wegen

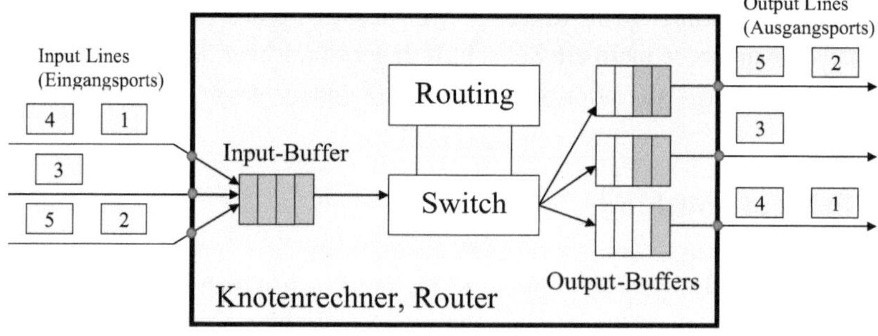

Abb. 2.4 Prinzip der Paketvermittlung im Knotenrechner

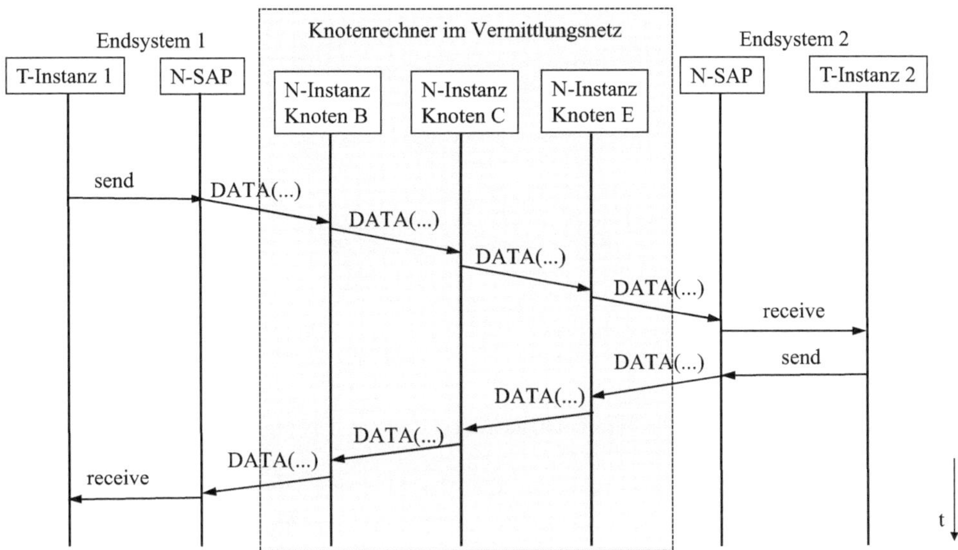

Abb. 2.5 Nachrichtenfluss über mehrere Knotenrechner

der paketorientierten, verbindungslosen Vermittlung kann das bekannte Diffussionsnetz angesehen werden, das z. B. im LAN (siehe Ethernet) Verwendung findet.

In Abb. 2.5 ist dargestellt, wie eine Nachricht von der Transport-Instanz 1 (T-Instanz) über mehrere Knoten B, C, E zum Ziel (Transport-Instanz 2) weitergeleitet wird. Die Antwort geht hier über den gleichen Weg zurück, was aber in der Vermttlungsschicht je nach Konfiguration und Netzauslastung erfolgen kann. Die T-Instanzen nutzen zum Senden und Empfangen von Paketen den Service Access Point der Vermttlungsschicht (N-SAP).

2.2.4 Virtual Circuits

Sonderfälle der Paketvermittlung sind *Virtual Circuits (VC)*. Sie werden auch „scheinbare Verbindungen" genannt. Die Verbindung bleibt hier für die Dauer der Datenübertragung erhalten. Bei VC kann man sagen, dass kein physikalisches Durchschalten der Verbindung erfolgt, sondern die beim Verbindungsaufbau ermittelte Routing-Information in den Knoten verwendet wird. Ein typisches Netz, das mit Virtual Circuits arbeitet, ist das in die Jahre gekommene *Datex-P-Netzwerk* der Telekom. Eine modernere Technologie stellt *Asynchronous Transfer Mode (ATM)* dar.

Man nennt Virtual Circuits auch einen verbindungsorientierten Dienst auf der Vermittlungsschicht. Die Kommunikation über Virtual Circuits wird mit entsprechenden Diensten in die drei Phasen Verbindungsaufbau (connect-Dienst), Datenübertragung (data-Dienst) und Verbindungsabbau (disconnect-Dienst) eingeteilt. Die Verbindung zwischen zwei Endsystemen wird schrittweise über Teilstrecken aufgebaut. Die Knoten müssen in der

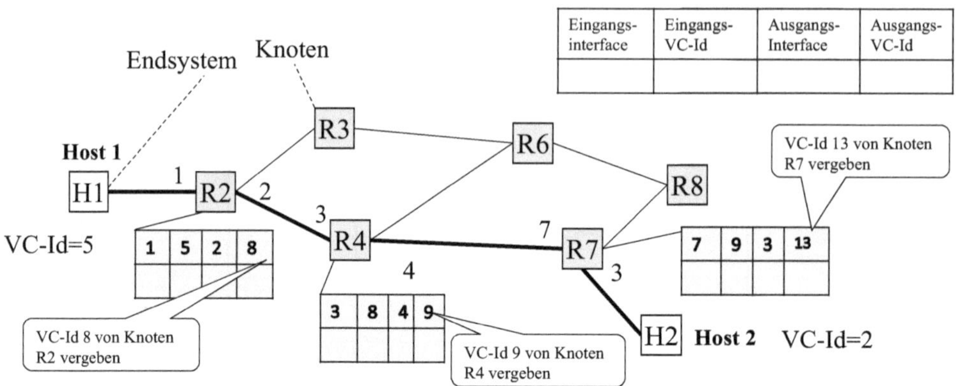

Abb. 2.6 Beispiel für virtuelle Verbindungen über ein paketorientiertes Netzwerk

Verbindungsaufbauphase Informationen über das Mapping von eingehenden Paketen zu Ausgangsteilstrecken speichern, also eine gewisse Kontextverwaltung (Status und Verbindungstabellen) durchführen.

Durch Virtual Circuits lässt sich das aufwändige Routen bei jedem Paket reduzieren, da ja in den Knotenrechnern in der Verbindungsaufbauphase Wissen über die virtuelle Verbindung aufgebaut wird. Virtuelle Verbindungen bleiben für die Dauer der virtuellen Verbindung bis zum disconnect erhalten. In Abb. 2.6 ist ein Beispiel einer bereits aufgebauten virtuellen Verbindung zwischen dem Host H1 und dem Host H2 dargestellt. Jede Verbindung bekommt in jedem Knotenrechner beim Verbindungsaufbau eine eindeutige Identifikation (VC-Id) zugeordnet. Zusammen mit der Information über Eingangs- und Ausgangs-Interface wird die Verbindungsinformation eindeutig. VC-Ids werden in der Datenübertragungsphase in den Nachrichten von Knoten zu Knoten übertragen. Im Beispiel sendet der Host H1 in seinen Paketen die Ausgangs-VC-ID 5 mit. Bei Router R2 kommen die Pakete über das Eingangs-Interface 1 an. Das Tupel (VC-Id = 5, Eingangs-Interface = 1) ist in R1 eindeutig. In einer Tabelle werden diese Informationen gemeinsam mit den zugeordneten Ausgangs-Interfaces verwaltet. Dem Eingangstupel (5, 1) ist ein Ausgangstupel (2, 8) zugeordnet. Es besagt, dass das Paket über das Ausgangs-Interface 2 mit Ausgangs-VC-Id 8 weitergesendet werden muss. Entsprechendes gilt für die Knotenrechner R4 und R7. Pakete von H1 kommen schließlich bei Host 2 mit der VC-Id 3 an, die vom Router R7 vergeben wurde. Somit weiß jeder Router, wie er ankommende Pakete weiterleiten muss.

2.3   Wegewahl (Routing)

2.3.1   Überblick über Routing-Verfahren

Die Wegewahl ist eine der wesentlichen Aufgaben der Schicht-3-Instanzen in den Knoten des Vermittlungsnetzes. Sie wird bei paketorientierten Netzen notwendig, wenn in einem Netzwerk alternative Wege zwischen den Endsystemen vorhanden sind.

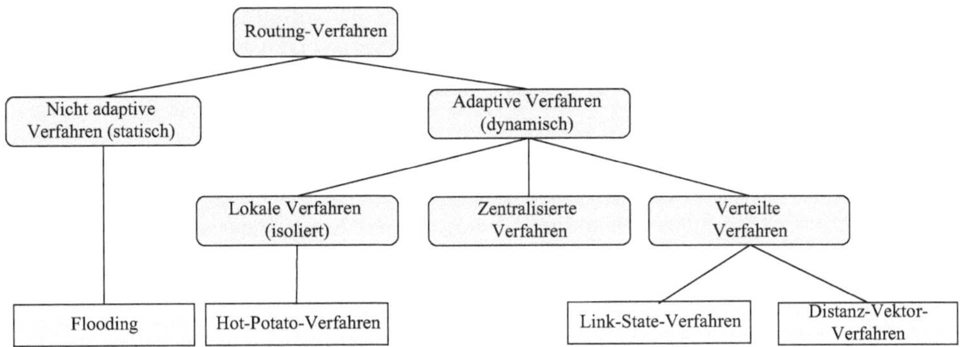

Abb. 2.7 Klassifizierung der Routing-Verfahren

Verschiedene Routing-Kriterien und -Algorithmen sind möglich. Hierzu gehören die Suche der geringsten Entfernung oder die möglichst geringe Anzahl von Hops (Anzahl der zu durchlaufenden Knoten). Die Routing-Information wird in Routing-Tabellen in der Regel in den Knotenrechnern verwaltet. Routing-Verfahren lassen sich nach verschiedenen Klassifizierungen einteilen: Man unterscheidet z. B. statische oder dynamische (adaptive) sowie zentralisierte und dezentrale (verteilte) Verfahren.

Das einfachste Verfahren ist *Flooding*. Hier wird jedes ankommende Paket an alle oder eine begrenzte Auswahl (*selektives Flooding*) an Ausgangsleitungen weitergereicht. Flooding ist enorm robust und es wählt auch immer den optimalen Weg, da es ja alle auswählt. Leider ist das Verfahren aber nicht sehr leistungsfähig. Man unterscheidet weiterhin folgende Verfahren (siehe Abb. 2.7):

- *Statische Verfahren*: Hier gibt es keine Messungen der aktuellen Situation, sondern vor der Inbetriebnahme ermittelte Metriken. Eine statische Routing-Tabelle, die bei der Knotenkonfigurierung eingerichtet wird, enthält die fest vorgegebenen Routen, die ein Paket nehmen kann.
- *Dynamische (adaptive) Verfahren*: Diese Verfahren nutzen Verkehrsmessungen zur Routenermittlung. Die Routing-Informationen in den Knotenrechnern werden kontinuierlich über definierte Metriken angepasst. Die Optimierungskriterien können sich dynamisch verändern und werden im Algorithmus berücksichtigt.

Statische Routing-Algorithmen sind das Shortest-Path-Routing, Flooding und flussbasiertes Routing. Beim dynamischen Routing unterscheidet man wiederum folgende Möglichkeiten:

- *Isoliertes Routing*: Hier trifft jeder Knoten die Routing-Entscheidungen alleine. In diese Kategorie fällt auch das Hot-Potato-Verfahren, bei dem jedes ankommende Datagramm grundsätzlich so schnell wie möglich an alle nicht überlasteten Ausgänge weitergeleitet wird.

- *Zentrales Routing* über einen zentralen Knoten (Routing-Kontroll-Zentrum).
- *Dezentrales Routing* (verteilte Verfahren): Die Routing-Funktionalität liegt in jedem einzelnen Knoten. Die Routing-Tabellen werden im Zusammenspiel ermittelt.

Eine andere Klassifizierung unterteilt in zustandsabhängige und zustandsunabhängige Routing-Verfahren. Bei zustandsunabhängigen Verfahren wird der aktuelle Zustand des Netzes nicht berücksichtigt. Die aktuelle Belastung der Router oder die Bandbreitenauslastung spielen also keine Rolle. Die Wegewahl berücksichtigt nur die Entfernung zum Ziel. Zustandsabhängige Verfahren berücksichtigen dagegen die aktuelle Situation.

Beim *zentralen Routing* gibt es ein Routing Control Center (RCC), in dem die gesamte Routing-Information gesammelt wird (siehe Abb. 2.8). Das Verfahren ist nicht fehlertolerant. Wenn das Routing Control Center ausfällt, funktioniert die Wegewahl nur noch eingeschränkt. Es muss also ausfallgesichert, z. B. mehrfach ausgelegt werden. Das Verfahren ist zwar netzweit konsistent, jedoch besteht beim zentralen Routing die Gefahr, dass Routing-Information an Aktualität verliert.

Die einzelnen Router senden periodisch Veränderungen an das RCC. Die Zentrale ermittelt die neuen optimalen Wege und verteilte diese Routing-Information an die Routing-Tabellen der einzelnen Knotenrechner.

Beim *verteilten Routing* unterscheidet man im Wesentlichen zwei verschiedene Verfahren. Das *Distance-Vector-Routing* oder Entfernungsvektorenverfahren ist ein sehr bekanntes Verfahren, das ursprünglich im ARPANET eingesetzt wurde und inzwischen auch im Internet verwendet wird. Das *Link-State-Routing-* oder *Verbindungszustandsverfahren* wird seit dem Ende der 70er-Jahre im ARPANET bzw. im Internet eingesetzt.

Schließlich ist auch noch das *hierarchische Routing-Verfahren* zu nennen. Große Netze benötigen auch große Routing-Tabellen, die mit langen Suchzeiten in den Routing-Tabellen einhergehen. Die Verringerung der Routing-Tabellen kann durch eine hierarchische Organisation erreicht werden. Als Hierarchiestufen sind z. B. Regionen geeignet. In Abb. 2.9 ist ein Beispiel für ein nach Regionen aufgeteiltes Netzwerk dargestellt, wobei nur die Netzwerkknoten gezeigt werden.

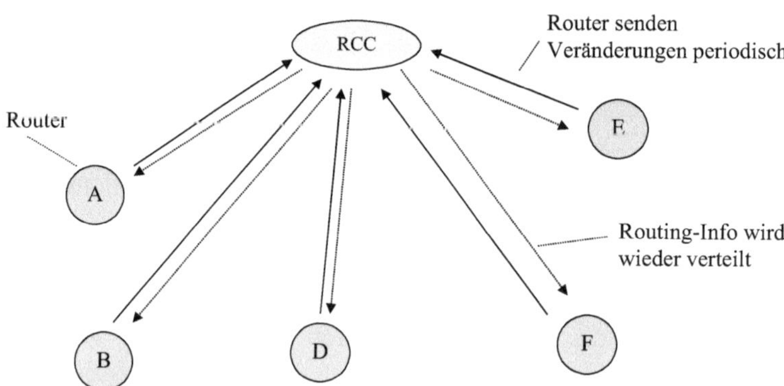

Abb. 2.8 Zentrales Routing über ein Routing Control Center

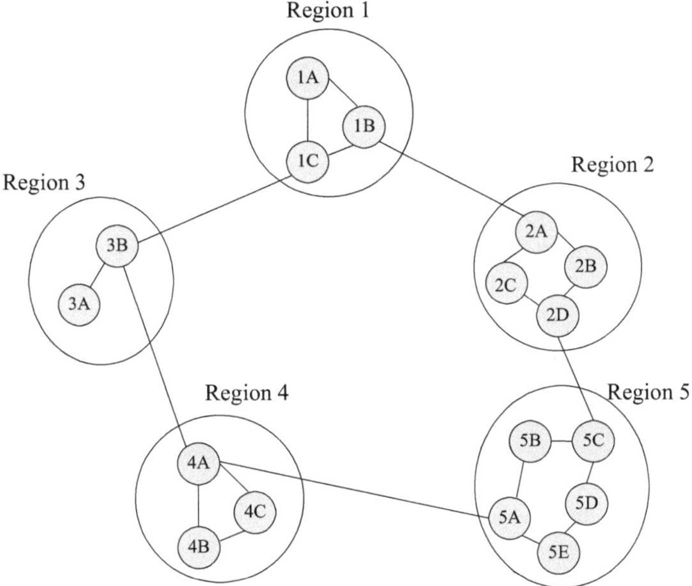

Abb. 2.9 Hierarchisch organisiertes Routing

Routing-Tabelle für 1A (vorher)

Ziel	Leitung	Teilstr.
1A	--	--
1B	1B	1
1C	1C	1
2A	1B	2
2B	1B	3
2C	1B	3
2D	1B	4
3A	1C	3
3B	1C	2
4A	1C	3
4B	1C	4
4C	1C	4
5A	1C	4
5B	1C	5
5C	1B	5
5D	1C	6
5E	1C	5

Routing-Tabelle für 1A (nachher)

Ziel	Leitung	Teilstr.
1A	--	--
1B	1B	1
1C	1C	1
2	1B	2
3	1C	2
4	1C	3
5	1C	4

Reduktion von 17 auf 7 Einträge!

Abb. 2.10 Routing-Tabellen-Reduzierung durch hierarchisches Routing nach (Tanenbaum und Wetherall 2011)

Würde in diesem Beispiel jeder Knoten jeden anderen erreichen müssen, käme man z. B. für den Knoten 1A in Region 1 gemäß der Routing-Tabelle in Abb. 2.10 auf 17 Einträge in der Routing-Tabelle. Bei hierarchischem Routing mit speziellen nach außen bekannten Knotenrechnern in jeder Region, kommt man nur noch auf sieben Einträge in der Routing-Tabelle von Knoten 1A. Nachteilig am hierarchischen Routing sind die möglicherweise ansteigenden Pfadlängen.

Die ansteigende Pfadlänge beim hierarchischen Routing kann am Beispiel der Pfadlänge zwischen den Knoten 1A und 5C gezeigt werden. Ohne hierarchisches Routing würde der Knoten 1A, wie in der Routing-Tabelle in der in Abb. 2.9 links angegeben, Pakete zum Knoten 5C über den Knoten 1B versenden. Somit ergibt sich der Pfad 1A-1B-2A-2C-2D-5C mit einer Länge von fünf Teilstrecken. Die Routing-Tabelle beim hierarchischen Routing (Abb. 2.10 rechts) gibt für Ziele der Region 5 den Knoten 1C als ersten Knoten vor. Hier ergibt sich der neue Pfad 1A-1C-3B-4A-5A-5B-5C mit einer Länge von sechs Teilstrecken. Durch die dedizierten Knotenrechner in den Regionen ist im Beispiel die Pfadlänge für die Verbindung zwischen den Knoten 1A und 5C somit von fünf auf sechs Teilstrecken angestiegen, was nicht immer der Fall sein muss.

2.3.2 Optimierungsprinzip

Für das Routing gilt ein *Optimierungsprinzip,* das Folgendes besagt: Wenn ein Router C auf dem optimalen Pfad zwischen *A* und *F* liegt, dann fällt der Pfad von *C* nach *F* ebenso auf diese Route. Im Shortest-Path-Routing wird ein Graph des Teilnetzes statisch erstellt. Jeder Knoten im Graph entspricht einem Router, eine Kante entspricht einer Leitung zwischen zwei Routern. Die Kanten werden beschriftet („Pfadlänge"), die Metrik hierfür kann aus verschiedenen Kriterien (auch kombiniert) berechnet werden. Unter anderem sind folgende Kriterien möglich:

- Entfernung
- Bandbreite
- Durchschnittsverkehr
- Durchschnittliche Warteschlangenlänge in den Routern
- Verzögerung

Die Berechnung des kürzesten Pfads erfolgt dann über einen Optimierungsalgorithmus (Tanenbaum und Wetherall 2011). Einer dieser Algorithmen ist der Algorithmus von (Prim 1957), den Dijkstra weiterentwickelte.

In Abb. 2.11 ist ein Netzwerk-Graph als Beispiel skizziert. Berücksichtigt man die in der Abbildung als Kantenbeschriftungen angegebenen Metrikwerte, ergibt sich zwischen den Knoten *A* und *F* als kürzester Pfad *A-C-E-F* mit einer aufsummierten Pfadlänge (Addition der Werte) von 7.

Abb. 2.11 Beispielnetzwerk für optimalen Weg

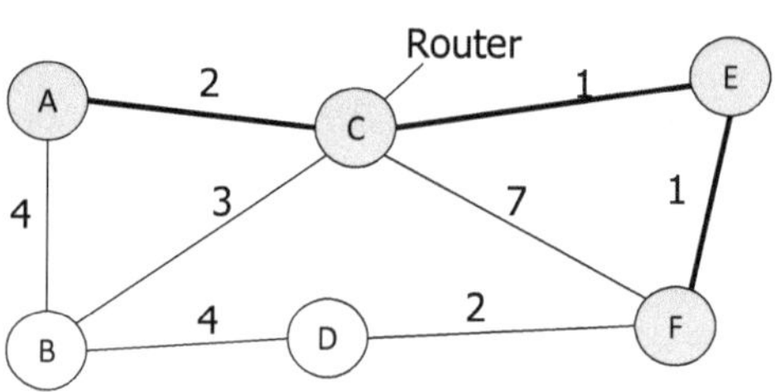

Die zugrundeliegende Problemstellung stammt aus der Graphentheorie und kann wie folgt beschrieben werden:

Finde für einen Startknoten s und einen Endknoten e eines gewichteten Graphen G mit der Knotenmenge V, der Kantenmenge E und der Kostenfunktion k einen Weg zwischen s und e mit minimalen Kosten. Die Kostenfunktion k bezieht sich auf eine Kante zwischen zwei Knoten.

2.3.3 Dijkstra-Algorithmus

Der im Jahre 1959 veröffentlichte Algorithmus von Dijkstra dient der Lösung des Optimierungsproblems zur Suche nach optimalen Routen durch ein Netzwerk (Kurose und Ross 2014). Der Algorithmus berechnet den kürzesten Pfad von einem gegebenen Startknoten zu anderen Knoten in einem kantengewichteten Graphen. Der Algorithmus von Dijkstra nutzt nur positive Kantengewichte und gehört zur Klasse der Greedy-Algorithmen (greedy = gierig). Diese Algorithmen wählen schrittweise den Folgezustand, der den größten Fortschritt verspricht.

Wir wollen den Algorithmus genauer betrachten. Der Graph wird im Weiteren mit g bezeichnet. Die Kostenfunktion k bezieht sich auf eine Kante zwischen zwei Knoten. Jede Kante wird mit einer positiven Zahl versehen, die auch den Abstand bzw. die Distanz zwischen den Knoten beschreibt. Je größer die Zahl ist, desto höher sind die Kosten für die Teilstrecke. Die Idee ist beim Durchlaufen des Graphen immer der Kante zu folgen, die den kürzesten Streckenabschnitt vom Startknoten aus verspricht.

Jeder Knoten im Graphen g wird mit zwei Variablen beschrieben. Dies ist zum Einen der Abstand zum Startknoten und zum Anderen ein Verweis auf den Vorgängerknoten im Graphen auf dem schnellsten Weg zum Zielknoten. Der Graph g kann beispielsweise als Array von Knotenelementen mit den Attributen *abstand* und *vorgänger* implementiert werden.

Der Algorithmus bearbeitet eine Menge Q mit allen Knoten, für die noch kein optimaler Weg zum Startknoten gefunden wurde. Diese Menge enthält anfangs alle Knoten außer dem Startknoten selbst.

Der Algorithmus ist im Folgenden als Pseudocode in einer Methoden namens *dijkstra* notiert.[1] Er startet zunächst mit der Initialisierung des Graphen g. Anfangs erhält der Startknoten als Abstand den Wert 0, alle anderen Knoten im Graphen werden mit einem Abstand von „unendlich" und ohne Vorgänger initialisiert. Zunächst befinden sich alle Knoten außer dem Startknoten s in der Menge Q.

Nun beginnt die Optimierung mit der Überprüfung der Nachbarknoten von s und sucht den Nachbarknoten u mit der kürzesten Entfernung zu s. Dieser Knoten u wird

---

[1] Übernommen aus http://de.wikipedia.org/wiki/Dijkstra-Algorithmus. Zugegriffen am 26.05.2018, didaktisch angepasst.

auch als *Betrachtungsknoten* bezeichnet. Er wird aus der Menge Q entfernt, da für ihn der kürzeste Weg zu s gefunden ist. Für alle Nachbarn von u, die jeweils mit v bezeichnet werden, wird nun die Distanz zum Startknoten neu berechnet, indem zur Distanz von u die Distanz von u zu s addiert wird. Die Berechnung wird nun mit dem Knoten mit dem kleinsten Abstand vom Startknoten fortgesetzt. Für diesen wird wieder der Nachbar mit der kürzesten Entfernung gesucht usw. Der Algorithmus terminiert, wenn Q leer ist.

```
01: void dijkstra(Graph g, Startknoten s) {
02:       // Initialisierung des Graphen
03:       for all Knoten v in Graph g {
04:             g[v].abstand := unendlich;
05:             g[v].vorgänger := null;
06:       }
07:       g[s].abstand := 0;
08:       Q := Menge aller Knoten in Graph g;
09:
10:       // Der eigentliche Algorithmus
11:       while Q nicht leer {
12:             u := Knoten in Q mit kleinstem Abstand;
13:             Entferne u aus Q // für u ist der kürzeste Weg nun bestimmt
14:             for all Nachbarn v von u {
15:                if v in Q {
16:                   // Aktualisiere Abstand vom Startknoten zu v Weg
17:                   distanceUpdate(u, v, g);
18:                }
19:             }
20:       }
21:       return g; // mit allen Vorgängern
22: }
```

Die Methode *distanceUpdate* aktualisiert den Abstand von einem Knoten v zum Startknoten im Graphen g, sofern es eine bessere Alternative über den Knoten u gibt.

```
01: void distanceUpdate(u, v, g ) {
02:       // Weglänge vom Startknoten nach v über u
03:       alternative := g[u].abstand + abs(g[u].abstand - g[v].abstand);
04:       if alternative < g[v].abstand {
05:             g[v].abstand := alternative;
06:             g[v].vorgänger :=  u;
07:       }
08: }
```

Wenn die Berechnung abgeschlossen ist, kann schließlich über die Methode *erstelleKürzestenPfad* im ausgefüllten Graphen g der kürzeste Weg von einem Knoten zu einem Zielknoten ermittelt werden. Es wird dabei über alle Vorgänger des Zielknotens traversiert. Das Ergebnis wird im *Weg* gespeichert.

```
01:    void erstelleKürzestenPfad(Zielknoten z, Graph g) {
02:        Weg[] := [z];
03:        u := z; // Zielknoten
04:        while g[u].vorgänger nicht null {
05              // Der Vorgänger des Startknotens ist null
06:                u := g[u].vorgänger;
07:                Füge u am Anfang von Weg[] ein;
08:        }
09:        return Weg[];
10:    }
```

Beispiel

Wir ermitteln die kürzesten Wege nach Dijkstra in einem Graphen. Wir nehmen an, der Graph besteht aus den sechs Knoten A, B, C, D, E, F mit A als Startknoten. Die initiale Knotenbelegung des Beispielgraphen ist in der folgenden Tabelle dargestellt und die Teilstrecken mit entsprechenden Kosten sind in der Abbildung skizziert.

Knoten	Abstand	Vorgänger
A	0	null
B	¶∞	null
C	¶∞	null
D	¶∞	null
E	¶∞	null
F	¶∞	null

Anfangs ist die Menge an Knoten, für die noch kein Optimum gefunden wurde somit $Q := \{B, C, D, E, F\}$.

Als Startknoten wird A verwendet: $u := A$.

Die Menge aller Nachbarknoten von A wird als V_u bezeichnet mit $V_u := \{B, C\}$.

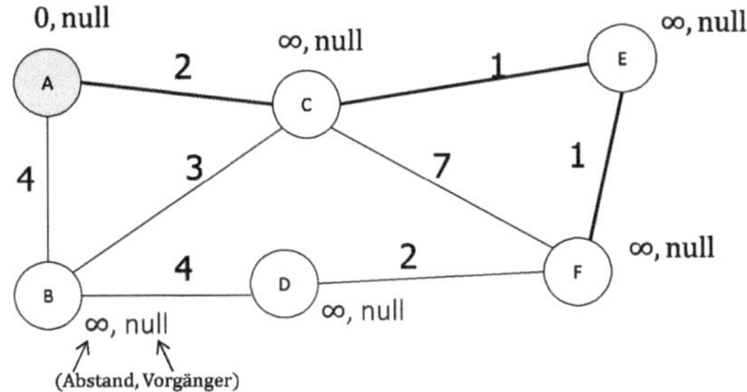

Nach der ersten Iteration sieht der Graph wie folgt aus:

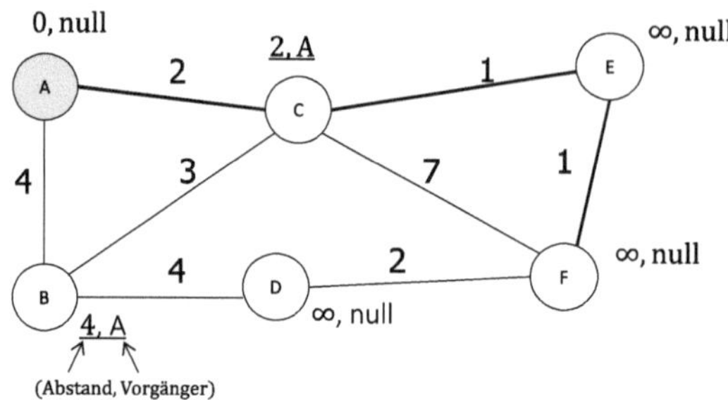

Nach der sechsten und letzten Iteration sieht der Graph wie in der folgenden Abbildung dargestellt aus.

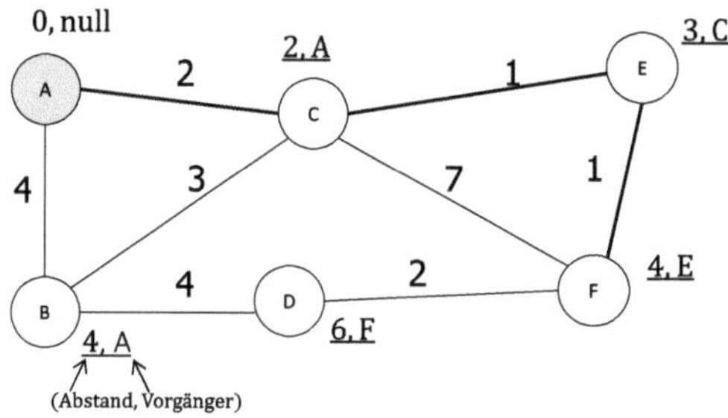

Die Knotenbelegung des Graphen am Ende der Berechnung ist auch in der folgenden Tabelle dargestellt. Terminierungskriterium ist die leere Menge Q. Alle Abstände und Vorgänger aus Sicht des Startknotens A sind ermittelt.

Knoten	Abstand	Vorgänger
A	0	null
B	4	A
C	2	A
D	6	F
E	3	C
F	4	E

Traversiert man nun entlang des Graphen über die Methode *erstelleKürzestenPfad* von einem Knoten von Vorgänger zu Vorgänger bis zum Startknoten, kann der kürzeste Weg eines Knotens zum Startknoten ermittelt werden. Der kürzeste Weg von Knoten D zum Knoten A geht beispielsweise über F, E und C.

Auch der gesamte Sink-Tree zu einer Senke lässt sich ermitteln, wie in der Abbildung für unser Beispiel zu sehen ist:

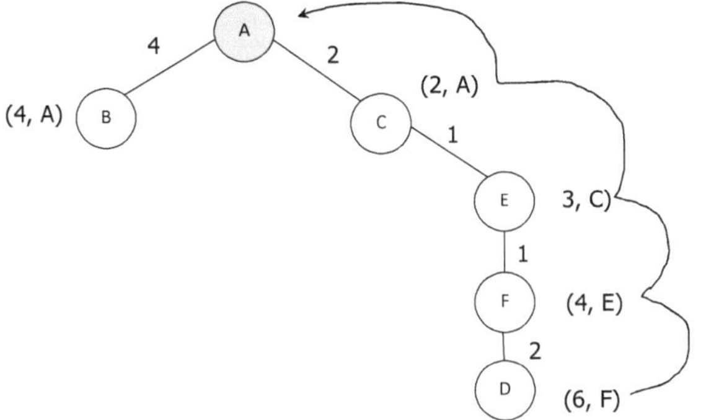

2.3.4 Distance-Vector-Verfahren

Im *Distance-Vector-Verfahren* (kurz: DVR-Verfahren), *das nach* (Bellman 1958) und (Ford 1956) auch als Bellman-Ford-Routing bezeichnet wird, führt jeder Router eine dynamisch aktualisierte Routing-Tabelle mit allen Zielen. Der Begriff „Entfernungsvektor" bzw. „Distance-Vector" kommt daher, dass eine Route zu einem Ziel aus einer Kombination aus Entfernung und Richtung (Vektor) angegeben wird. Die Entfernung ist dabei eine metrische Bewertung der Route nach einem bestimmten Verfahren, in das verschiedene Größen einbezogen werden können. Das Verfahren setzt voraus, dass ein Router die Entfernung zu allen Zielen kennt, wobei die Berechnung mit Hilfe der Nachbarknoten ausgeführt wird. Die Routing-Tabelleneinträge enthalten die bevorzugte Ausgangsleitung zu einem Ziel. Als Metrik kann z. B. die Verzögerung in ms oder die Anzahl der Teilstrecken (Hops) bis zum Ziel verwendet werden. Benachbarte Router tauschen Routing-Information aus.

Nachteilig bei diesem Verfahren ist, dass *Routingschleifen* möglich sind und dadurch Pakete ewig kreisen können. Das Problem ist auch als *Count-to-Infinity-Problem* bekannt. Zudem hat das Verfahren eine *schlechte Konvergenz*, was bedeutet, dass sich schlechte Nachrichten, z. B. über nicht mehr verfügbare Routen, sehr langsam im Netz verbreiten. Dies liegt daran, dass kein Knoten über vollständige Informationen (Verbindungen und deren Kosten) zum Netz verfügt. Kein Knoten verfügt (außer bei direkten Nachbarn) über den vollständigen Pfad zu einem entfernten Knoten, sondern kennt nur den Nachbarn, an den er ein Paket senden muss, damit es beim gewünschten Zielknoten ankommt.

Jeder Knoten sieht beim Distance-Vector-Routing nur seine Nachbarn. Einige Zeit nach dem Netzstart, nach der Konvergenzdauer, verfügen alle Knoten über die optimalen Routing-Tabellen. Jeder Router legt beim Start zunächst einen Vektor mit der Entfernung 0 für jeden bekannten Router an. Alle anderen Ziele bekommen die Entfernung „unendlich". Durch das zyklische Versenden der bekannten Entfernungsvektoren breiten sich die Informationen im Netz aus. Mit jeder neuen Information werden die optimalen Routen in den Routern neu berechnet.

Routingtabelle in Knoten A

Ziel	Distanz	Nächster Knoten
B	4	B
C	3	C
E	2	E
D	5	E

Routingtabelle in Knoten E

Ziel	Distanz	Nächster Knoten
A	2	A
B	3	B
C	4	B
D	3	D

Nach einiger Zeit (**Konvergenzdauer**) verfügen alle Router über optimale Routing-Tabellen

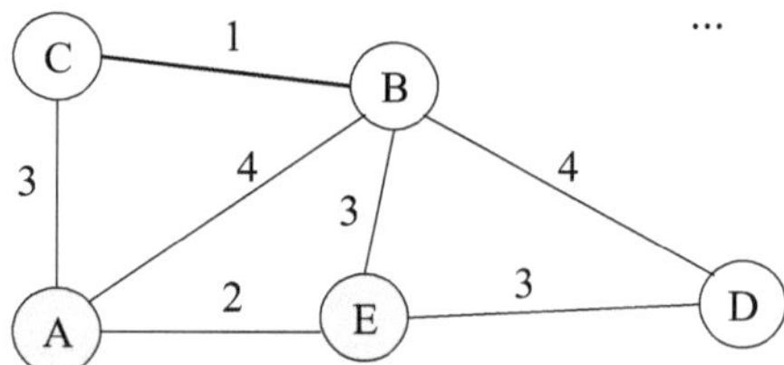

Abb. 2.12 Beispiel-Routing-Tabellen im Distance-Vector-Verfahren

Wie man im Beispiel aus Abb. 2.12 sieht, enthalten die Einträge in den Routing-Tabellen den Zielknoten, die Distanz zum Zielknoten und die Information über den nächsten Knotenrechner, an den ein Paket auf dem Weg zum Ziel weitergeleitet werden muss. Im Beispiel sind die Routing-Tabellen von Knoten A und E dargestellt. A lernt hier z. B. von den benachbarten Knoten, dass der optimale Weg zu D über E führt.

Die Eigenschaften des Distance-Vector-Routing lassen sich kurz wie folgt zusammenfassen:

- Das Verfahren ist verteilt. Die Nachbarn tauschen Informationen über die nächste Umgebung aus, die Router berechnen die besten Pfade aus ihrer Sicht und tauschen erneut Informationen aus.
- Das Verfahren ist iterativ, es wird zyklisch wiederholt.
- Die einzelnen Knoten arbeiten selbstständig und völlig unabhängig voneinander.
- Gute Nachrichten verbreiten sich schnell, schlechte eher langsam.
- Bei Ausfall eines Links ist evtl. keine Terminierung mehr sichergestellt.

2.3.5 Link-State-Verfahren

Im *Link-State-Verfahren* verwaltet jeder Router eine Kopie der gesamten Netzwerktopologie in einer Link-State-Datenbasis, also nicht nur Informationen aus der nächsten Umgebung wie beim Distance-Vector-Verfahren. Somit kennt jeder Knoten die Kosteninformationen des gesamten Netzwerks. Jeder Router verteilt die lokale Information per Flooding an alle anderen Router im Netz und damit kennen sich alle Router gegenseitig.

Die Berechnung der optimalen Routen erfolgt meist dezentral, wobei jeder einzelne Knoten den absolut kürzesten Pfad errechnet. Auch eine zentrale Berechnung der optimalen Wege mit einer netzweiten Verteilung ist im Link-State-Verfahren möglich. Wichtig ist nur, dass bei der Berechnung die Informationen zum gesamten Netz mit einbezogen werden. Die Berechnung der kürzesten Pfade wird z. B. über einen Shortest-Path-Algorithmus (z. B. Dijkstra-Algorithmus) durchgeführt.

Da alle Knoten die gesamte Topologie kennen und somit jeder Knoten die gleiche Information über die Topologie besitzt, sind keine Routingschleifen und eine schnelle Reaktion auf Topologieänderungen möglich.

Dieses Verfahren wird deshalb als Link-State-Verfahren bezeichnet, weil es die globale Zustandsinformation des Netzes mit den Kosten aller Verbindungsleitungen (Links) kennen muss. Die Knoten kennen zwar anfangs noch nicht alle anderen Knoten, aber durch den Empfang von Link-State-Broadcasts wird die Information unter den Knoten ausgetauscht.

In sehr großen Netzen ist es sinnvoll, eine gewisse Hierarchie im Netz einzuführen (siehe hierarchisches Routing) und innerhalb kleinerer Regionen oder Teilnetzen ein einheitliches Routing-Verfahren zu nutzen. Zum Austausch der Routing-Information zwischen den Regionen können dann wieder eigene Verfahren verwendet werden, die komprimierte Information austauschen. Ein Link-State-Verfahren würde über alle Rechner im Internet nicht funktionieren. Wir werden im Weiteren noch sehen, dass im globalen Internet mehrere Verfahren zur Anwendung kommen, aber natürlich auch eine Hierarchisierung durchgeführt wurde.

2.4 Sonstige Protokollmechanismen

2.4.1 Staukontrolle (Congestion Control)

Zu viele Pakete in einem Netz, also mehr als die maximale Übertragungskapazität zulässt, führen zum Abfall der Leistung und damit zur Überlastung (Congestion) oder Verstopfung des Netzes. Die Ursachen hierfür können vielfältig sein:

- Viele Pakete zu einer Zeit führen zu langen Warteschlangen in den Netzknoten
- Langsame Prozessoren in den Netzknoten
- Zu wenig Speicher in den Netzknoten

Eine Überlastung kann zu einem Teufelskreis führen. Pakete gehen verloren oder werden evtl. in Netzknoten verworfen und werden von den Sendern erneut verschickt. Die Sendungswiederholungen erhöhen wiederum die Last und so geht es weiter, bis das Netz vollständig überlastet ist. Bei übermäßiger Verkehrsbelastung des Netzes fällt die Leistung rapide ab (siehe Abb. 2.13). Durch Staukontrolle sollen Verstopfungen bzw. Überlastungen

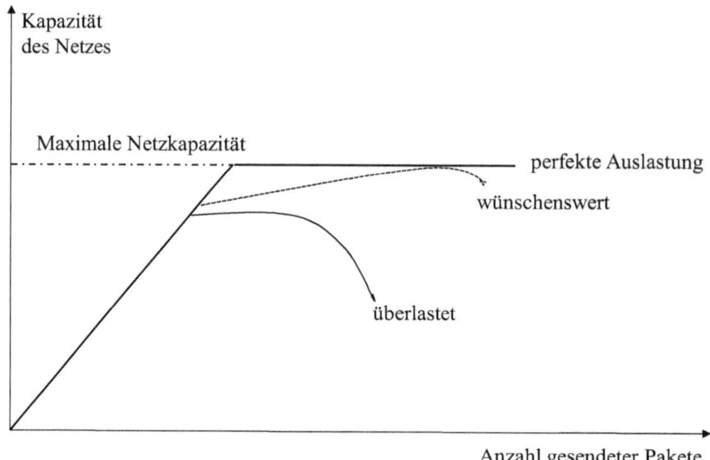

Abb. 2.13 Netzwerkbelastung und Leistung im Netz nach (Tanenbaum und Wetherall 2011)

im Netz vermieden werden. Maßnahmen können in der Netzwerkzugriffsschicht und vor allem in der Vermittlungs- und Transportschicht ergriffen werden. Möglichkeiten der Staukontrolle sind u. a.:

- Lokale Steuerung (gehört zur Netzwerkzugriffsschicht), da sie sich auf Einzelleitungen bezieht
- Ende-zu-Ende-Steuerung zwischen Endsystemen (Transportschicht)
- Globale Steuerung über das gesamte Netz (Vermittlungsschicht)

Im Gegensatz zur Flusssteuerung ist die Staukontrolle ein Mechanismus mit *netzglobalen* Auswirkungen. Wir wollen uns in diesem Buch mit den Möglichkeiten in der Vermittlungsschicht befassen.

Eine wesentliche Ursache für Überlastungen sind *Verkehrsspitzen*. Man kann diese bereits im Vorfeld eindämmen, indem man das *Traffic Shaping* als Maßnahme zur Regulierung der durchschnittlichen Datenübertragungsrate von Endsystemen einsetzt.

Die Überwachung der Endsysteme wird als *Traffic Policing* bezeichnet und kann durch den Netzbetreiber ausgeführt werden. Diese Maßnahme eignet sich besser für virtuelle Verbindungen (VC) als für datagrammorientierte Netze. Zum Einsatz kommt der *Leaky-Bucket*-Algorithmus, dessen Prinzip wie folgt funktioniert:

- Endsysteme (Hosts) verfügen über Netzwerkschnittstellen in Kernel und Netzwerkkarten mit einer internen Warteschlange, die hier als Leaky Bucket bezeichnet wird (rinnender Eimer).
- Wenn die Warteschlange voll ist, wird ein neues Paket schon im Endsystem verworfen und belastet das Netz nicht.

- Die erforderlichen Parameter müssen in einer Flussspezifikation für virtuelle Verbindungen beim Verbindungsaufbau zwischen Sender und Empfänger ausgehandelt werden.
- Man einigt sich beim Verbindungsaufbau über die maximale Paketgröße und die maximale Übertragungsrate.

Für Netze mit virtuellen Verbindungen und auch für datagrammorientierte Netze gibt es noch weitere Möglichkeiten der Überlastungskontrolle. Hierfür wird auf (Tanenbaum und Wetherall 2011) verwiesen.

2.4.2 Multiplexing und Demultiplexing

Eine weitere Aufgabe der Vermittlungsschicht ist das Multiplexing und Demultiplexing in Richtung der darunterliegenden Schicht (Netzwerkzugriffsschicht). Ein Endsystem verfügt oft nur über ein Netzwerkinterface auf der darunterliegenden Ebene. Über dieses Netzwerkinterface werden alle Vermittlungs-PDUs unterschiedlicher Kommunikationsbeziehungen höherer Schichten gesendet.

Auch in einem Knotenrechner gibt es oft zu mehreren anderen Knotenrechnern nur eine Teilstrecke auf der unteren Schicht (Netzwerkzugriffsschicht). Die Vermittlungsinstanz der Knotenrechner nutzt diese Verbindung für mehrere Kommunikationsbeziehungen. Auf der Empfangsseite sind die PDUs der Netzwerkzugriffsschicht wieder auf die verschiedenen Verbindungen der Vermittlungsschicht zuzuordnen. Dieser Vorgang wird als Demultiplexing bezeichnet. Gemäß ISO/OSI-Terminologie wird eine Schicht-2-Verbindung für mehrere Schicht-3-Verbindungen genutzt. Der erste Schicht-3-Verbindungsaufbau baut bei verbindungsorientierter Kommunikation die Teilstreckenverbindung auf. Weitere Schicht-3-Verbindungen können dann bestehende Schicht-2-Verbindung nutzen.

Multipexing allgemein, Upward- und Downward-Multiplexing

Multiplexing oder auch Multiplexieren ist ein Protokollmechanismus zur Übertragungsleistungsanpassung. Er kann prinzipiell in allen Schichten angewendet werden. Allgemein spricht man von Multiplexing, wenn mehrere Verbindungen einer Schicht n auf eine $(n-1)$-Verbindung abgebildet werden. Auf der Empfängerseite wird es umgedreht. Der Vorgang wird als Demultiplexen bezeichnet. Dieser Prototollmechanismus wird auch als *Upward-Multiplexing* bezeichnet. Multiplexing und Demultiplexing werden beispielsweise auch in der Transportschicht angewendet, wenn eine Transportinstanz auf einem Endsystem Transport-PDUs unterschiedlicher Anwendungen transportiert und diese auf der Empfangsseite entsprechend zuordnen muss.

Es ist auch der umgekehrte Weg möglich. Man spricht hier von Teilung und Vereinigung des Nachrichtenstroms. Die Nachrichten einer n-Verbindung werden in diesem Fall auf mehrere $(n-1)$-Verbindungen verteilt und beim Empfänger wieder vereint. Dieser Protokollmechanismus wird auch als *Downward-Multiplexing* bezeichnet. Downward-Multiplexing ist sinnvoll, wenn eine höhere Schicht über eine größere Übertragungsleistung verfügt als eine darunterliegende. Man kann dann die Bandbreite der darunterliegenden Schicht durch mehrere $(n-1)$-Verbindungen erhöhen (Tanenbaum und Wetherall 2011).

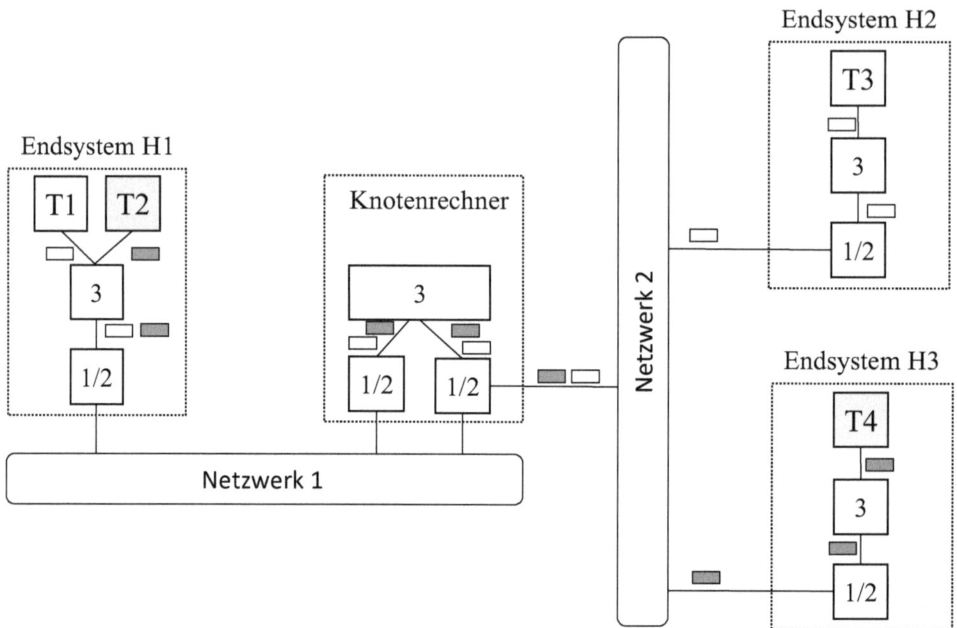

Abb. 2.14 Multiplexing und Demultiplexing in der Vermittlungsschicht

Abb. 2.14 zeigt die Kommunikation von Transportanwendungen T1, T2, T3 und T4, die auf drei Hosts verteilt sind. T1 kommuniziert mit T3 und T2 mit T4. Zwischen H1 und H2 bzw. H3 liegt ein Knotenrechner, der zwei Netzwerke miteinander verbindet. Für jeden Netzwerkzugang verfügt er über ein eigenes Netzwerkinterface (ISO/OSI-Schichten 1 und 2). Aus Netzwerk 1 ankommende PDUs vom Endsystem H1 leitet er über das andere Netzwerkinterface an das Netzwerk 2 weiter, in dem beide Endsysteme H2 und H3 angebunden sind.

Alle PDUs, die von H2 und H3 an H1 gesendet werden, gehen den umgekehrten Weg. Im Endsystem H1 muss die Vermittlungsschicht (3) die beiden Verbindungen zu den Transportinstanzen T1 und T2 unterscheiden können und die PDUs entsprechend nach oben weiterleiten.

2.4.3 Fragmentierung und Defragmentierung

In der Netzwerkzugriffsschicht gemäß TCP/IP-Referenzmodell bzw. in der Schicht 2 des ISO/OSI-Referenzmodells ist üblicherweise mit einer begrenzten PDU-Länge zu rechnen. Unter Umständen passen die Pakete der Vermittlungsschicht nicht in die Frames der darunterliegenden Schicht hinein. Die Vermittlungsschicht muss dies erkennen und entsprechend darauf reagieren.

In diesem Fall ist eine Fragmentierung, also eine Zerlegung des Pakets in mehrere Einzelteile (sogenannte Fragmente) notwendig. Dies kann sowohl im Quellsystem (Endsystem) als auch in den Knotenrechnern erfolgen, wenn ein Teilnetz, in das ein Paket weitergeleitet werden soll, nicht das ganze Paket auf einmal übertragen kann. Fragmente können in Folgeknoten auch weiter zerlegt werden. Im Endsystem müssen die Fragmente wieder zusammengeführt werden, bevor ein Paket an die nächsthöhere Schicht übergeben wird.

Alle Fragmente eines Pakets müssen mit Informationen über die Paketzugehörigkeit versehen werden. Auch die Reihenfolge der Fragmente muss festgehalten werden. Bei paketorientierten Vermittlungsnetzen kann es auch vorkommen, dass ein Fragment ein vorheriges überholt, da es einen schnelleren Weg einnimmt. Fragmente können auch verlorengehen. Mit all diesen Situationen muss die Vermittlungsschicht zurechtkommen.

Dieser Vorgang ist mit hohen Kosten verbunden, da alle Zwischenknoten eine Prüfung und bei Bedarf eine Zerlegung vornehmen müssen. Daher versucht man häufig, von vorneherein eine Fragmentierung zu vermeiden, indem man sich einen Überblick über die gesamte Strecke vom Quellsystem zum Zielsystem verschafft. Man sendet, wenn möglich, nur Pakete in der Länge, die auch die schlechteste Teilstrecke auf dem Weg vom Quell- zum Zielsystem zulässt.

In dynamischen sich verändernden Netzwerken ist das aber nicht immer möglich, zumal sich Routen auch aufgrund verschiedenster Ereignisse kurzfristig verändern können. Man muss also immer mit einer Fragmentierung rechnen. Wir werden uns in den folgenden Kapiteln speziell mit der Fragmentierung im Internet auseinandersetzen und dort die Mechanismen der Fragmentierung und Defragmentierung genauer betrachten.

2.5 Die Vermittlungsschicht des Internets

Das Internet ist ein Netzwerk bestehend aus vielen paketorientierten Teilnetzwerken. Daher ist die Wegewahl eine der wichtigsten Aufgaben. Im Internet bzw. in Netzwerken, die Internetprotokolle nutzen, wird das Routing über spezielle Routing-Protokolle abgewickelt. Die Vermittlungsknoten verwalten jeweils die Routing-Informationen. Schließlich übernimmt das Internetprotokoll IP, das derzeit in einer Version 4 (IPv4) und einer Version 6 (IPv6) genutzt wird, die eigentlichen Übertragungsaufgaben nach dem Best-Effort-Prinzip. Pakete, die über das Netzwerk von der Quelle zum Ziel gesendet werden, können auch zerlegt werden, wenn sie zu groß sind. Multiplexing und Demultiplexing, aber auch die Fragmentierung und Defragmentierung gehören also auch zu den Aufgaben der Internet-Vermittlungsschicht.

Congestion Notification) unterstützt. Damit ein Netzwerk mit einer Internet-Vermittlung aber funktioniert, sind auch eine Reihe von Steuerprotokollen notwendig.

In Abb. 2.15 ist zu erkennen, das *ARP* (Address Resolution Protocol) an der Schnittstelle zwischen Vermittlungsschicht und Netzwerkzugangsschicht angesiedelt ist.

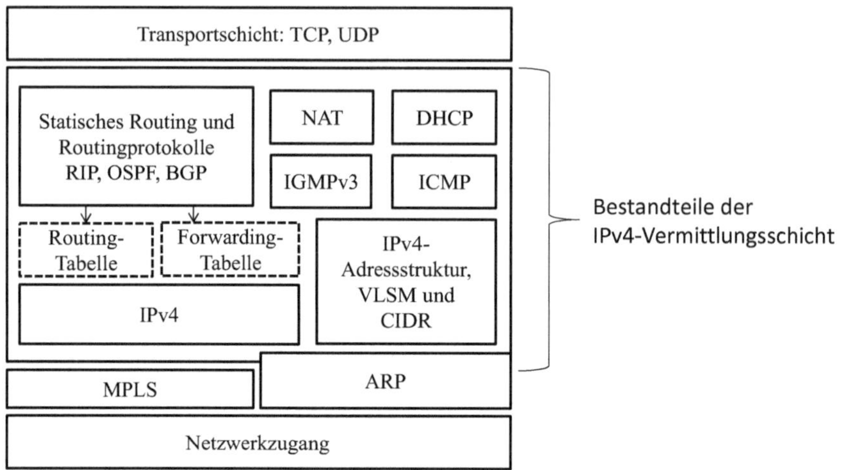

Abb. 2.15 Bestandteile der IPv4-Vermittlungsschicht im Internet

Dieses Protokoll kümmert sich um das Mapping der Netzwerkzugangsadressen auf Adressen (IP-Adressen) der Vermittlungsschicht und ist notwendig, weil lokal in einem Rechner von anderen Rechnern zunächst nur die IP-Adressen bekannt sind, nicht aber deren MAC-Adressen. Jeder Netzwerkzugang erhält eine eindeutige MAC-Adressen (Media Access Control). IP-Instanzen weisen jedem Netzwerkinterface eine eindeutige IP-Adresse zu. ARP sorgt für eine Zuordnung der IP-Adressen der Partnerrechner auf die MAC-Adressen, damit diese überhaupt im Netzwerk adressierbar sind.

Seit einiger Zeit wird auch die Staukontrolle über ein spezielles Verfahren (Explicit

Das *ICMP*-Protokoll dient als Steuerprotokoll zur Übertragung von Fehlermeldungen und wird in der Internet-Vermittlungsschicht für viele Aufgaben verwendet.

Der Internet-Vermittlungsschicht ordnen wir auch spezielle Protokolle zur Unterstützung und Optimierung der Adressierung und Adresskonfigurierung wie *DHCP* (Dynamic Host Configuration Protocol) und *NAT* (Network Address Translation) zu. Diese Zuordnung ist in der Literatur nicht immer üblich, passt aber aus unserer Sicht recht gut.

IGMPv3 (Internet Group Management Protocol) dient der Verwaltung von Multicast-Gruppen in internetbasierten Vermittlungsnetzen und ist erforderlich, um IP-Multicast, also die Kommunikation in dedizierten Gruppen, zu ermöglichen.

Ebenso sind die Mechanismen für die Adressierung in internetbasierten Netzen Bestandteil der Internet-Vermittlungsschicht. Dazu ist es notwendig, einen Einblick in die Adressstruktur zu bekommen und vor allem einen Überblick darüber, wie Netzwerke in der Vermittlungsschicht strukturiert sind und wie einzelne Rechner adressiert werden. Hierzu müssen die Adressierungskonzepte *CIDR* (Classless Inter-Domain Routing) und *VLSM* Variable Length Subnet Masks) verstanden werden.

In die Internet-Vermittlungsschicht gehört auch die Wegewahl mit den wichtigsten Routing-Protokollen und der Aufbau der dort benutzten *Routing-* und *Forwarding-Tabellen*.

Im Besonderen betrachten wir neben der Verwaltung der Routing- und Forwarding-Informationen auch die häufig verwendeten Routing-Protokolle *RIP* (Routing Information Protocol), *OSPF* (Open Shortest Path First Protocol) und *BGP* (Border Gateway Protocol) in den aktuellen Versionen.

Das Internet ist zwar grundsätzlich ein paketorientiertes Vermittlungsnetz, um aber eine bestimmte Qualität einer Verbindung zu ermöglichen, werden wenn nötig auch virtuelle Leitungen (Virtual Circuits) eingesetzt. Insbesondere Internet Service Provicer nutzen hierfür *MPLS* (Multiprotocol Label Switching). MPLS arbeitet zwischen der Vermittlungsschicht und der Netzwerkzugriffsschicht.

Die wesentlichen Grundkonzepte und Protokolle finden sich auch in der IPv6-Vermittlungsschicht wieder (siehe Abb. 2.16). An die Stelle von IPv4 tritt IPv6 mit vielen Erweiterungen und einem wesentliche größeren Adressraum. ARP wird durch NDP (Neighbor Discovery Protocol) ersetzt, da es in IPv6 keinen Broadcast-Mechanismun gibt, der für ARP notwendig ist.

Alle Routing-Protokolle müssen IPv6 unterstützen, weshalb beispielsweise RIPng und OSPFv3 eingeführt wurden. Auch die Steuerprotokolle wurden entsprechend angepasst (DHCPv6 und ICMPv6). ICMPv6 beinhaltet auch das Protokoll *MLDv2* (Multicast Listener Discovery), das im Wesentlichen IGMPv3 ersetzt.

Ebenso besteht in der Vermittlungsschicht ein enger Bezug zur Verwaltung von symbolischen Adressen, die als Hostnamen bezeichnet werden. Diese werden vom *DNS* (Domain Name System) auf IP-Adressen abgebildet. Obwohl DNS eigentlich über ein Protokoll der Anwendungsschicht bereitgestellt wird, ist es doch für die Funktionsfähigkeit der Vermittlungsschicht von großer Bedeutung.

Wir werden uns im Weiteren konkreter mit den Funktionsbausteinen der Internet-Vermittlungsschicht beschäftigen und die einzelnen Protokollfunktionen und deren Zusammenspiel erläutern.

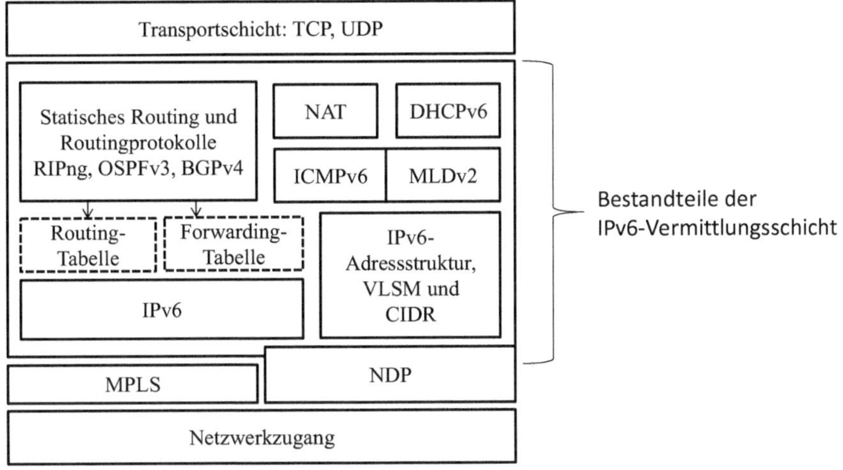

Abb. 2.16 Bestandteile der IPv6-Vermittlungsschicht im Internet

Literatur

Bellman, R. E. (1958). *On a routing problem. Quarterly of applied mathematics* (Bd. 16, S. 87–90). Brown University.

Ford, L. R. (1956). *Network flow theory, Paper P-923.* Santa Monica: The Rand Corporation.

Kurose, J. F., & Ross, K. W. (2014). *Computernetzwerke* (6., ak. Aufl.). München: Pearson Studium.

Prim, R. C. (1957). Shortest connection networks and some generalizations. *Bell System Technical Journal, 36*(6), 1389–1401.

Tanenbaum, A. S., & Wetherall, D. J. (2011). *Computernetzwerke* (5. Aufl.). München: Pearson Education.

Aufbau des Internets

3

Zusammenfassung

Das globale Internet stellt sich heute als eine Sammlung von tausenden von Einzelnetzen dar, die weltweit über viele Kommunikationsverbindungen miteinander verbunden sind. Größere autark verwaltete Teilnetze werden auch als autonome Systeme bezeichnet. Diese autonomen Systeme treten in unterschiedlichen Rollen auf. Je nach Größe und Mächtigkeit kooperieren Sie mit anderen, gleichwertigen Partnernetzen im Sinne von Peering-Abkommen oder sie stellen den kleineren autonomen Systemen kostenpflichtige Transitdienste zur Verfügung. In den letzten Jahrzehnten entwickelten sich zudem Internet Exchange Points wie etwa der DE-CIX in Frankfurt (DE-CIX 2018, https://www.de-cix.net/de. Zugegriffen am 23.03.2018) oder der AMS-IX in Amsterdam (AMS-IX 2018, https://ams-ix.net. Zugegriffen am 23.03.2018), die mittlerweile eine wichtige Rolle im globalen Internet-Verkehr einnehmen. Größere Unternehmen wie Google betreiben sogar eigene Content Delivery Netzwerke (CDN) neben dem Internet, um für ihre Anwendungen eine möglichst leistungsfähige Datenverteilung zu ermöglichen. Kleinere Internet-Anbieter und Nutzer bedienen sich dieser Infrastruktur, indem sie die Dienste von Internet Service Providern, die auch oftmals als autonome Systeme organisiert sind, nutzen und dafür Gebühren abführen.

3.1 Autonome Systeme als Teilnetze des Internets

„Das Internet ist ein Netzwerk aus Netzen" (Kurose und Ross 2014, S. 52). *Autonome Systeme* (AS) sind die eigenständig von verschiedensten Organisationen verwalteten Teilnetze, die das Internet als Gesamtes bilden. Es gibt derzeit mehr als 60.000 autonome Systeme weltweit (CIDR Report 2018). Das als Internet bezeichnete Netzwerk aus Netzen verbindet alle autonomen Systeme miteinander. Es ist ein *Global Area Network* (GAN) als Verbindung mehrerer bzw. vieler Wide Area Networks (WAN) mit großer geographischer Ausdehnung.

© Springer Fachmedien Wiesbaden GmbH, ein Teil von Springer Nature 2019   31
P. Mandl, *Internet Internals*, https://doi.org/10.1007/978-3-658-23536-9_3

Die großen autonomen Systeme bilden gemeinsam ein logisches globales Backbone (Netzwerkrückgrat), das wiederum aus kleineren Backbones zusammengesetzt ist. Der grobe Aufbau des Internets ist in Abb. 3.1 ausschnittweise skizziert.

Typische autonome Systeme sind Institutionen (große Telekom-Gesellschaften, Universitäten, …) und regionale Internet-Provider. Autonome Systeme können für sich regionale Netze aber auch global Netze sein, die über mehrere Kontinente verteilt sind. An den Backbones hängen regionale Netze und an den regionalen Netzen hängen die Netze von Unternehmen, Universitäten, Internet Service Providern (ISP) usw. Beispielsweise können Nachrichten eines in Deutschland platzierten Hosts, die an einen Server in den USA adressiert sind, über mehrere autonome Systeme transportiert werden. In Abb. 3.1 ist eine vereinfachte Skizze der Backbones aus den USA und Europa dargestellt. Sie sind über transatlantische Standleitungen, deren Kabel tatsächlich durch den Atlantik gezogen sind, verbunden. Die schwarzen Punkte repräsentieren IP-Router bzw. komplexe Routingsysteme, von denen es eine ganze Menge in jedem autonomen System gibt und die meist redundant ausgelegt sind. Die IP-Router sind aber nicht lose im Internet verteilt, sondern gehören Organisationen an.

▶ **Autonome Systeme (AS) und Internet Service Provider (ISP)** *Autonome Systeme* sind Teilnetze des globalen Internets, die eigenständig von einer Organisation (Universität, Unternehmen) verwaltet werden. Autonome Systeme können beliebig groß sein. Sie können nur ein regionales Teilnetz, aber auch wiederum für sich ein Netzwerk bestehend aus vielen weltweit verteilten Teilnetzen sein. Autonome Systeme sind im globalen Internet

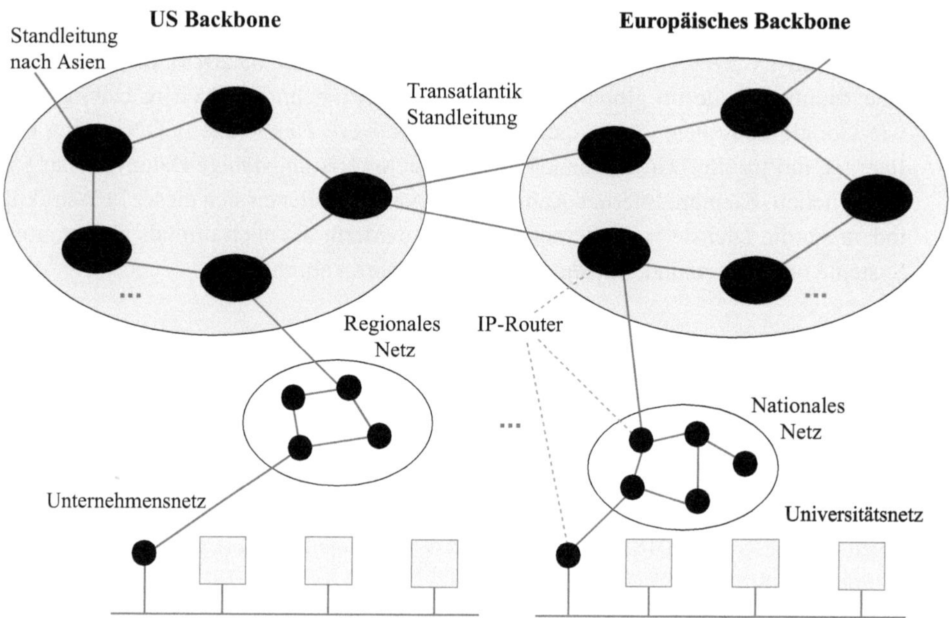

Abb. 3.1 Das Internet als Sammlung vieler autonomer Teilnetze nach (Tanenbaum und Wetherall 2011)

eindeutig durch eine 16 Bits große AS-Nummer identifiziert. Im Innern eines autonomen Systems gelten die Routing-Regeln der Organisation.

Ein *Internet Service Provider (ISP)* bzw. Internetdienstanbieter ist ein Anbieter von Internet-Zugangsdiensten oder sonstigen Diensten im Internet.

Da autonome Systeme in der Regel ebenfalls Internetdienste anbieten, werden autonome Systeme oft mit Internet Service Providern gleichgesetzt. Je nach Mächtigkeit eines AS bzw. ISPs spricht man von Tier-1-, Tier-2- oder Tier-3-AS bzw. -ISPs, wobei die Tier-1-Teilnehmer die mächtigsten sind.

Das als Internet bezeichnete Netzwerk aus Netzen verbindet alle autonomen Systeme miteinander. Dies geschieht über Peering- oder Transitabkommen unter den AS/ISPs.

Jedes autonome System hat eine eindeutige Nummer (*AS-Nummer*, *ASN*), von denen einige hier genannt werden sollen:

- AS11, Harvard University
- AS20633, Universität Frankfurt
- AS1248, Nokia
- AS2022, Siemens
- AS3680, Novell
- AS4183, Compuserve
- AS6142, Sun
- AS12816, Münchner Wissenschaftsnetz (MWN)

Die AS-Nummern sind seit Januar 2009 32 Bits lang und werden von der IANA verwaltet. IANA (2018) delegiert die Zuteilung wiederum an regionale Registrierungsinstanzen wie RIPE NCC (Europa und Asien), ARIN (Nordamerika) und AfriNIC (Afrika).

In Tab. 3.1 werden die autonomen Systeme nochmals kurz definiert und es werden einige Beispiele gegeben.

Tab. 3.1 Autonome Systeme, Bedeutung und Beispiele

Autonomes System	Bedeutung	Beispiele
Tier-1-AS = Tier-1-ISP	Betreiber eines großen Netzwerks als Teil des globalen Internet-Backbones. Es gibt nur wenige Tier-1-AS.	AT&T (US-amerikanischer Telekomanbieter), AOL (US-amerikanischer Online-Dienst, NTT (Nippon Telegraph and Telephone Corporation) und Verizon Communications (US-amerikanischer Telekomanbieter).
Tier-2-AS = Tier-2-ISP = regionaler ISP	Betreiber großer, überregionaler Netze. Die Anzahl der Tier-2-AS ist überschaubar, aber auch ständig im Wandel.	Deutsche Telekom, France Telecom und Tiscali (Telekom-Unternehmen, Italien).
Tier-3-AS = Tier-3-ISP = Zugangs-ISP	Kleinere, lokale Provider mit Endkundengeschäft. Zugang für Internet-Nutzer, werden auch auch als *Edge-Networks* bezeichnet. Man spricht von mehreren Hunderttausend Tier-3-AS weltweit.	M-net in Bayern (Hauptgesellschafter sind die Münchner Stadtwerke), Hansenet (Hamburg) und Versatel (Berlin).

3.2   Netzwerkstruktur des Internets

Die autonomen Systeme bilden die Basis des Internets, aber im Laufe der Zeit haben sich noch weitere wichtige Zusammenhänge etabliert. Es gibt keine eindeutig abgrenzbare Struktur, aber grundsätzlich unterscheidet man autonome Systeme je nach Größe und Bedeutung in *Tier-1-*, *Tier-2-* und *Tier-3-AS,* die im Internet auch als *Internet Provider* (ISP) und gelegentlich als *Carrier* bezeichnet werden, weil sie auch Internet-Dienste anbieten. Die Begriffe sind nicht eindeutig definiert und hängen von den Rollen ab, die ein autonomes System im „Internet-Markt" ausfüllt.

Eine offizielle „Ernennung" zu einem Tier-1-AS gibt es nicht. Dies hängt von den Eigenschaften eines AS ab. Es gibt nur wenige Tier-1- und Tier-2-AS, aber viele Tier-3-AS. Die wesentliche Aufgabe der Tier-3-AS ist es, für Endsysteme von privaten Kunden bzw. Unternehmen den Zugang zum Internet zu ermöglichen.

Es wäre zu aufwändig, wenn jeder Zugangs-ISP mit jedem anderen verbunden wäre. Daher benötigt ein Tier-3-AS normalerweise eine Anbindung an einen Tier-2-AS, um im weltweiten Internet mit allen anderen AS kommunizieren zu können. Dies ist aber nicht zwingend notwendig, da es auch andere Verbindungsmöglichkeiten zwischen AS gibt. Ebenso ist ein Tier-2-AS mit mindestens einem Tier-1-AS verbunden. Die Tier-1-AS bilden weitgehend das globale Backbone und sind auch die mächtigsten Teilnehmer im Internet. Diese Netzwerkstruktur hat sich im Laufe der letzten Jahrzehnte zum heutigen Stand entwickelt und ist ständig in Bewegung.

Größere AS stellen *Peering-* oder auch *Transit-Dienste* zur Verfügung, die es kleineren AS ermöglichen, Daten auch mit anderen AS auszutauschen. AS, die nur Transit-Dienste anbieten und keine Transit-Dienste hinzukaufen, nennt man auch *Transit-AS.* Das Routing zwischen den Peering-Points erfolgt meist über das Border Gateway Protocol (BGP) (siehe Abschn. 5.6).

Die Provider vereinbaren, wie miteinander abgerechnet wird. Gleichgestellte Tier-1-AS führen üblicherweise einen kostenlosen Datenaustausch miteinander durch. Hier spricht man auch von *Peering-Abkommen.* Ansonsten werden die Kosten meist nach Transferleistung abgerechnet und man spricht in diesem Fall von *Transit-Abkommen.* Auch Peering-Abkommen zwischen Tier-1- und Tier-2- oder sogar Tier-3-AS sind üblich, wenn beide Partner daraus einen Vorteil ziehen können. Je mehr Vereinbarungen ein AS mit anderen hat, desto besser sind die Kommunikationsverbindungen, die ein AS wiederum den bei ihm angeschlossenen AS bieten kann. Tier-3-AS sind normalerweise in der Rolle der Kunden, Tier-1-AS sind in der Rolle von Providern bzw. Peers, Tier-2-AS sind meist Provider für Tier-3-AS, können aber auch Peers zu anderen AS sein.

Die autonomen Systeme werden je nach Marktrolle als *Peer*, *Provider* und/oder *Kunde* bezeichnet, je nachdem, wie sie agieren. In der Rolle eines Providers bieten sie anderen autonomen Systemen Zugang zum weltweiten Internet an und verlangen hierfür Gebühren. In der Kundenrolle nutzen sie Dienste anderer Provider. Wenn ein Provider nicht

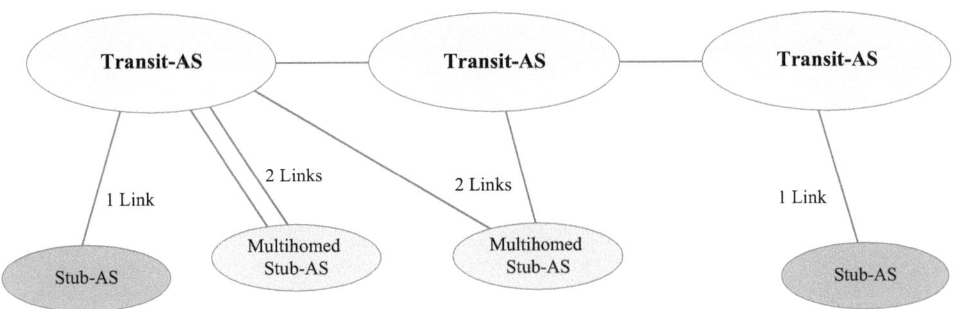

Abb. 3.2 Beispiel für verschiedene Links von autonome Systemen untereinander

selbst Kunde ist und mit anderen Providern gleichberechtigten Datenaustausch betreibt, spricht man von einem Peer. Dies sind in der Regel Tier-1-AS.

Die Anbindung eines autonomen Systems an das globale Internet wird über Kommunikationsverbindungen, die als *Links* bezeichnet werden, erreicht. Je nachdem, wie ein autonomes System an das Internet angebunden ist, unterscheidet man:

- *Stub AS*: Diese autonomen Systeme sind nur über einen Link an einen Provider (ein anderes AS) angebunden. Laut Internet-Richtlinien sollte dies gar nicht sein.
- *Multihomed-Stub-AS*: Diese autonomen Systeme sind aus Gründen der Ausfallsicherheit über mindestens zwei Links an einen in der Regel größeren ISP angebunden.
- *Multihomed-AS*: Diese autonomen Systeme sind zur Erhöhung der Ausfallsicherheit über mehrere Links an mindestens zwei größere ISPs angebunden.
- *Transit-AS*: Transit-AS stellen Zwischensysteme dar, die für den Übergang von einem zum anderen AS dienen.

Abb. 3.2 stellt die verschiedenen Varianten der Anbindung an das Internet dar.

3.3 Internet Exchange Points

Im heutigen Internet spielen auch noch weitere, öffentliche Peering-Punkte, sogenannte *Internet Exchange Points* (IXPs) *oder Network Access Points* (NAPs) eine wichtige Rolle. Diese werden von eigenen Unternehmen betrieben. Über diese IXPs, von denen heute mehrere hundert weltweit existieren, verbinden sich autonome Systeme bzw. ISPs miteinander. Sie werden sogar oft von ISPs gemeinsam betrieben, um Kosten zu sparen. IXPs benötigen für ihre Dienste nicht nur einen einfachen Router, sondern stellen ihre Dienste über umfangreiche ausfallgesicherte Rechenzentren zur Verfügung

In den letzten Jahren ist die Bedeutung von IXPs stark gewachsen. Nicht alle nutzen diese, aber mittlerweile wird doch sehr viel Internet-Verkehr über öffentliche

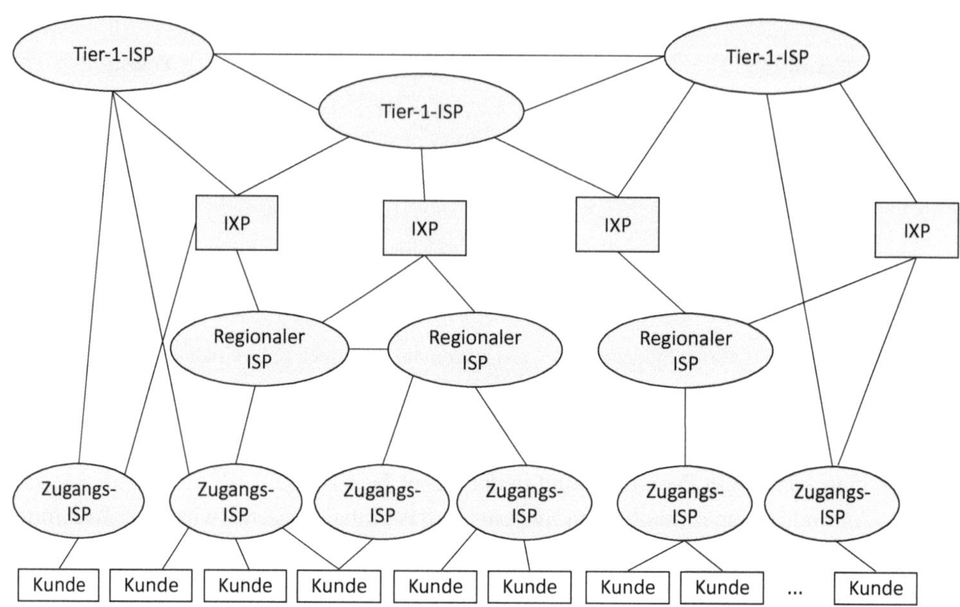

Abb. 3.3 Internetstruktur mit IXPs nach (Kurose und Ross 2014)

Peering-Punkte abgewickelt.[1] Die *DE-CIX Management GmbH* betreibt z. B. einen der größten europäischen IXP in Frankfurt, *DE-CIX* genannt (DE-CIX 2018). Weitere Internet-Knoten in Deutschland sind z. B. *BCIX* (Berlin Commercial Internet Exchange) in Berlin (BCIX 2018) sowie *ALP-IX* in München (ALP-IX 2018).[2]

Die allgemeine Struktur des Internets unter Einbeziehung von IXPs ist in Abb. 3.3 skizziert. Sie zeigt, dass es keine prinzipiellen Regeln und keine starre Hierarchie gibt. Die einzelnen Teilnehmer vereinbaren entsprechend ihren Möglichkeiten Anbindungen an gleichberechtigte oder übergeordnete ISPs. Auch mehrere Abkommen sind möglich und üblich. Die Nutzung eines IXP verhindert auch nicht Peering-Abkommen mit anderen ISPs. Kunden wie Unternehmen, kleinere ISPs und private Haushalte mieten sich entsprechend ihren Anforderungen einen oder mehrere Links meist bei den regional verfügbaren ISPs.

Abb. 3.4 zeigt einen vereinfachten Ausschnitt aus dem Internet Europas. Die Abbildung soll mit konkreten IXPs, die in Europa angesiedelt sind, andeuten, wie heutige AS und öffentliche Internet Exchange Points über Peering- und Transit-Abkommen miteinander verbunden sind.

---

[1] Informationen über die Top-80 Internet-Knoten in Europa sind z. B. unter (Alrond's technoblog 2018) nachzulesen.

[2] API-IX wird auch von DE-CIX betrieben.

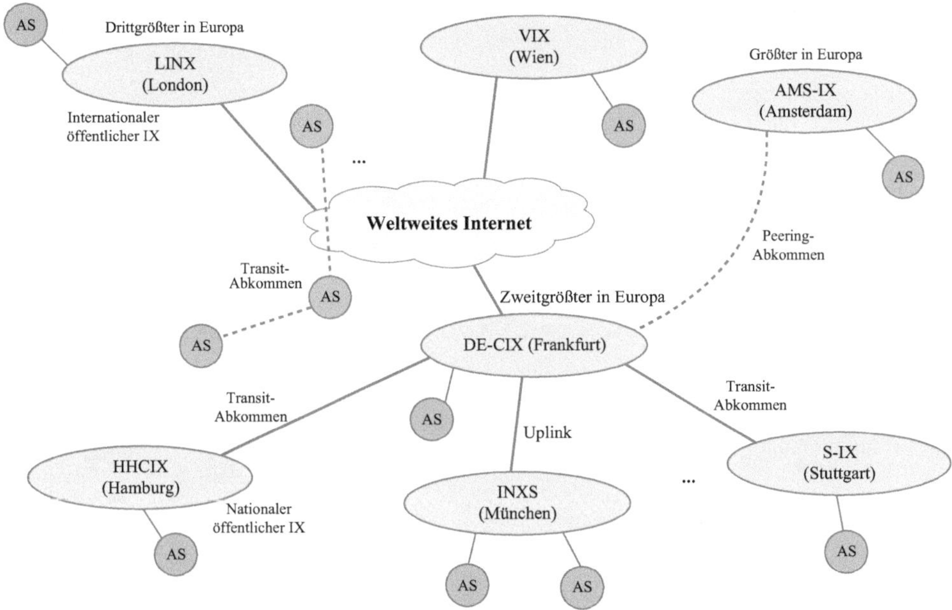

Abb. 3.4 Europäische Verbindungen im Internet mit IXPs (Ausschnitt)

3.4 Content Distribution Networks (CDN)

In den letzten Jahren sind zum globalen Internet noch weitere Netzwerke hinzugekommen, die als Content Distribution Networks (CDN) bezeichnet werden. CDNs werden meist durch große Unternehmen betrieben und haben zum Teil eigene Links zu kleineren ISPs, aber auch durchaus Verbindungen zu Tier-1-AS. Erwähnenswert sind hier beispielsweise die CDNs der Unternehmen Akamai (Akamai 2018) und Google (Google Cloud CDN 2018).

Die CDNs von Google und Akamai verfügen über hunderttausende von Rechnern, die weltweit auf viele Rechenzentren verteilt sind. Die Rechenzentren sind wiederum durch ein privates IP-Netz miteinander verbunden, das nicht Bestandteil des Internets ist. Sie haben aber Links meist zu regionalen und Zugangs-ISPs und nur wenn nötig zu den teureren Tier-1-ISP. Typische Verbindungen eines CDN im Internet sind in Abb. 3.5 skizziert.

Neben einer weltweiten Verfügbarkeit von Daten sorgt ein CDN auch für die Lastverteilung und für die Sicherheit von Inhalten webbasierter Anwendungen (Content). Kunden von CDNs sind Unternehmen, die Content jeglicher Art bereitstellen, der weltweit schnell verfügbar sein muss, also beispielsweise Anbieter von verteilten Plattformen. Beispielnutzer sind Video-Provider und sonstige Anbieter von Streaming-Angeboten. Natürlich nutzt auch Google sein CDN für die eigenen Internet-Dienste.

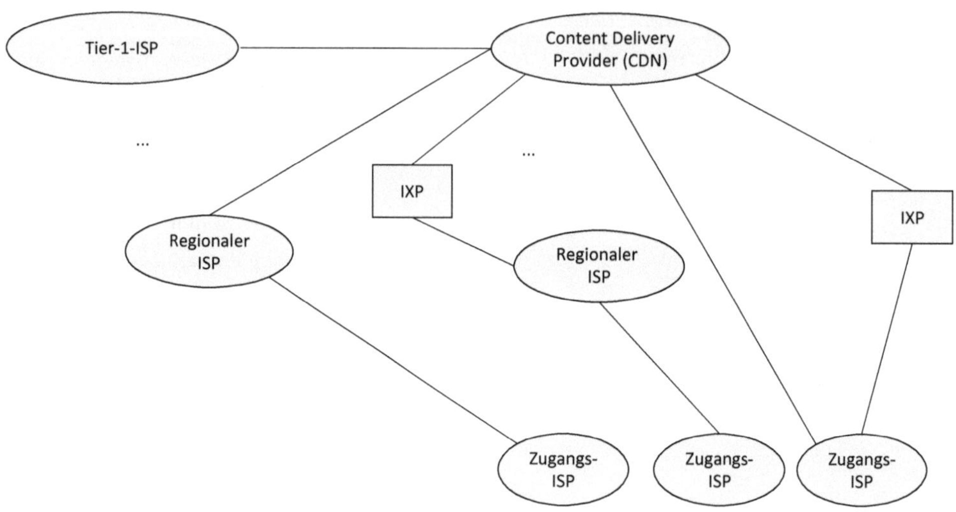

Abb. 3.5 Typische Anbindungen eines CDN im Internet

3.5   Anbindung von Endsystemen ans Internet

Private Haushalte, Unternehmen und sonstige Organisationen nutzen Zugangsnetzwerke, die von den ISPs oder auch von Telekommunikationsgesellschaften bereitgestellt werden, um sich an das Internet anzubinden. Milliarden von Endsystemen wie einzelne Arbeitsplatzrechner im privaten Haushalt, Smartphones oder Serversysteme erreichen das Internet über verschiedene Zugangstechnologien, die aus Sicht des TCP/IP-Referenzmodells unterhalb der Vermittlungsschicht, also in der Netzwerkzugangsschicht, angesiedelt sind. Oft verbergen sich hinter den Zugangstechnologien eigene Netzwerkarchitekturen mit mehreren Schichten, die aber für den Nutzer transparent sind. Eine detailliertere Erläuterung der Zugangstechnologien ist in (Tanenbaum und Wetherall 2011) und in (Kurose und Ross 2014) zu finden.

Am häufigsten wird die Zugangstechnologie DSL (Digital Subscriber Line) genutzt. Dies ist eine Zugangstechnologie auf der Basis von Kupferleitungen. Heute sind DSL-Zugänge für Unternehmen und Privathaushalte üblich. Ein DSL-Zugang wird wiederum durch einen Telekom-Anbieter bereitgestellt. Dies geschieht Anbieter-intern über ein eigenes Netzwerk mit vielen Knotenrechnern und Verbindungen.

Weiterhin sind Zugänge über Broadcast-Kabelnetze (in Deutschland z. B. das Netzwerk des Kabelnetz-Anbieters Kabel Deutschland (heute Vodafone) das ursprünglich nur für das Kabelfernsehen[3] verwendet wurde. Es nutzt zur Übertragung ein Koaxialkabel aus Kupfer (Breitbandkabel) bis zum Hausanschluss.

---

[3] Rundfunkprogramme über Digital Video Broadcasting – Cable (DVB-C) oder DVB-C2 als Nachfolgestandard.

Lichtwellenleiter (LWL) sind zwar die stabilere und schnellere Technologie, jedoch sind die Kosten bei einer Verlegung in der letzten Meile bis zum Arbeitsplatz noch relativ hoch, zumal Kupferkabel heute schon vielfach verfügbar sind. Ein direkter Glasfaseranschluss ist daher in Deutschland noch relativ selten. Man unterscheidet hier verschiedene Varianten, je nachdem, wo der Glasfaseranschluss aufhört. Beispielsweise bezeichnet man das Verlegen bis zum Teilnehmer als *FTTL* (engl. *Fibre To The Loop*). Als *FTTH* (engl. *Fibre To The Home* oder *Fibre all the way To The Home*) bezeichnet man das Verlegen von LWL bis in die Wohnung des Teilnehmers und mit *FTTD (engl. Fiber to the Desktop)* ist die Verlegung bis zum Arbeitsplatz gemeint.

Auch ein Internet-Anschluss über das Stromnetz (Powerline Communication) oder über Funkverbindungen ist möglich. Zu letzteren gehören Anbindungen über terrestrische Funktechnik (Wireless Metropolitan Area Networks über WiMAX-Standard oder auch über Mobilfunkstandards LTE, HSDPA, UTMS, EDGE), Satellitenverbindungen (2-Wege-Satellitenverbindungen) oder sogar über hochfliegende stationäre Luftschiffe. Satellitenverbindungen etwa über geostationären Satelliten sind für entlegene Gebiete und Schiffe geeignet. Allerdings sind die Latenzzeiten mit 500 bis 700 ms ebenso hoch wie die Kosten.

Für den Internetzugang eines privaten Haushalts wird vom ISP üblicherweise ein Router[4] bereitgestellt. Größere Kunden wie Unternehmen betreiben meist einen eigenen Router. Kleinere Kunden erhalten meist keine eigene, globale IP-Adresse zugeordnet. Vielmehr wird diese vom Internet Service Provider dynamisch versorgt und meist auch immer wieder verändert. Sie erhalten auch nur und erhalten einen überschaubaren Adressbereich z. B. mit 6 oder 14 nutzbaren IP-Adressen. Eine typische Anbindung eines privaten Haushalts an das Internet über die Zugangstechnologie DSL[5] ist vereinfacht in Abb. 3.6 dargestellt. Da die DSLTechnologie sowohl den klassischen Telefoniezugang als auch den Internetzugang

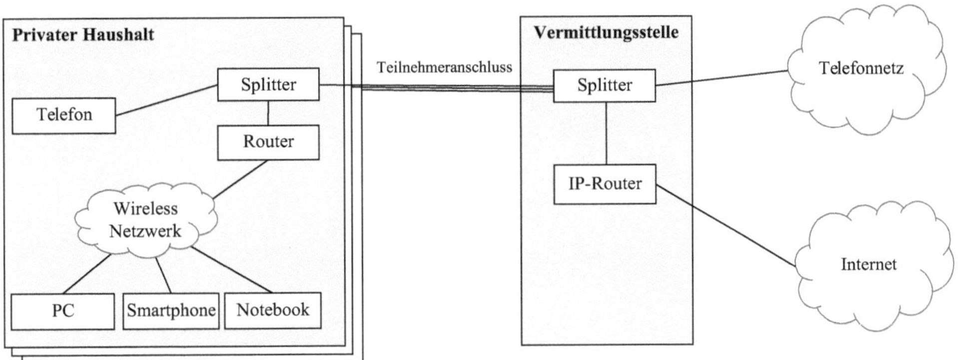

Abb. 3.6 Anbindung eines Privathaushalts an das Internet

---

[4] Beispiel für einen heute in Deutschland weit verbreiteten Internet-Router ist das Produkt Fritzbox von der Firma AVM (2018).

[5] Es gibt mehrere Varianten von DSL und deren Optimierungen (VDSL1, VDSL2, Vectoring, Supervectoring …) auf die hier nicht weiter eingegangen wird.

bereitstellt, werden die beiden Zugänge über einen sogenannten Splitter getrennt bzw. zusammengeführt. Die Internet-Kommunikation wird über einen Router, der gleichzeitig als DLS-Router, IP-Router (mehr dazu in Kap. 5), WLAN-Router usw. agiert, geführt. Mehrere Telinehmer kommunizieren mit einer Vermittlungsstelle, die die Signale wieder entsprechend trennt und an die zugehörigen Netzwerke weiterleitet.

Literatur

Kurose, J. F., & Ross, K. W. (2014). *Computernetzwerke* (6., ak. Aufl.). München: Pearson Studium.
Tanenbaum, A. S., & Wetherall, D. J. (2011). *Computernetzwerke* (5. Aufl.). München: Pearson Education.

Internetquellen

Akamai. (2018). https://www.akamai.com/de/de/. Zugegriffen am 16.08.2018.
ALP-IX. (2018). https://www.de-cix.net/en/locations/germany/munich. Zugegriffen am 16.08.2018.
Alrond's technoblog. (2018). http://www.alrond.com/de/zu finden. Zugegriffen am 24.03.2018.
AVM. (2018). https://avm.de/produkte/fritzbox/. Zugegriffen am 16.08.2018.
BCIX. (2018). https://www.bcix.de/bcix/de/. Zugegriffen am 16.08.2018.
CIDR Report. (2018). http://www.cidr-report.org/as2.0/. Zugegriffen am 24.03.2018.
DE-CIX. (2018). https://www.de-cix.net/de. Zugegriffen am 23.03.2018.
Google Cloud CDN. (2018). https://cloud.google.com/cdn/docs/?hl=de. Zugegriffen am 16.08.2018.
IANA. (2018). https://www.iana.org. Zugegriffen am 16.03.2018.

Das Internetprotokoll IPv4 4

Zusammenfassung

Das Internetprotokoll in der Version 4, auch als IPv4 bekannt, ist das wichtigste Protokoll der Internet-Vermittlungsschicht. IPv4 ist ein Protokoll mit umfangreicher Funktionalität und kann heute als Basis des Internets betrachtet werden. Es wird in die Vermittlungsschicht (Schicht 3 gemäß ISO/OSI- bzw. Schicht 2 gemäß TCP/IP-Referenzmodell) eingeordnet. Alle Nachrichten höherer Protokolle werden über IPv4 gesendet.

IPv4 ist ein paketvermitteltes (datagrammorientiertes) und verbindungsloses Protokoll. IPv4 (IPv4 wird in diesem Kapitel auch als IP bezeichnet, sofern nicht eine explizite Unterscheidung zu IPv6 notwendig ist) dient der Beförderung von Datagrammen von einer Quelle zu einem Ziel über Zwischenknoten, die als IPv4-Router bezeichnet werden. Datagramme, die für eine Teilstrecke zu lange sind, werden während des Transports zerlegt und am Ziel wieder zusammengeführt, bevor sie im Zielsystem der Transportschicht im Protokollstack nach oben übergeben werden. Diesen Vorgang nennt man Fragmentierung bzw. Defragmentierung. IPv4 stellt einen ungesicherten verbindungslosen Dienst zur Verfügung, d. h. es existiert keine Garantie für eine Paketauslieferung. Die Übertragung erfolgt nach dem Best-Effort-Prinzip (Auslieferung nach bestem Bemühen), wobei jedes Paket des Datenstroms isoliert behandelt wird.

Jeder Rechner bzw. genauer jedes Netzwerk-Interface erhält eine eindeutige IPv4-Adresse zugeordnet. Die Vergabe der Adressen ist weltweit geregelt, wobei IPv4-Router ganze Teilnetze (Subnetze) adressieren. Die Adresszuordnung zu Subnetzen ist statisch und wird über Internet Service Provider geregelt. Jedes IPv4-Paket hat einen festen Aufbau mit vorgegebener Steuerinformation, die im IPv4-Header festgelegt ist. Bis vor kurzem wurde in IPv4 nichts für die Staukontrolle unternommen. Heute gibt es aber erste Ansätze einer expliziten Unterstützung der Staukontrolle, die normalerweise in TCP/IP-Netzen in der Transportschicht in den Ende-zu-Ende-Verbindungen durchgeführt wird.

© Springer Fachmedien Wiesbaden GmbH, ein Teil von Springer Nature 2019
P. Mandl, *Internet Internals*, https://doi.org/10.1007/978-3-658-23536-9_4

Eine Besonderheit des IPv4-Protokolls stellt die Fragmentierung dar, die im Endsystem und in den IPv4-Routern durchgeführt wird, sofern die darunterliegende Schicht eines Teilnetzes dies erfordert. Im Zielsystem werden alle IPv4-Fragmente eines IPv4-Pakets wieder zusammengebaut, bevor eine Auslieferung erfolgt.

4.1   Adressvergabe im Internet

Die Vergabe von Internet-Adressen ist klar geregelt. Diese Aufgabe übernehmen die Internet Registries (IR). *IANA* (Internet Assigned Number Authority) ist die zentrale Organisation im Internet. Die *Regional Internet Registries* (RIR) bekommen einen Adressraum von IANA zugeordnet und bedienen *große geografische Regionen.*

Local Internet Registries (LIR) übernehmen schließlich den zugeordneten Adressraum von den RIRs und kümmern sich um die Verteilung der Adressen an Endkunden (Unternehmen, Organisationen). LIRs sind also meist Internet Service Provider.

In Abb. 4.1 ist die grundlegende Adressvergabestruktur skizziert, in Abb. 4.2 die Zuordnung der konkreten RIRs auf Regionen. Wie man erkennen kann, werden die Vereinigten Staaten, Kanada und Teile der Karibik von der *ARIN* (American Registry for Internet Numbers) versorgt. Für Europa ist *RIPE NCC* (Réseaux IP Européens Network Coordination Centre) zuständig. Weitere Regional Internet Registries sind *LACNIC, AfriNIC* und *APNIC.*

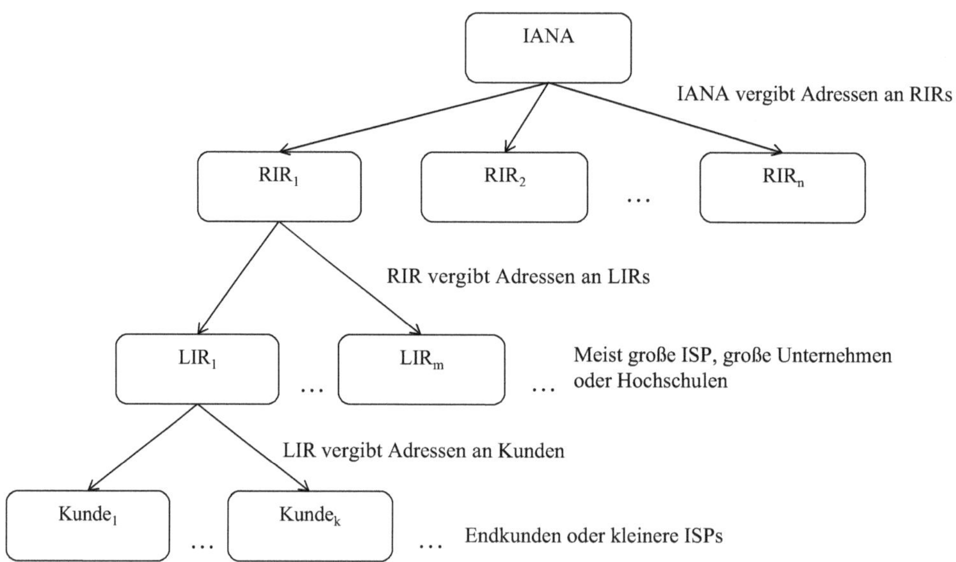

Abb. 4.1 Adressvergabestruktur im Internet

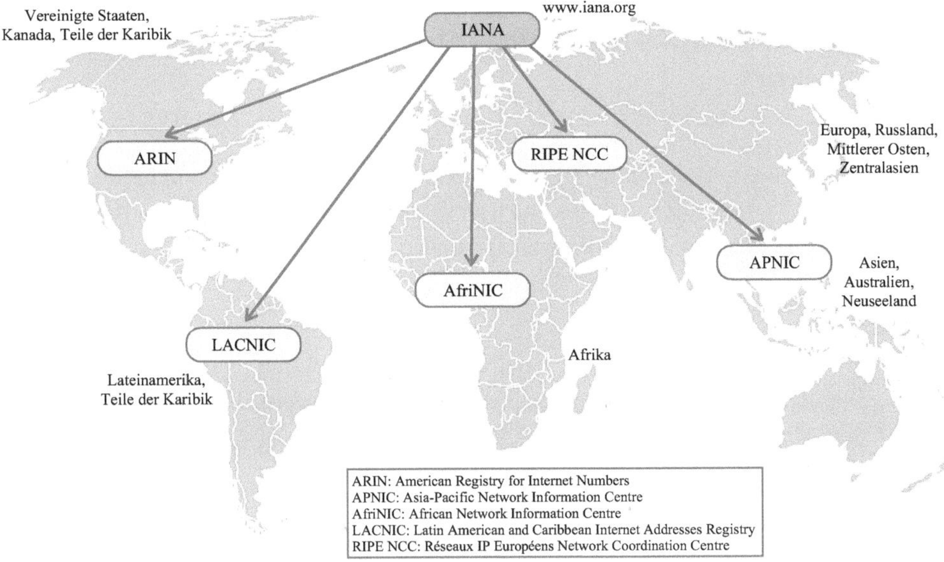

Abb. 4.2 Zuordnung der RIRs auf Zuständigkeitsbereiche

4.2   Adressierung in Internet-basierten Netzen

Ein Rechnersystem wird in der Internet-Terminologie auch als Host bezeichnet und besitzt in der Regel einen Hostnamen als symbolische Bezeichnung. Die IPv4-Adresse ist aber nicht an den Host, sondern an den Netzwerkzugang gebunden. Verfügt ein Host also z. B. über einen Ethernet-Adapter, so ist diesem in einem IP-Netzwerk eine IPv4-Adresse zugeordnet. Demnach ist es möglich, dass ein Host mehrere IPv4-Adressen besitzt, die jeweils die Netzzugänge eindeutig adressieren. Ein IPv4-Router verfügt z. B. üblicherweise mindestens über zwei IP-Adressen.

4.2.1   IPv4-Adressformate

IPv4-Adressen sind 32 Bits lange Adressen. Es gibt also insgesamt einen Adressraum mit $2^{32} = 4294967296$ IPv4-Adressen. Eine Adresse ist ein Tupel bestehend aus Netzwerknummer und Hostnummer. Die Netzwerknummer enthält je nach Adressklasse eine bestimmte Anzahl an Bits, der Rest wird dem Hostanteil zugeordnet. Über die Netzwerknummer wird auch eine Teilmenge des Adressraums einem zusammengehörigen Subnetz zugeordnet. Alle Hosts, die einem Subnetzwerk zugeordnet sind, haben die gleiche Netzwerknummer. Im Hostanteil unterscheiden sich die IPv4-Adressen. Alle Hosts mit gleicher Netzwerknummer bilden also ein Subnetzwerk.

Eine IPv4-Adresse wird mit vier Teilen notiert, wobei jeder Teil ein Byte ist, das als Dezimalzahl zwischen 0 und 255 angegeben wird. Diese Darstellung wird auch als *dotted decimal* bezeichnet.

Beispiel

Die hexadezimale Darstellung einer IPv4-Adresse ist 32 Bits lang und besteht aus vier eigenständig interpretierten Bytes (auch als Oktet bezeichnet). Wird jedes Byte in hexadezimal notiert, so ergibt sich eine entsprechende Darstellung.

Beispiel: 0xC0290614

Die korrespondierende Dezimaldarstellung ergibt sich durch eine Umwandlung Byte für Byte in eine Dezimaldarstellung. In unserem Beispiel ist dies 192.41.6.20, wobei wie folgt abgebildet wird:

$$C0_{(16)} = 192_{(10)}$$
$$29_{(16)} = 41_{(10)}$$
$$05_{(16)} = 6_{(10)}$$
$$14_{(16)} = 20_{(10)}$$

Die einzelnen Dezimalzahlen werden mit Punkten abgetrennt, was als *dotted decimal Notation* bezeichnet wird.

Um unterschiedlich große Organisationen zu unterstützen, entschieden sich die Designer des Internets ursprünglich, den Adressraum in Klassen aufzuteilen. Man spricht hier von *klassenweiser Adressierung*. Man unterscheidet fünf verschiedene Adressformate, die in die Klassen A, B, C, D und E eingeteilt sind. Die Klasse gibt dabei an, wie viele Bits, angefangen beim höchstwertigen Bit, den Netzwerkteilen zugeordnet werden.

Die Adressklasse identifiziert man, wie in Abb. 4.3 dargestellt, über die ersten maximal fünf Bits. Eine Klasse-A-Adresse erkennt man z. B. daran, dass sie mit einer binären Null beginnt, eine Klasse-B-Adresse beginnt mit binär $10_{(2)}$. Diese Information nutzen auch die

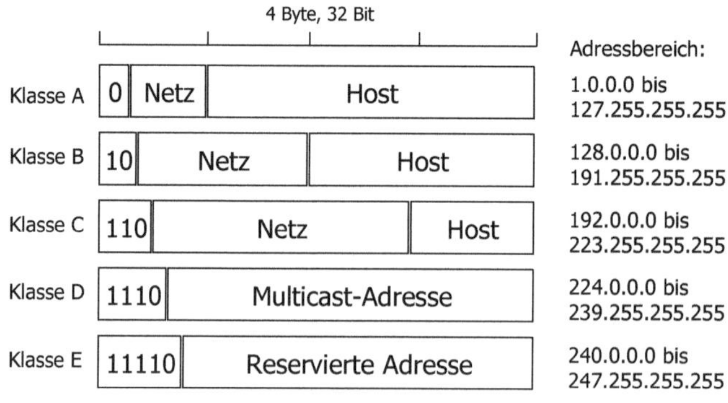

Abb. 4.3 Adressformate der ursprünglichen IPv4-Adressklassen

Router aus, um eine Zieladresse zu interpretieren. In der Abbildung kann man erkennen, dass sich die Adressklassen im Wesentlichen darin unterscheiden, dass sie unterschiedliche Längen für die Netzwerknummern haben. Eine Klasse-A-Adresse hat z. B. nur ein Byte für die Netzwerknummer, während eine Klasse-B-Adresse zwei Bytes und eine Klasse-C-Adresse drei Bytes für die Netzwerknummer hat.

Es gibt insgesamt $(2^7 - 2)$ Netzwerke der Klasse A, da sieben Bits für die Netzwerknummer reserviert sind. Jedes Klasse-A-Netzwerk kann $(2^{24} - 2)$ Hostadressen unterstützen. Bei der Berechnung werden zwei Netzwerkadressen abgezogen, die eine besondere Bedeutung haben (nur Nullen oder nur Einsen). Auch beim Hostanteil dürfen nicht alle Adressen ausgenutzt werden. Die Adressen mit nur Nullen und nur Einsen haben ebenfalls eine Sonderbedeutung.

Für Klasse-B-Netze stehen 14 Bits für den Netzwerkanteil zur Verfügung, zwei Bits („10") sind zur Identifikation der Klasse reserviert. Dies ergibt 16.384 Klasse-B-Netze. Jedes Klasse-B-Netzwerk kann maximal $(2^{16} - 2)$ Hosts enthalten.

In der Klasse C stehen 21 Bits für den Netzwerkanteil zur Verfügung, drei Bits sind für die Identifikation reserviert („110"). Dies ergibt $(2^{21} - 2)$ verfügbare Klasse-C-Netzwerke.

In Tab. 4.1 sind die Adressumfänge nochmals grob zusammengefasst.

Damit sind 87,5 % des IP-Adressraums festgelegt. Der Rest wird den Klassen D und E zugeordnet. Darüberhinaus gibt es noch einen für die private Nutzung reservierten Bereich. Wie wir noch sehen werden, werden IPv4-Pakete mit privaten Zieladressen von Routern nicht weitergeleitet. Die Klasse D ist für Multicasting-Anwendungen reserviert und die Klasse E wird im Moment nicht benutzt. Einige IPv4-Adressen haben eine besondere Bedeutung und sollen hier erwähnt werden. Hierzu gehören:

- Die niedrigste IPv4-Adresse ist 0.0.0.0. Diese Adresse hat die besondere Bedeutung „ein bestimmtes Netz" oder „ein bestimmter Host" und wird evtl. beim Bootvorgang eines Hosts benötigt.
- Eine Adresse mit einer Netzwerknummer bestehend aus lauter binären Einsen und einem beliebigen Hostanteil ermöglicht es Hosts, auf das eigene Netzwerk zu verweisen, ohne die Netzwerknummer zu kennen.
- Die höchste IP-Adresse ist 255.255.255.255 (-1). Sie wird als Broadcast-Adresse verwendet. Beim Broadcast werden alle Hosts eines Netzwerks mit einem Datagramm angesprochen. Dazu muss in der Zieladresse die Broadcast-Adresse stehen. Alle Hosts empfangen also Pakete mit der Zieladresse 255.255.255.255 und leiten sie an die Anwendungsprozesse weiter, die darauf warten. Wenn die darunterliegende

Tab. 4.1 Adressumfänge der ursprünglichen IPv4-Adressklassen

Klasse	Anzahl Netze	Max. Anzahl Hosts je Netz	Anteil am IP-Adressraum	Adressen insgesamt
A (/8)	126 ($2^7 - 2$)	16777214 ($2^{24} - 2$)	50 %	2147483638 (2^{31})
B (/16)	16384 (2^{14})	65534 ($2^{16} - 2$)	25 %	1073741824 (2^{30})
C (/24)	2097152 (2^{21})	254 ($2^8 - 2$)	12,5 %	536870912 (2^{29})

Netzwerkzugangsschicht Broadcasting unterstützt, dann geht auch physikalisch nur ein Paket durch das Netz. Dies ist für bestimmte Anwendungen sehr interessant, da dann die Netzwerkbelastung niedriger als bei Einzelnachrichten ist.

- Alle Adressen, die mit 127. beginnen, sind Loopback-Adressen und für die interne Hostkommunikation reserviert. Pakete mit Zieladressen in diesem Bereich werden nicht in das Netzwerk gesendet, sondern rechnerintern an lokale Prozesse weitergeleitet.

▶ **Unicast, Mulitcast, Broadcast und Anycast** Bei der nachrichtenorientierten Kommunikation unterscheidet man bei der Adressierung verschiedene Möglichkeiten (Abb. 4.4):

- *Unicast*: Dies ist der klassische Fall. Ein Partner kommuniziert mit genau einem anderen Partner und muss daher auch nur diesen adres3sieren (Beziehung 1:1).
- *Multicast*: Hier adressiert der Sender eine definierte Gruppe von Empfängern. Eine Nachricht wird also an die gesamte Gruppe gesendet (Beziehung 1:n, wobei n die Anzahl der Gruppenmitglieder ist).
- *Anycast*: Diese Art der Adressierung wendet sich auch an eine Gruppe, allerdings nimmt hier mindestens ein Empfänger die Nachricht entgegen (Beziehung 1:1 … n).
- *Broadcast*: Bei dieser Art der Adressierung werden Nachrichten an alle Empfänger in einem Netzwerk gesendet (Beziehung 1:m, wobei m die Anzahl aller möglichen Partner ist).

Für Multicast gibt es auch noch eine Spezialform, die als *Geocast* bezeichnet wird. Dies ist ein Multicast in einen geografisch definierten Bereich.

4.2.2   IPv4-Broadcasting

Beim IP-*Broadcasting* unterscheidet man nochmals zwischen direktem (gerichtetem, directed) und begrenztem (limited) Broadcast. Der direkte Broadcast ermöglicht das Senden einer Broadcast-Nachricht an ein beliebiges Netzwerk im Internet und zwar direkt von einem Host eines anderen Netzwerks aus. Der zuständige Router sendet das Paket über den entsprechenden Pfad zum Zielrouter, der dann den Broadcast in seinem lokalen Netzwerk sendet.

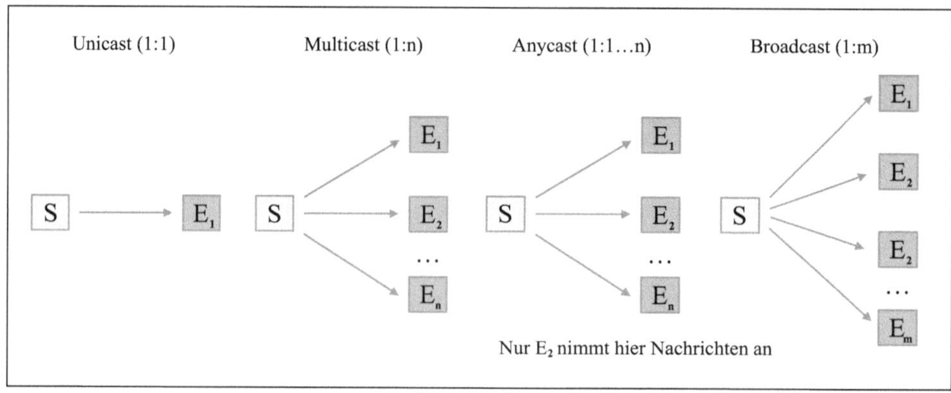

Abb. 4.4 Varianten der Adressierung

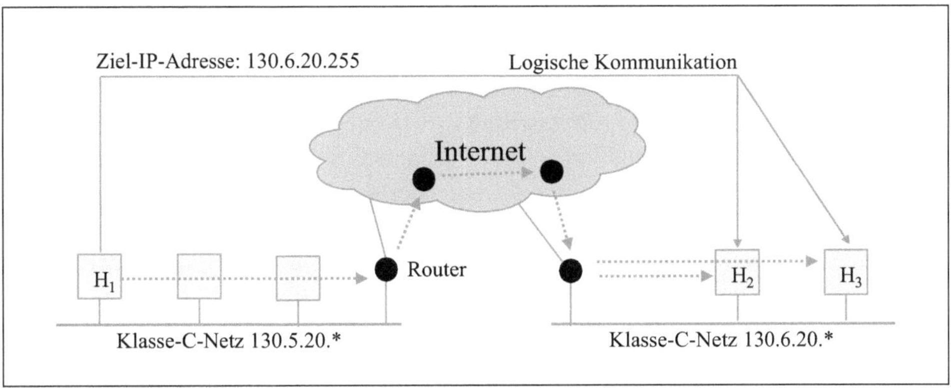

Abb. 4.5 Beispiel für einen direkten Broadcast

Die Adresse für den direkten Broadcast enthält die Netzwerknummer und im Hostteil lauter binäre Einsen. Wie in Abb. 4.5 dargestellt, sendet der Host H_1 einen Broadcast an ein anderes Netz, in dem die zwei Hosts H_2 und H_3 die Nachricht erhalten. Sowohl das Quell- als auch das Zielnetz sind Klasse-C-Netze. Die Ziel-Broadcast-Adresse ist 130.6.20.255. Ein begrenzter Broadcast bezieht sich auf das lokale Netzwerk und wird von den Routern nicht durchgelassen. Die „limited" Broadcast-Adresse ist in diesem Fall für alle Netze gleich: 255.255.255.255. Aus den Ausführungen zu den Spezialadressen ergibt sich, dass es keine Host-Adresse geben kann, deren Hostanteil nur aus binären Einsen oder Nullen besteht.

Das Weiterleiten von direkten Broadcast-Nachrichten ist in vielen Routern deaktiviert, da es für Angriffe (z. B. Smurf-Attacken) genutzt werden kann.[1]

4.2.3   Private IPv4-Adressen

Eine weitere Besonderheit sind die *privaten IP-Adressen*. Private Adressen sind im RFC 1918 definiert. Hierzu gehören:

- 10.0.0.0 mit einem Netzwerkanteil von 8 Bits (Netzwerkmaske 255.0.0.0/8, Bereich 10.x.x.x)[2]
- 172.16.0.0 mit einem 12-Bit-Netzwerkanteil (Netzwerkmaske 255.240.0.0/12, Bereich 172.16.x.x – 172.31.x.x)
- 192.168.0.0 mit einem Netzwerkanteil von 16 Bits (Netzwerkmaske 255.255.0.0/16, Bereich 192.168.x.x)

Hierbei handelt es sich um Adressen, die jeder Router besonders behandelt. Pakete mit einer derartigen Zieladresse werden von den Routern nicht weitergeleitet und verlassen daher niemals das lokale Netzwerk. Diese Adressen können von jedem Netzwerk für interne Zwecke verwendet werden und sind daher nicht mehr global eindeutig.

---

[1] Bei einem Smurf-Angriff sendet ein Angreifer Nachrichten (siehe ICMP-Protokoll in Abschn. 6.1) an die directed Broadcast-Adresse eines Netzwerks.

[2] Die konkrete Nutzung der Netzwerkmaske für das Routing wird in Kap. 5 aufgeklärt.

4.2.4 IPv4-Subnetting

Durch die Klasseneinteilung ergab sich im Laufe der Zeit eine gewisse Verschwendung von Adressen. Die zweistufige Adressierung (Netzwerknummer, Hostnummer) führte zudem zu Problemen, wenn eine Organisation ihr internes Netzwerk strukturieren wollte. Jede Aufgliederung des Netzwerks ging nur über die Beantragung einer zusätzlichen Netzwerknummer. Die Routing-Tabellen in den Backbone-Routern begannen zu wachsen.

Im RFC 950 wurden schließlich im Jahre 1985 Teilnetze (Subnets) definiert, um die organisatorischen Probleme abzumildern und auch um die Routing-Tabellen im globalen Internet zu entlasten. Durch die *Subnetzadressierung* wurde eine bessere organisatorische Gliederung der internen Netze ermöglicht.

Die Hostadresse wird hierbei zur Unterteilung des Netzwerks in mehrere Unternetze (Subnetze) in zwei Teile zerlegt und zwar in die Teilnetznummer (Subnet) und die Hostnummer, woraus sich insgesamt eine dreistufige Hierarchie ergibt. Die gesamte IP-Adresse wird bei Subnetting über das Tupel *(Netzwerknummer, Subnetzwerknummer, Hostnummer)* angegeben (siehe Abb. 4.6). Ohne Subnetze konnten die Router die Adressklasse der Zieladresse aus dem IP-Paket an den ersten Bits erkennen. Bei Subnetzen besteht diese Möglichkeit nicht mehr. Router müssen die Information auf andere Weise herausfinden. Die Lösung ist, dass in den Routing-Tabelleneinträgen noch eine zusätzliche Information mit aufgenommen wird, die als *Netzwerkmaske* bezeichnet wird.

Die Netzwerkmaske ist ein 32 Bits breites Feld, in dem für jedes Adressbit genau ein Bit zugeordnet ist. Steht ein Bit auf Binär ‚1‘, so ist das Bits in der IP-Adresse der Netzwerknummer zugeordnet. Bei den klassenbehafteten A/B/C-Adressen können dies natürlich nur alle Bits der Netzwerknummer sein.

Wenn ein Router ein Paket empfängt, findet er anhand der den Zielnetzen zugeordneten Netzwerkmasken heraus, welches Zielnetz adressiert wird und was der Netzwerk- und der Hostanteil der Zieladresse ist. In Abb. 4.7 ist ein Beispiel für die Nutzung der Netzwerkadresse angegeben. Im Beispiel handelt es sich um eine Klasse-B-Adresse, bei der keine Sunbetzunterteilung verwendet wird. Wie man sieht, wird eine logische Und-Verknüpfung zwischen der Zieladresse aus dem IP-Paket und der Netzwerkmaske durchgeführt. Ein Router muss für alle Einträge in seiner Forwardingtabelle eine logische Und-Operation zwischen der Zieladresse aus dem IP-Paket und der im jeweiligen Eintrag gespeicherten Netzwerkmaske ausführen, um die optimale Route zu berechnen. In Kap. 5 werden wir uns damit noch genauer beschäftigen.

Wie Abb. 4.8 zeigt, wird die Aufgliederung des Hostanteils einer Adresse außerhalb eines Teilnetzes nicht sichtbar. Im globalen Internet gibt es also nur einen Routeneintrag für

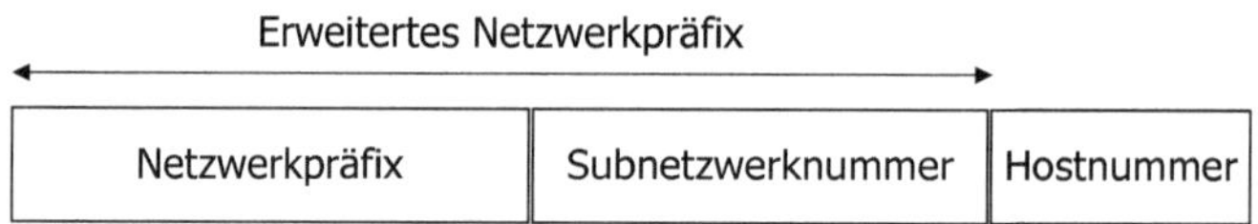

Abb. 4.6 Erweitertes Netzwerkpräfix bei Subnetzadressierung

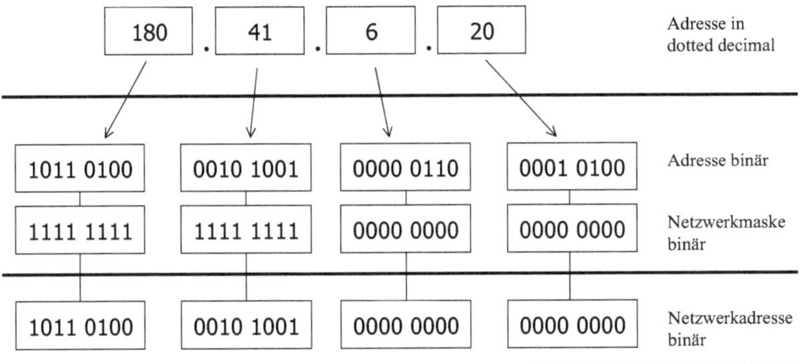

Logische Und-Verknüpfung der IP-Adresse mit der Netzmaske
Die Netzwerkadresse ist demnach: 180.41.0.0
Netzwerkmaske in dotted decimal: 255.255.0.0

Abb. 4.7 Netzwerkmaske und deren Einsatz

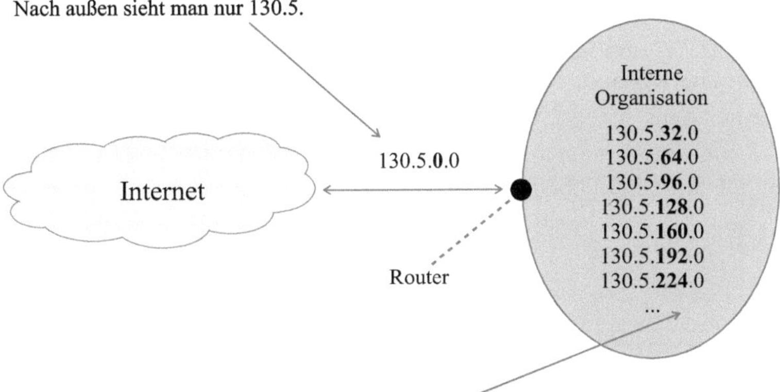

Abb. 4.8 Reduktion der Routereinträge durch Subnetzbildung

die Netzwerknummer, nicht aber für die Subnetzwerknummern. Interne IP-Router berücksichtigen aber die Subnetzadresse. Die Netzwerkmaske wird auch hier als Bitmaske verwendet, um die Bits der Subnetzwerknummer zu identifizieren. Insgesamt sind im Beispiel 254 Subnetze möglich, da die Subnetzwerknummer die Werte 1 bis 254 annehmen kann.

Der lokale Administrator besitzt alle Freiheiten zur Bildung von Subnetzen, ohne die Komplexität auf die externen Internet-Router zu übertragen.

Beispiel

Betrachten wir das Beispiel in Abb. 4.9. Hier ist die Netzmaske 255.255.255.0 bei einer Klasse-B-Adresse. Das dritte Byte dient also der Subnetz-Bildung und das vierte bleibt für die Hostnummer. Damit erkennt ein Administrator schon an der Adresse, welcher Organisationseinheit ein Host zugeordnet ist.

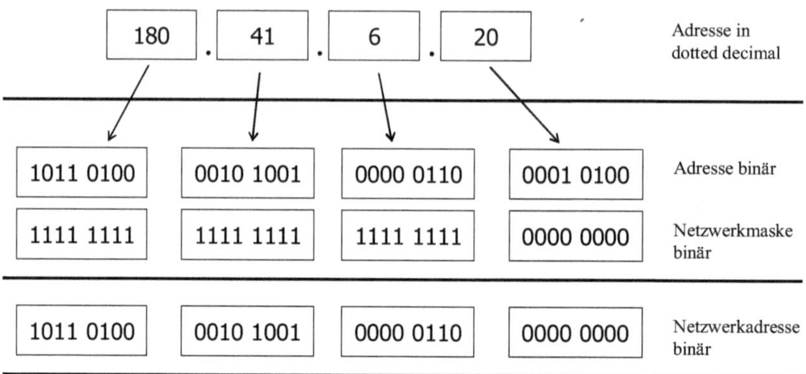

Subnetz mit zwei Byte für Netzwerknummer und ein Byte für Subnetzwerknummer
Die Netzmaske ist hier: 255.255.255.0

Abb. 4.9 Beispiel für den Einsatz von Subnetzen innerhalb einer Organisation

Beispiel

Die Nutzung von Adressteilen für die Subnetzbildung ist nicht an die Byte-Grenzen gebunden. Die Klasse-C-Adresse 193.1.1.0 kann man beispielsweise mit einer Netzwerkmaske von 255.255.255.224 (/27) ausstatten. In diesem Fall sind die drei höherwertigen Bits des Hostanteils für das Subnetzwerk reserviert und es bleiben noch fünf Bits für den Hostanteil übrig:

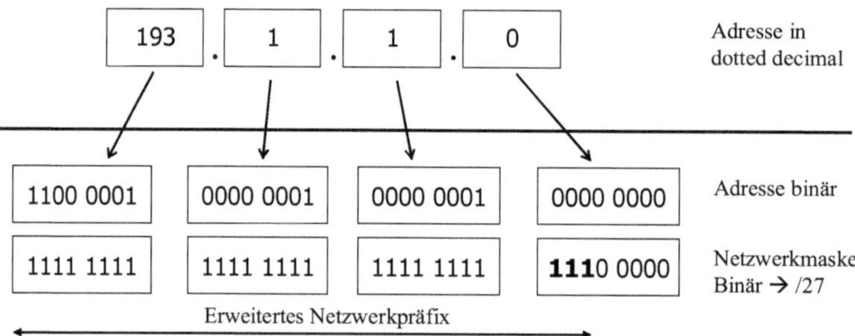

Damit lassen sich in diesem Beispiel acht /27-Teilnetze bilden, die folgende Subnetz-Adressen zugeordnet bekommen:

```
Basisnetz:     11000001.00000001.00000001.00000000 = 193.1.1.0/24
Teilnetz 0:    11000001.00000001.00000001.00000000 = 193.1.1.0/27
Teilnetz 1:    11000001.00000001.00000001.00100000 = 193.1.1.32/27
Teilnetz 2:    11000001.00000001.00000001.01000000 = 193.1.1.64/27
Teilnetz 3:    11000001.00000001.00000001.01100000 = 193.1.1.96/27
Teilnetz 4:    11000001.00000001.00000001.10000000 = 193.1.1.128/27
Teilnetz 5:    11000001.00000001.00000001.10100000 = 193.1.1.160/27
Teilnetz 6:    11000001.00000001.00000001.11000000 = 193.1.1.192/27
Teilnetz 7:    11000001.00000001.00000001.11100000 = 193.1.1.224/27
```

Das Basisnetz 193.1.1.0/24 wird also in acht Teilnetze mit jeweils 30 nutzbaren IP-Adressen aufgeteilt. Dies ergibt insgesamt 240 Adressen. Die Adressen mit lauter Nullen und Einsen können in jedem/27-Netzwerk nicht genutzt werden. Es sind also von den maximal möglichen 254 Adressen des/24-Subnetzes weitere 14 für die Nutzung ausgeschlossen. Defakto verliert man also durch die Subnetz-Aufteilung ein paar IP-Adressen für die Nutzung.

Teilnetz 1 hat im Beispiel die Adresse 193.1.1.0/27. Im ganzen Subnetz muss diese Subnetz-Adresse gelten und sie kann auch nicht weiter unterteilt werden.

Subnetting wird auch als FLSM-Subnetting (Fixed Length Subnet Masks) bezeichnet. Mit FLSM ist gemeint, dass eine eingestellte Subnetz-Adresse für eine Organisation fest eingestellt wird. Eine weitere Unterteilung ist nicht möglich.

4.2.5   Variabel lange Subnetzmasken

In den Routing-Tabellen der wichtigen Internet-Router, der Backbone-Router, ist seit den 90er-Jahren ein exponentielles Wachstum zu verzeichnen. Im Jahre 1990 mussten etwas mehr als 2000 Routen verwaltet werden. 1992 waren es bereits mehr als 8000 und 1995 mehr als 30.000 Routeneinträge. 2017 waren es schon mehr als 60.000 Routen.

Das Internet wächst immer mehr (in den 90er-Jahren verdoppelte sich seine Größe in weniger als einem Jahr), was vor allem durch die enorme Nutzung des World Wide Web verursacht wird. Es zeichnete sich bereits seit Anfang der 90er-Jahre aufgrund des nicht effektiv ausgenutzten Adressraums eine gewisse Adressenknappheit ab.

Auch wurden Netzwerknummern in der Vergangenheit nicht sehr effizient verteilt. Klasse A- und B-Adressen wurden an Organisationen vergeben, die überhaupt nicht so viele Adressen benötigten. Aufgrund der Klasseneinteilung kann der ganze Adressbereich sinnvoll ausgenutzt werden. Beispielsweise musste einem Unternehmen mit nur zehn Rechnern eine Klasse-C-Adresse zugewiesen werden und man vergeudete damit 244 (256-10-2) IP-Adressen,[3] die anderweitig genutzt werden könnten. Dies ist auch ein Grund dafür, warum IP-Adressen knapp sind. Daher werden heute IP-Adressen vom NIC bzw. in Deutschland von der DENIC etwas restriktiver zugewiesen.

Um eine bedarfsgerechtere Aufteilung des Adressraums im Intranet zu ermöglichen, wurde im Jahre 1985 das *VLSM-Konzept* (Variable Length Subnet Masks) eingeführt, das variable Längen der Subnetz-Masken innerhalb einer Organisation ermöglicht (siehe RFC 950).

---

[3] Zwei Adressen (lauter Nullen oder Einsen) können nicht für Hosts genutzt werden.

Im Jahre 1993 wurde das VLSM-Konzept unter der Bezeichnung CIDR (Classless Inter-Domain Routing)[4] auch für das Internet standardisiert[5] CIDR wird auch als „classless IP" bezeichnet, . Damit wurde das Konzept der Klasseneinteilung auch im globalen Internet fallen gelassen. VLSM wird heute von allen Routern im globalen Internet unterstützt.

VLSM kann als erweitertes Subnetting aufgefasst werden. Subnetze können damit in weitere Subnetze unterteilt werden. Bei VLSM kann einem IP-Netzwerk auch mehr als eine Netzwerkmaske bzw. eine variabel lange Teilnetzmaske zugewiesen werden. Damit kann eine Organisation den ihr zugewiesenen Adressraum noch effektiver als mit FLSM-Subnetting nutzen. Eine feinere Aufteilung der Adressen auf interne Netze ist möglich, was wiederum hilft, Adressen einzusparen.

Bei der Notation der Adressen ergänzt man nach der IP-Adresse einen Schrägstrich und dahinter die Anzahl an Bits, die für die Netzwerknummer verwendet werden.

Heute spricht man auch von /8-Netzwerken, wenn man Klasse-A-Netzwerke meint und entsprechendes gilt für die Klasse B (/16) und die Klasse C (/24). Die Schreibweise wird auch als *Präfix-Längen-Schreibweise* oder *Präfix-Notation* bezeichnet, die Notation lautet also:

$$\textit{<Netzwerkadresse>/<Anzahl Masken-Bit>}$$

CIDR-Beispieladressen

- 180.41.6.0/16 ist eine klassische Klasse-B-Adresse mit zwei Bytes für die Netzwerknummer und zwei Bytes für die Hostnummer.
- 180.41.6.0/24 ist eine Subnetzadresse mit einem Netzwerkanteil von 24 Bits und 8 Bits für die Hostnummer, also eine typische Klasse-C-Adresse.
- 180.41.6.0/25 entspricht vom Adressbereich einer halben Klasse-C-Adresse. Es verbleiben 7 Bits für den Hostanteil.
- 180.41.6.0/28 belässt nur noch 4 Bits für die Hostnummer und kann für kleine Netze eingesetzt werden. Damit wird ein Klasse-C-Netzwerk noch einmal unterteilt. Insgesamt könnte man mit /28 genau 16 kleine Netze dieser Art unterstützen. Davon können aber zwei nicht genutzt werden.

Beispiel

In Abb. 4.10 ist ein Beispiel für eine hierarchische Aufteilung des Teilnetzes mit dem Adressbereich 11.0.0.0/8 skizziert. Das Teilnetz ist zunächst in 254/16-Teilnetze unterteilt und diese wiederum in /24-Teilnetze. In der Abbildung sind auf der untersten Ebene schließlich sechs nutzbare /27-Teilnetze unter 11.1.2.0/24 dargestellt. Die anderen Teilnetze können ebenfalls untergliedert werden und auch die /27-Teilnetze sind weiter unterteilbar.

---

[4] CIDR wird als „caider" ausgesprochen.
[5] Siehe RFCs 1518, 1519 und RFC 4632.

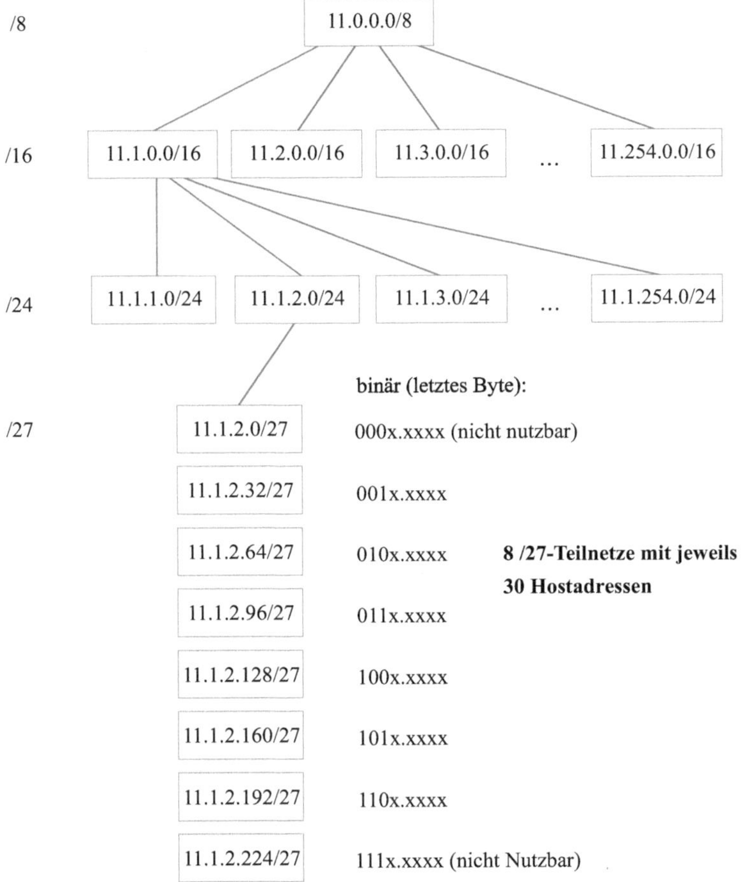

Abb. 4.10 Beispiel für hierarchische VLSM-Aufteilung eines Netzwerkbereichs

Mit VLSM ist also eine bedarfsgerechtere Aufteilung des Adressraums möglich. Bei der Netzwerkplanung muss man sich überlegen, wie viele Subnetze und wie viele IP-Adressen man innerhalb eines Subnetzes benötigt. Daraus ergibt sich die Anzahl der Bits, die man noch dem Netzwerkpräfix hinzufügen muss. Hat man beispielsweise von seinem Internet Service Provider die Adresse 143.26.0.0/16 für die eigene Organisation zugewiesen bekommen und die Organisation ist in 14 Subnetze mit jeweils max. 4000 Rechnern strukturiert, so ist es sinnvoll, vier Bits für die Subnetz-Adressierung zu verwenden. Damit kann man nämlich 14 Subnetze bilden und erhält jeweils ein /20-Subnetz mit 4094 IP-Adressen. Gibt es einige kleinere Subnetze in der Organisation, kann man ein /20-Subnetz auch nochmals unterteilen.

Diese Aufteilung können nun auch die Internet Service Provider direkt nutzen, um Adressen an Unternehmen bzw. Organisationen zu vergeben. Damit wird die Verschwendung von Adressen reduziert, da Unternehmen nur noch so viele Adressen erhalten, wie sie benötigen.

Beispiel

Der Adressbereich 180.41.224.0/24 kann mit CIDR/VLSM vielfältig aufgeteilt werden. In Tab. 4.2 ist eine beispielhafte Aufteilung dargestellt. Bräuchte man etwa einen Adressbereich mit 25 Hostadressen, käme z. B. 180.41.224.192/27 mit insgesamt 30 gültigen Hostadressen in Frage. Man könnte diesen Adressbereich auch noch in zwei Bereiche zu je 14 Adressen aufteilen. Dies funktioniert, indem man statt 27 Bits nun 28 Bits für die Maske verwendet, woraus sich folgende Bereiche ergeben:

- 180.41.224.192/28 (gültige Adressen 180.41.224.193 bis 180.41.224.206)
- 180.41.224.208/28 (gültige Adressen 180.41.224.209 bis 180.41.224.222)

Durch die Aufteilung verliert man aber nochmals zwei Hostadressen, da in beiden Bereichen nun jeweils 14 Hostadressen gültig sind. Dies reicht jedoch immer noch, um die Anforderung zu erfüllen.

Tab. 4.2 zeigt eine typische Aufteilung eines Klasse-C-Netzwerks in weitere Subnetze. Jede Adresse darf natürlich nur einmal vorkommen. Überschneidungen darf es nicht geben und der Adressbereich darf auch nur einmal vergeben werden. Die Vergabe der Adressen muss entsprechend geplant werden. Das Klasse-C-Netzwerk wird in zwei Subnetze mit 126 Adresse (/25) aufgeteilt. Das erste mit der Adresse 180.41.224.0/25 wird nicht mehr weiter untergliedert und das zweite mit der Adresse 180.41.224.128/25 wird weiter zerlegt. Schrittweise werden dem Netzwerkpräfix immer mehr Bits hinzugefügt. Die fett dargestellten Bits sind dem Netzwerkpräfix zugeordnet, die restlichen Bits können für den Hostanteil verwendet werden.

Beispiel

Dieses Beispiel zeigt eine typische Aufteilung eines IPv4-Adressbereichs mit 14 global sichtbaren IPv4-Adressen für ein kleineres Unternehmen. Die Präfixnotation für den Adressbereich lautet 82.135.103.48/28, die Netzwerkmaske 255.255.255.240.

   82.135.103.48 = …. 0011 0000 (nicht nutzbar)
   82.135.103.49 = …. 0011 0001 Internet Router
   82.135.103.50 = …. 0011 0010 (verfügbar)
   82.135.103.51 = …. 0011 0011 (verfügbar)
   82.135.103.52 = …. 0011 0100 Webserver
   82.135.103.53 = …. 0011 0101 Mailserver
   82.135.103.54 = …. 0011 0110 (verfügbar)
   82.135.103.55 = …. 0011 0111 (verfügbar)
   82.135.103.56 = …. 0011 1000 (verfügbar)
   82.135.103.57 = …. 0011 1001 (verfügbar)
   82.135.103.58 = …. 0011 1010 (verfügbar)
   82.135.103.59 = …. 0011 1011 (verfügbar)
   82.135.103.60 = …. 0011 1100 (verfügbar)
   82.135.103.61 = …. 0011 1101 (verfügbar)
   82.135.103.62 = …. 0011 1110 (verfügbar)
   82.135.103.63 = …. 0011 1111 (nicht nutzbar)

Tab. 4.2 Beispiel für eine Aufteilung des Adressraums mit CIDR/VLSM

Adressbereich	Binäre Netzwerkadresse	von Adresse	bis Adresse	Adressen
180.41.224.0/25	**11000000.00101001.11100000.**00000000	180.41.224.0	180.41.224.127	126
180.41.224.128/26	**11000000.00101001.11100000.**10000000	180.41.224.128	180.41.224.191	62
180.41.224.192/27	**11000000.00101001.11100000.**11000000	180.41.224.192	180.41.224.223	30
180.41.224.224/28	**11000000.00101001.11100000.**11100000	180.41. 224.224	180.41.224.239	14
180.41.224.240/29	**11000000.00101001.11100000.** 11110000	180.41.224.240	180.41.224.247	6
180.41.224.248/30	**11000000.00101001.11100000.** 11111000	180.41.224.248	180.41.224.251	2
180.41.224.252/30	**11000000.00101001.11100000.** 11111100	180.41.224.252	180.41.224.255	2

Geografische Zonen

Ein positiver Nebeneffekt ergab sich bei der Einführung von CIDR durch eine Verbesserung im globalen Internet-Routing nicht nur durch die Routen-Aggregation. Die zu dieser Zeit noch verfügbaren Klasse-C-Netzwerkadressen wurden in acht gleich große Adressblöcke mit einer Größe von 131072 Adressen unterteilt und *Areas* (geografische Zonen) zugeordnet (RFC 1466). Aktuell sind u. a. vier Areas mit folgenden Adressen aus dem Klasse-C-Adressbereich festgelegt:

- Europa: 194.0.0.0 bis 195.255.255.255
- Nordamerika: 198.0.0.0 bis 199.255.255.255
- Zentral- und Südamerika: 200.0.0.0 bis 201.255.255.255
- Pazifik-Länder: 202.0.0.0 bis 203.255.255.255

Durch eine feste Zuordnung von Klasse-C-Adressbereichen zu geografischen Zonen kann nun z. B. ein europäischer Router anhand der Zieladresse feststellen, ob ein Paket in Europa bleibt oder direkt zu einem amerikanischen oder sonstigem Router weitergeleitet werden soll. Damit wurde eine Optimierung der Wegewahl im globalen Internet erreicht.

31-Bit-Präfixe

Bei VLSM/CIDR werden durch die Nichtausnutzung von /31-Subnetzen IP-Adressen verschenkt. Tatsächlich erhält man z. B. aus einem Klasse-C-Netzwerk weniger IP-Adressen als bei der klassenweisen Adressvergabe. Ursprünglich war die Nutzung eines /31-Subnetzes nicht zulässig, da hiermit nur zwei Hostadressen gebildet werden können. Die erste Hostadresse besteht aus einer binären ‚0' und die zweite aus einer ‚1' im Hostanteil. Adressen mit lauter Nullen oder Einsen sind aber nicht für Hostadressen zugelassen, da sie mit Spezialadressen wie der Broadcastadresse in Konflikt stehen. Die Nutzung von 31-Bit-Präfixen wurde aber eingeschränkt zugelassen (geregelt im RFC 3021). Als sinnvolle Anwendung ist der Einsatz bei der Verbindung zweier Router angegeben. Damit können nun auch diese Adressen eingesetzt werden, was als Mittel zur Linderung der Adressknappheit genutzt werden kann.

4.3 IPv4-Steuerinformation

Nun betrachten wir die Steuerinformationen des Internetprotokolls in der Version IPv4, also den IPv4-Header mit all seinen Feldern, etwas genauer. Wie in Abb. 4.11 unschwer zu erkennen ist, handelt es sich aufgrund des nicht fixen Optionsteils um einen variabel langen Header.

Die Felder des IPv4-Headers enthalten im Einzelnen die in Tab. 4.3 beschriebenen Adress- und Steuerinformationen. Die Felder für die Fragmentierung (Identifikation, Fragment Offeset und Flags) werden im Zusammenhang verständlich. Wir werden darauf noch eingehen.

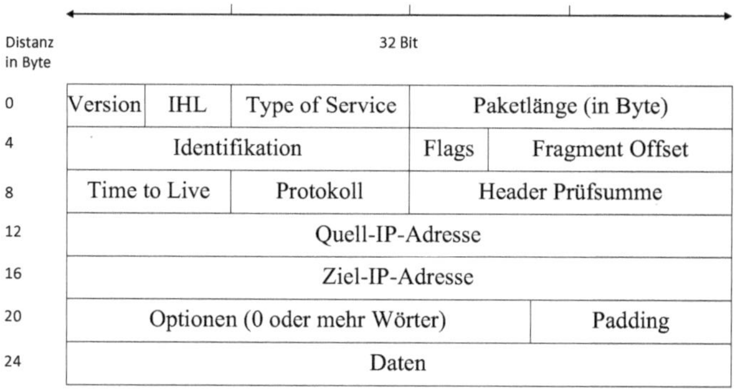

Distanz in Byte		32 Bit			
0	Version	IHL	Type of Service	Paketlänge (in Byte)	
4	Identifikation			Flags	Fragment Offset
8	Time to Live		Protokoll	Header Prüfsumme	
12	Quell-IP-Adresse				
16	Ziel-IP-Adresse				
20	Optionen (0 oder mehr Wörter)				Padding
24	Daten				

Abb. 4.11 IPv4-Header

Tab. 4.3 Felder des IPv4-Headers (RFC 2474)

Feldbezeichnung	Länge in Bits	Bedeutung
Version	4	Enthält die genutzte IP-Version (fester Wert: 4).
IHL	4	Gibt die Länge des IP-Headers gemessen in 32-Bit-Worten an. Dieses Längenfeld ist aufgrund der variablen Länge des Optionsfeldes nötig. Der Header hat eine Länge von mindestens fünf 32-Bit-Worten ohne Berücksichtigung der Optionen. Wenn Optionen verwendet werden, ist die Headerlänge auf 15 Worte bei Optionsangabe, also auch maximal 60 Bytes begrenzt.
Type of Service (ToS)	8	Die Bedeutung dieses 8-Bit-Feldes wurde im Laufe der Entwicklung mehrfach geändert. Seit 2001 ist die Belegung wie folgt: • Bits 0-5: DSCP-Bits (Differentiated Services Code Point). • Bits 6-7: ECN-Bits (Explicit Congestion Notification – IP-Flusskontrolle, siehe RFC 2481).
Paketlänge	16	Gesamtlänge (Anzahl an Bytes) des Datenpakets einschließlich des Headers. Die Maximallänge beträgt 65.535 Bytes.
Identifikation	16	Alle Fragmente eines Datagramms erhalten hier den gleichen Wert. Dieses Feld ist für die Fragmentierung interessant.

(Fortsetzung)

Tab. 4.3 (Fortsetzung)

Feldbezeichnung	Länge in Bits	Bedeutung
Flags	3	Es gibt drei Flags, wovon das erste unbenutzt ist. Die benutzten Flags heißen DF und MF und haben folgende Bedeutung: • Falls DF = 1 (Don't Fragment) ist, dann ist eine Fragmentierung des Pakets nicht erlaubt. Dieses Flag ist für Router von Bedeutung, um zu entscheiden, ob eine Fragmentierung erfolgen darf. • Falls MF = 0 (More Fragments) ist, dann handelt es sich um das letzte Fragment im Datagramm. Falls MF = 1 ist, folgen noch weitere Fragmente. Dieses Flag ist für das Zielsystem wichtig, um das Ende des Datagramms zu erkennen.
Fragment Offset (FO)	13	Dieses Feld dient der korrekten Herstellung der Ursprungssequenz, da Pakete das Ziel in unterschiedlicher Reihenfolge erreichen. Das Feld dient der Ermittlung der relativen Lage des Fragments im Datagramm (angegeben in Byte-Offset dividiert durch 8). Damit lassen sich genau $2^{13} * 8$ Bytes = 8192 * 8 Bytes darstellen, was mit der maximalen Paketlänge korrespondiert. Das kleinste Fragment hat demnach eine Länge von 8 Bytes (ohne Header).
Time to live (TTL)	8	Das Feld gibt an, wie lange ein Datagramm im Internet verbleiben darf. Es dient dazu, zu alte Pakete vom Netz zu nehmen. Kommt ein Paket mit einem TTL-Wert von 1 bei einem IPv4-Router an, wird es verworfen und es wird eine ICMP-Nachricht[a] zum Quellhost gesendet. Ursprünglich war die Angabe der Zeit in Sekunden gedacht. Ein Paket sollte also nach max. 255 Sekunden beim Zielrechner ausgeliefert sein. Heute wird es aber als Hop-Count genutzt. Jeder Router, den ein Paket passiert, subtrahiert 1 von diesem Feld. Der Initialzustand hängt von der Konfiguration im Host ab.
Protokoll	8	Das Feld definiert das darüberliegende Protokoll, an welches die Daten des Pakets weitergereicht werden (6 = TCP, 17 = UDP, 89 = OSPF, ...) und ist wichtig für die Zuordnung ankommender Pakete an die entsprechenden Transportinstanzen.
Header-Prüfsumme	16	Prüfsumme zur Erkennung von Fehlern im IP-Header. Das Feld sichert also nicht Daten in höheren Protokollen. Es muss für jede Teilstrecke neu berechnet werden, da sich der TTL-Wert immer verändert.
Quell-IP-Adresse	32	IP-Adresse des Quellrechners (Sender)
Ziel-IP-Adresse	32	IP-Adressen des Zielrechners (Empfänger)
Optionen	var.	In diesem Feld stehen zusätzliche, optionale Angaben.
Padding	var., max. 31	Wenn eine Option genutzt wird, muss das Datagramm bis zur nächsten 32-Bit-Grenze mit Nullen aufgefüllt werden. Dies wird bei Bedarf in diesem Feld erledigt.
Daten	var.	Nutzdaten der höheren Schicht.

[a]Das Steuerprotokoll ICMP wird in Kap. 6 noch erläutert

4.4   Spezielle IPv4-Mechanismen

4.4.1   Prüfsummenalgorithmus

Der Prüfsummenalgorithmus von IPv4 ist sehr einfach. Vom Sender wird das Prüfsummenfeld des IPv4-Headers auf 0×0000 gesetzt und danach werden alle 16-Bit-Worte addiert: Für die Summe wird das Einerkomplement der Summe gebildet, was dann auch die Prüfsumme bildet. Diese wird vor dem Senden in das Prüfsummenfeld eingetragen. Der Empfänger addiert seinerseits alle 16-Bit-Worte des IPv4-Headers ohne vorher das Prüfsummenfeld zu entfernen. Die Summe muss 0xFFFF ergeben. Ins Einerkomplement überführt, ergibt dies 0×0000. Kommt dieser Wert nicht heraus, wurde der IPv4-Header vermutlich nicht richtig übertragen. Derartige Fehler werden über das Steuerprotokoll ICMP (siehe Abschn. 6.1) an den Absender gemeldet. Aufgrund der Einfachheit werden aber nur Einbitfehler richtig erkannt.[6] Das Verfahren wird auch bei TCP und UDP angewendet und ist in (Mandl 2017) erläutert.

4.4.2   Dienstgüteeinstellungen

Seit langem diskutiert man in der Internet-Community darüber, dass das Best-Effort-Prinzip trotz seiner Robustheit bei der Auslieferung von Paketen nicht für jede Anwendung gleich gut geeignet ist. Man wünscht sich für manche Anwendungen so etwas wie eine „Standleitung" bzw. anstelle der Paketvermittlung eine Leitungsvermittlung über das Internet, für die man auch gewisse Qualitätskriterien im Rahmen einer Vereinbarung zur Service-Qualität bzw. Dienstgüte (Quality of Service) festlegen kann. Qualitätskriterien können beispielsweise eine hohe Bandbreite, hohe Zuverlässigkeit der Übertragung und geringe Übertragungsverzögerung (Latenz) sein. Im Fokus dieser Betrachtungen steht der Datenfluss zwischen den Endsystemen, man spricht daher auch von datenflussbasierten Algorithmen (flow-based).

In den 90er-Jahren wurde für diese Zwecke das *RSVP*-Protokoll (Resource Reservation Protocol) spezifiziert (RFC 2005). Es dient der Reservierung von Ressourcen für Kommunikationskanäle im Internet und war insbesondere für Multimedia-Anwendungen (Audio- und Videostreaming) gedacht. RSVP nutzt IPv4 für das Senden von Reservierungsanfragen für eine Verbindung. Die traversierten Router merken sich diese Informationen und stellen die angeforderten Ressourcen bereit. Mögliche QoS-Levels sind „Rate-sensitive" und „Delay-sensitive". Ersteres dient der Festlegung einer gewünschten Übertragungsrate, letzteres gibt eine maximal zulässige Paketverzögerung vor. Wirklich durchgesetzt hat sich das Protokoll allerdings noch nicht (Tanenbaum und Wetherall 2011).

---

[6] IPv6 verzichtet auf diese Prüfsumme, da in den darunterliegenden und darüberliegenden Schichten ohnehin Prüfungen durchgeführt werden.

Die Internet-Community entwickelte daher auch noch einen weiteren Ansatz zur Dienstgütefestlegung, der eine lokale Einrichtung in jedem einzelnen Router im Fokus hat. Hier spricht man eher von einer klassenbasierten Dienstgüte. Für IPv4 wurde mit den RFCs 2474 und 2475 ein derartiger Ansatz eingeführt und im RFC 3260 aktualisiert. Man bezeichnet diese Art der Dienstgütefestlegung als *differenzierte Dienste (Differentiated Services)*. Im IPv4-Header werden für die Dienstgütefestlegung die ersten fünf Bits des Feldes „Type of Service", die heute als *DSCP*-Bits (*Differentiated Services Codepoint*) bezeichnet werden, verwendet. Diese können durch eine zusammenwirkende Gruppe von Routern innerhalb einer administrativen Domäne, üblicherweise durch einen Internet Service Provider, genutzt werden. Internet-Nutzer vereinbaren mit dem ISP eine vordefinierte Dienstklasse. Die Router sorgen dann für die vereinbarte Qualität.

IPv4-Pakete werden aber oft auch über die administrativen Grenzen des verantwortlichen Internet Service Providers gesendet. Um also eine übergreifende Dienstgüte zu ermöglichen, sind globale Regeln erforderlich. Eine dieser Bemühungen im Internet wird als *Expedited Forwarding* (RFC 3246) bezeichnet. Hier gibt es nur zwei Dienstklassen, die als „regular" (normal) und „expedited" (express) bezeichnet werden. In den DSCP-Bits können diese beiden Klassen kodiert werden. Erhält ein Router ein IPv4-Paket, kann er die Weiterleitung entsprechend regeln. Dies könnte etwa über die Implementierung unterschiedlicher Ausgangswarteschlangen für die beiden Klassen erfolgen.

Eine zweite Variante wird als *Assured Forwarding* (RFC 2597 und 3260) bezeichnet. Bei diesem Verfahren werden vier Klassen festgelegt, die mit Prioritäten versehen werden. Diese werden mit drei verschiedenen Wahrscheinlichkeiten für das Verwerfen von Paketen bei Überlast kombiniert, so dass sich insgesamt zwölf verschiedene Prioritätsklassen ergeben. In (Tanenbaum und Wetherall 2011) ist eine mögliche Implementierung für *Assured Forwarding* skizziert.

Im IPv4-Header können mit den sechs DSCP-Bits insgesamt 64 Qualitätsklassen von 0 bis 63 definiert werden. Man bezeichnet diese auch als Codepoints. 32 Codepoints werden gemäß RFC 3260 als Pool für standardisierte Verfahren benutzt, 16 Codepoints sind für experimentelle Zwecke innerhalb autonomer Systeme reserviert und 16 weitere dienen als Ersatzpool für Pool 1. Die DSCP-Bits werden für Expedited oder Assured Forwarding eingesetzt. Codepoint 0 bezeichnet die Standardklasse „Best Effort".

4.4.3 Routing-Vorgaben

Im Optionsfeld des IPv4-Headers sind verschiedene Angaben möglich, die im RFC 791 festgelegt sind. Jede Option wird durch eine Optionsklasse, eine eindeutige Optionsnummer, die Länge der Option und die eigentlichen Optionsdaten beschrieben. Zudem wird in einem Flag angegeben, ob die Option im Falle einer Fragmentierung des Pakets auch in jedem Fragment eingefügt werden muss. In den Optionsdaten wird zudem ein Optionstyp angegeben.

Gemäß RFC 791 kann man beispielsweise die Option „Strict Source and Record Routing" (Optionstyp 139) angeben. Dies ist eine Möglichkeit, den Weg eines Pakets durch das Internet vorzugeben. Maximal neun IPv4-Router können angegeben werden. Die Option „Loose Source and Record Routing" (Optionstyp 131) ermöglicht dies auch, allerdings wird hier nicht der komplette Weg durch das Internet festgelegt. Die IPv4-Router werden auch angewiesen, die Routen, die durchlaufen werden, aufzuzeichnen. Die Option „Record Route" (Optionstyp 7) wird benutzt, um die IPv4-Router anzuweisen, ohne Routing-Vorgaben zu machen. Eine Route wird beschrieben durch eine Listen von IPv4-Adressen von Routern. Schließlich soll noch die Timestamp Option (Optionstyp 68) erwähnt werden. Sie dient als Anweisung für die IPv4-Router Zeitstempel anstelle von IPv4-Adressen in eine Liste im Header einzutragen, damit der Empfänger ermitteln kann, wie viel Zeit ein IPv4-Paket zwischen den Routern benötigte. Alle genannten Optionen müssen an die Fragmente weitergegeben werden.

Da ein Angreifer seine IPv4-Adresse in ein Paket eintragen könnte, würden alle Pakete durch seinen Rechner laufen. Daher werden die auf das Routing bezogenen Optionen aus Sicherheitsgründen nicht verwendet. Im RFC 7126 (Recommendations on Filtering of IPv4 Packets Containing IPv4 Options) werden Empfehlungen zur Behandlung von IPv4-Paketen, die Optionen enthalten, gegeben.

4.4.4 Fragmentierung und -Defragmentierung

Das Internet unterstützt eine Vielzahl von Netzwerkzugängen. In lokalen Netzen ist z. B. der Ethernet-Standard ein typischer Netzwerkzugang, in Weitverkehrsnetzen gibt es beispielsweise ADSL, ATM usw. All diese Netzwerkzugänge übertragen ihre Daten aus IP-Sicht in Frames, in denen die übertragbare Nutzdatenlänge jeweils unterschiedlich ist. Ethernet-Pakete haben z. B. eine Maximallänge von 1500 Bytes. Manche WAN können nicht mehr als 576 Bytes in einer PDU übertragen. Diese Größe wird als maximale Transfereinheit (MTU) bezeichnet.

Auf einer Route zwischen einem Zielrechner und einem Quellrechner kann es nun sein, dass verschiedene Netzwerkverbindungen zu durchlaufen sind, die unterschiedliche MTU-Größen aufweisen. Wenn ein IP-Datagramm größer ist als die MTU-Größe des Netzwerkzugangs, über den es gesendet werden soll, dann muss der IPv4-Router dieses Paket zerlegen und der Zielknoten muss alle Teile (Fragmente) wieder zusammenbauen. Erst wenn alle Fragmente eines IP-Datagramms wieder zusammengebaut sind, kann es am Zielknoten an die Transportschicht weitergereicht werden.

Diese Aufgabe nennt man bekanntlich Fragmentierung (Assemblierung und Defragmentierung (Reassemblierung). Im IPv4-Header sind die Informationen enthalten, die notwendig sind, um diese Aufgabe zu erfüllen. Beim Zusammensetzen des IPv4-Datagramms im Zielknoten muss u. a. erkennbar sein, welches Fragment nun zu welchem IPv4-Datagramm gehört und in welcher Reihenfolge die Fragmente zusammengebaut werden müssen. Außerdem müssen Regeln für Fehlersituationen definiert sein, z. B. was zu tun ist, wenn ein Fragment nicht im Zielrechner ankommt.

Sobald ein IP-Router eine Fragmentierung initiiert hat, laufen in einem Knoten einige Aktivitäten und Überprüfungen ab:

- Das DF-Flag wird überprüft, um festzustellen, ob eine Fragmentierung erlaubt ist. Ist das Bit auf „1" gesetzt, wird das Paket verworfen.
- Ist das DF-Flag nicht gesetzt, wird entsprechend der zulässigen Paketgröße das Datenfeld des Ur-Pakets in mehrere Teile zerlegt (fragmentiert).
- Alle neu entstandenen IPv4-Pakete – mit Ausnahme des letzten Pakets – weisen als Länge immer ein Vielfaches von 8 Bytes auf.
- Alle Datenteile werden in neu erzeugte IPv4-Pakete eingebettet. Die Header dieser Pakete sind Kopien des Ursprungskopfes mit einigen Modifikationen.
- Das MF-Flag wird in allen Fragmenten mit Ausnahme des letzten auf „1" gesetzt.
- Das Fragment-Offset-Feld erhält Angaben darüber, wo das Datenfeld in Relation zum Beginn des nicht fragmentierten Ur-Pakets platziert ist.
- Enthält das Ur-Paket Optionen, wird abhängig vom *Type*-Feld entschieden, ob die Option in jedes Paketfragment aufgenommen wird (z. B. Protokollierung der Route).
- Die Headerlänge (IHL) und die Paketlänge sind für jedes Fragment neu zu bestimmen.
- Die Headerprüfsumme wird für jedes Fragment neu berechnet.

Die Zielstation setzt die Fragmente eines Datagramms wieder zusammen. Die Zusammengehörigkeit entnimmt sie dem Identifikationsfeld, das von einer Fragmentierung unberührt bleibt. Bei der Defragmentierung wird wie folgt vorgegangen:

- Die ankommenden Fragmente werden zunächst gepuffert. Bei Eintreffen des ersten Fragments wird ein Timer gestartet.
- Ist der Timer abgelaufen bevor alle Fragmente eingetroffen sind, wird alles, was bis dahin gesammelt wurde, verworfen.
- Im anderen Fall wird das komplette IPv4-Datagramm durch die IP-Instanz zur Transportschicht hochgereicht.

Erst wenn alle Fragmente am Zielhost angekommen sind (und dies kann durchaus in anderer Reihenfolge sein), kann die Reassemblierung abgeschlossen werden.

Es ist natürlich wünschenswert, dass die Fragmentierung auf ein Minimum reduziert wird, da sie sowohl in den Routern als auch in den Endknoten zusätzlichen Overhead bedeutet. Im Internet ist definiert, dass jedes Sicherungsprotokoll eine MTU-Größe von 576 Bytes unterstützen soll. Fragmentierung kann also vermieden werden, wenn die Transportprotokolle (TCP und UDP) kleinere Segmente verwenden.

Beispiel

Betrachten wir den Fall, dass ein Datagramm mit 4000 Bytes (3980 Bytes Nutzdaten und 20 Bytes IP-Header) Länge und natürlich auch inkl. der Header höherer Protokolle bei einem Router ankommt und über eine Netzwerkverbindung mit einer MTU-Größe von 1500 Bytes weitergeleitet werden muss. Das Original-Datagramm, das eine Identifikation von 777 hat, wird in drei Fragmente zerlegt, in denen die IP-Header gefüllt werden müssen (siehe hierzu den IP-Header). Im Feld Fragment Offset (FO) steht tatsächlich die Byte-Position dividiert durch 8. Also steht z. B. im FO-Feld des zweiten Fragments der Wert 185. Bis auf das letzte Fragment eines Datagramms haben alle Fragmente eine durch 8 teilbare Anzahl an Bytes. Bei einer MTU-Größe von 1500 Bytes können abzüglich des minimalen IP-Headers 1480 Bytes IP-Nutzdaten übertragen werden.

Ein Fragment wird bei der Übertragung wie ein normales Datagramm behandelt und kann somit selbst wieder in Fragmente zerlegt werden. Werden beispielsweise die Fragmente der Tab. 4.4 vom nächsten Router über eine Verbindung mit einer MTU-Größe von 1024 Bytes übertragen, ist eine weitere Fragmentierung notwendig. Da die Fragmente als eigenständige Datagramme behandelt werden, kann es zu einer unerwartet hohen Anzahl von Fragmenten kommen.

Wie in Tab. 4.5 zu sehen ist, werden sechs Fragmente erzeugt, da jedes Fragment nochmals in zwei Fragmente aufgeteilt wird. Wäre schon bei der ersten Fragmentierung die MTU-Größe bei 1024 Bytes, würden nur 4 (3980/1000 <= 4) Fragmente erzeugt werden. Wie schon beschrieben, kann die Zielstation auch bei mehrmaliger Fragmentierung das ursprüngliche Datagramm über den Fragment-Offset wiederherstellen.

Tab. 4.4 Beispiel für eine IP-Fragmentierung

Fragment	Byteanzahl im Datenfeld	Identifikation	Fragment-Offset in Bytes (Wert im FO-Feld)	Flags
1	1480	777	0 (0)	MF = 1
2	1480	777	1480 (185)	MF = 1
3	1020	777	2960 (370)	MF = 0

Tab. 4.5 Weitere Fragmentierung

Fragment	Byteanzahl im Datenfeld	Identifikation	Fragment-Offset in Bytes (Wert im FO-Feld)	Flags
1 (1.1)	1000	777	0 (0)	MF = 1
2 (1.2)	480	777	1000 (125)	MF = 1
3 (2.1)	1000	777	1480 (185)	MF = 1
4 (2.2)	480	777	2480 (310)	MF = 1
5 (3.1)	1000	777	2960 (370)	MF = 1
6 (3.2)	20	777	3960 (495)	MF = 0

MTU bei Ethernet-LANs

Die maximale Nutzdatenlänge beträgt bei einem Ethernet-Frame 1500 Bytes. Dies entspricht also der MTU-Größe von Ethernet. Der Ethernet-Header umfasst nochmals 18 Bytes, so dass man insgesamt bei Ethernet-Frames auf 1518 Bytes kommt.

In reinen Ethernet-Umgebungen ist ein IPv4-Paket, das Fragmentierung vermeiden soll, dann maximal 1480 Bytes lang, sofern nur der Standard-Header von IP verwendet wird.

4.4.5   Explizite Staukontolle

Die Staukontrolle ist bei TCP/IP in der Transportschicht TCP durch verschiedene Mechanismen wie Slow-Start-Verfahren, Congestion Avoindance und Fast-Recovery unterstützt. In der Vermittlungsschicht ist ein Verfahren im Test, in dem die Vermittlungsschicht mit der Transportschicht zusammenarbeitet. Das Verfahren wird in den RFCs 2481 und 3168 erläutert und wird als Explicit Congestion Notification (ECN) bezeichnet. Im Wesentlichen wurden zwei weitere Flags im TCP-Header vorgeschlagen, die für die Ende-zu-Ende-Signalisierung von Stauproblemen, also zur expliziten Stausignalisierung zwischen Endpunkten, verwendet werden sollen. Die zusätzlichen Flags im TCP-Header werden mit CWR (*Congestion Window Reduced*) und ECE (*Explicit Congestion Notification* Flag) bezeichnet.

Wie Abb. 4.12 zeigt, wird bei ECN eine Stausituation über die IP-Router an die Endsysteme signalisiert, wobei ein Zusammenspiel der Schichten notwendig ist und alle IP-Router auch entsprechend mitarbeiten müssen. Wenn die Routerwarteschlange einen bestimmten Schwellwert erreicht hat, kann das Ereignis durch einen IPv4-Router durch

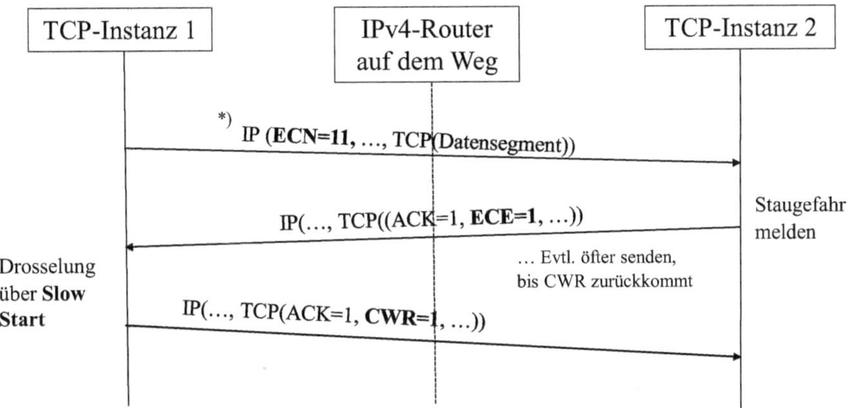

Abb. 4.12   Zusammenspiel von IP und TCP bei ECN

Setzen der ECN-Bits auf 11 im IP-Header zum Endsystem gemeldet werden. In den End-systemen wird die Information zur Transportschicht TCP hochgereicht. Die TCP-Instanzen haben dann die Möglichkeit, sich über den TCP-Header mit gesetztem ECE-Flag zu infor-mieren und auch die Drosselung der Netzlast zu signalisieren (CWR-Flag = 1). Das Ver-fahren ist in (Mandl 2017) näher erläutert.

Reliable Broadcast und Multicast
In manchen Anwendungen, wie etwa bei verteilten Anwendungen, die Daten replizieren oder bei Clustern, in denen sich Rechner gegenseitig überwachen und bei einem Ausfall Funktionen ausge-fallener Rechner übernehmen, wird oft eine zuverlässige Kommunikation benötigt. Hier gibt es verschiedene Varianten, wie etwa ein atomarer Multicast unter Berücksichtigung verschiedenster Ordnungskriterien. Diese Art von Multicast garantiert unter gewissen Randbedingungen die Zustel-lung einer Nachricht an alle Teilnehmer in einer festgelegten Ordnung.

Das kann IP-Multicast nicht leisten. IP-Multicast garantiert keine Zustellung und arbeitet nur nach dem Best-Effort-Prinzip. Meist wird für die Implementierung eines atomaren Multicast sogar auf gesicherte Transportverbindungen auf TCP-Basis zurückgegriffen (Coulouris et al. 2012).

4.5   IPv4-Multicast und IGMP

4.5.1   Zusammenspiel

Multicast ist eine wichtige Technik für Video- und Audiokonferenzen sowie für Push-Dienste oder sonstige Nachrichtenverteildienste im Internet, wenn Nachrichten an viele Empfänger in einer Gruppe verteilt werden sollen. Es handelt sich bei Multicast um eine One-to-Many-Kommunikation.

Mit IPv4-Multicast kann ein Sender in einem Sendeaufruf ein IPv4-Paket an eine Gruppe von Empfängern nach dem Best-Effort-Prinzip senden. Man benötigt dazu ein Pro-tokoll, mit dem man Multicast-Gruppen im Internet bei den IP-Routern bekannt machen kann. Dieses Protokoll ist für die IPv4-basierte Kommunikation mit *IGMP* (Inter Group Management Protocol) verfügbar. IGMP dient dazu, dass sich Anwendungen (Multicast-Clients) dynamisch in Multicast-Gruppen registrieren können, um Gruppennachrichten zu erhalten. Die aktuelle IGMP-Version wird als IGMPv3 bezeichnet und ist im RFC 3376 beschrieben. Sie unterscheidet sich von ihrem Vorgänger IGMPv2 dadurch, dass ein Host zusätzlich angeben kann, welcher Multicast-Gruppe er explizit nicht beitreten möchte. Die Version 1 von IGMP unterstützt zwei, IGMPv2 vier und IGMPv3 wiederum nur zwei, aber dafür komplexere Nachrichtentypen. Die Protokollversionen sind aber abwärtskompatibel spezifiziert.

Das IGMP-Protokoll setzt direkt auf IPv4 auf und wird in IPv4-Netzen zur Kommuni-kation von Gruppenzugehörigkeiten zwischen Hosts und dem nächstgelegenen Router be-nutzt. Anwendungen können den Beitritt in eine Multicast-Gruppe oder den Austritt aus einer Multicast-Gruppe bekanntgeben. Ebenso können IPv4-Router damit abfragen, welche Multicast-Nachrichten an welche Hosts weiterzuleiten sind.

IGMP wird beispielsweise vom Routing-Protokoll OSPF verwendet, kann aber von jeder beliebigen Anwendung genutzt werden. Die Socket-Schnittstelle für die Entwicklung von Kommunikationsanwendungen (Mandl 2018) ermöglicht die Nutzung von Multicast-Gruppen auf Basis des Transportprotokolls UDP.

Vorbelegte IPv4-Multcast-Adressen
Viele IPv4-Multicast-Adressen sind standardmäßig von IANA reserviert (IPv4 Multicast Address Space Registry 2018). Im Adressbereich zwischen 224.0.0.0 und 224.0.0.255 sind beispielsweise Multicast-Adressen für Routing-Protokolle und sonstige Basisprotokolle festgelegt. IPv4-Router sollen Nachrichten mit diesen Zieladressen nicht weiterleiten.

Hier einige Beispiele:

- 224.0.0.1 Alle Systeme eines Subnetzes
- 224.0.0.2 Alle Router eines Subnetzes
- 224.0.04 Alle DVMRP-Router
- 224.0.0.5 Alle OSPF-Router
- 224.0.0.9 Alle RIPv2-Router
- 224.0.0.12 Alle DHCP-Server
- 224.0.0.13 Alle PIMv2-Router
- 224.0.0.22 Nutzung durch IGMP
- 224.0.1.1 NTP (Network Time Protocol)

Es gibt auch Ad-hoc-Adressbereiche (Ad-hoc Blocks), die von IANA für die freie Nutzung bereitgestellt werden. Dies sind die Adressbereiche 224.0.2.0 bis 224.0.255.255, 224.3.0.0 bis 224.4.255.255 und 233.252.0.0 bis 233.255.255.255.

IGMP dient nur der Kommunikation der Gruppenzugehörigkeit zwischen Hosts und Routern. Für die tatsächliche Übermittlung von Multicast-Nachrichten in IPv4-basierten Netzen gibt es spezielle Routing-Protokolle, die zwischen IPv4-Routern Anwendung finden. Diese werden in Kap. 5 besprochen.

Multicast-Socket-Programmierung
In Java-Programmen können Multicast-Anwendungen auf Basis der Java-Klasse *MuticastSocket* entwickelt werden. Mit Aufruf der Methode *MulticastSocket.joinGroup(Gruppenadresse)* kann eine Anwendung einer Multicast-Gruppe beitreten. Der Host sendet bei diesem Aufruf eine *IGMP-membership_report*-Nachricht an den nächsten Router, um die Mitgliedschaft bekanntzumachen. Mit der Methode *MulticastSocket.leaveGroup(Gruppenadresse)* kann eine Gruppe wieder verlassen werden. Der Aufruf der Methode initiiert das Senden einer *IGMP-leave_group*-Nachricht an den nächsten Router. Über ein Multicast-Socket können Nachrichten gesendet werden, wobei die Übertragung über UDP erfolgt.

Einem Objekt der Klasse *MulticastSocket* kann zudem mit der Methode *setNetworkInterface* ein Netzwerk-Interface des lokalen Rechners zugewiesen werden, über das alle ausgehenden Multicast-Pakete gesendet werden sollen.

Wenn man Socket-Programme in C entwickelt, kann man die Funktion *setsockopt* verwenden, um Multicast-Gruppen, an denen man sich beteiligen möchte, anzugeben. Mit der Option IP_ADD_MEMBERSHIP kann man einer Gruppe beitreten, mit der Option IP_DROP_MEMBERSHIP kann man eine Gruppe verlassen. Mit der Option IP_MULTICAST_IF kann man zudem das Interface auf dem lokalen Rechner festlegen, über das Multicast-Pakete versendet werden.

Der Sender einer Multicast-Gruppe muss übrigens nicht unbedingt in der Multicast-Gruppe, die er adressiert, sein.

4.5.2   IGMP-Steuerinformation

In IGMP sind drei Nachrichtentypen definiert.

- *IGMP-membership_query*-Nachrichten dienen einem Router dazu, in einem Subnetz zu erfragen, welche Hosts in welchen Multicast-Gruppen sind.
- Hosts antworten auf eine Anfrage mit einer *IGMP-membership_report*-Nachricht. *IGMP-membership_report*-Nachrichten können von einem Host auch aktiv ohne vorherige Anfrage eines Routers verwendet werden, um die Teilnahme an einer Gruppe bekanntzugeben.
- Mit *IGMP-leave_group*-Nachrichten können Hosts den Austritt aus einer Gruppe bekanntgeben.

In Abb. 4.13 ist der Aufbau einer *IGMP-membership_query*-Nachricht exemplarisch skizziert, wobei einige für unsere Betrachtung nicht so wichtige Steuerfelder nicht weiter betrachtet werden. Der PDU-Aufbau sieht vor, dass sich die Nachricht an alle Hosts im lokalen Netzwerk richtet (General Query). In diesem Fall wird das Feld

Distanz in Byte	32 Bit		
0	Type (0x11)	Max. Resp. Time	Checksum
4	Group Address		
8	*Weitere Steuerfelder...*		Number of Sources (N)
12	Source Address 1		
16	Source Address 2		
...	...		
...	Source Address N		

Abb. 4.13   IGMP-Membership-Query-PDU

Tab. 4.6 Felder der IGMPv3-PDU

Feldbezeichnung	Länge in Bit	Bedeutung
Type	8	Nachrichtentyp: • 0×11 = Membership Query • 0×12 = Membership Report, IGMPv1 • 0×16 = Membership Report, IGMPv2 • 0×17 = Leave Group, IGMPv2 • 0×22 = IGMPv3 Membership Report, Gruppenmitgliedschaft anmelden, bestätigen oder beenden
Max. Resp. Time	8	Maximale Zeit in Sekunden, nach der ein Host eine Antwort auf die *IGMP-membership_query*-Anfrage schicken muss.
Checksum	16	Einfache Prüfumme. Wie in TCP/IP üblich, wird das 16-Bit-Einerkomplement der Einerkomplement-Summe des ganzen IGMP-Pakets (ohne IPv4-Header) ermittelt. Vor der Berechnung wird das Feld auf 0×0000 gesetzt.
Group Address	32	Gruppenadresse, auf die sich die Abfrage bezieht. Für die Adressierung von Multicast-Gruppen in IPv4-Netzen sind im IP-Adressraum die Adressen 224.* − 239.* als spezielle Multicast-Adressen reserviert.
Weitere Steuerfelder	16	S, QVR, QQIC, hier nicht weiter relevant.
Number of Sources [N]	16	Anzahl der Hosts, die abgefragt werden (optional). Falls 0, dann handelt es sich um eine General Query, im anderen Fall um eine Group-specific Query.
Source Address 1–N	Je 32	Liste aller Host-Adressen, an welche die Nachricht adressiert ist (optional).

Number of Sources auf Null gesetzt und die darauf folgenden Source-Adressen sind nicht belegt. Alternativ kann ganz dediziert eine Liste von Hosts abgefragt werden (Group-specific Query).

In Tab. 4.6 werden die einzelnen Felder der *IGMP-membership_query*-Nachricht beschrieben. Die weiteren Nachrichtentypen können im RFC 3376 nachgelesen werden. Jeder adressierte Host muss innerhalb der angegebenen Zeit (*Max. Resp. Time*) mit einem Membership-Report antworten, in dem auch eine ganze Listen von Gruppenmitgliedschaften übermittelt werden kann.

4.5.3 IP-Multicast im lokalen Netzwerk

In lokalen Netzwerken findet man heute auf der ISO/OSI-Schicht 2 meistens Ethernet-Technologie vor. Die Adressen in dieser Schicht werden auch als MAC-Adressen bezeichnet (MAC = Media Access Control).

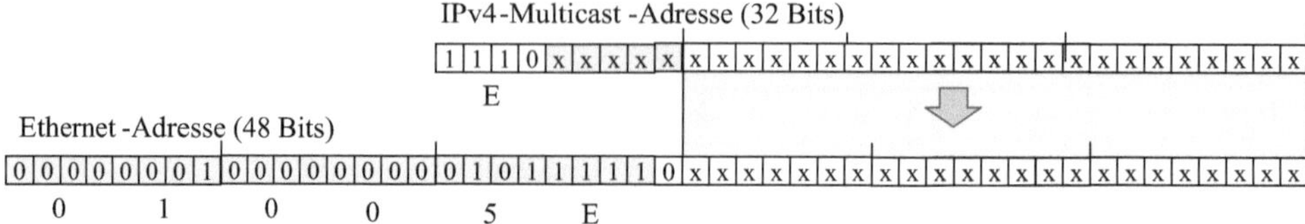

Abb. 4.14 Mapping einer IPv4-Multicast-Adresse auf eine Ethernet-Adresse

Ethernet unterstützt sowohl Broadcast als auch Multicast in einem lokalen Netzwerk und stellt hierfür bestimmte Adressbereiche zur Verfügung. Die MAC-Adresse, bei der alle 48 Bits auf 1 gesetzt sind, ist die Ethernet-Broadcast-Adresse. Steht diese als Zieladresse in einem Ethernet-Frame, werden alle Hosts eines lokalen Netzwerks adressiert.

Damit auch eine IPv4-Multicast-Nachricht nur einmal physikalisch an alle Hosts, die der angesprochenen Gruppe angehören, gesendet wird, müssen die IPv4-Multicast-Adressen auf entsprechende Ethernet-Multicast-Adressen abgebildet werden.

Ungefähr die Hälfte aller MAC-Adressen sind für Multicast reserviert, genauer gesagt alle, bei denen das erste Bit, das sogenante I/G-Bit (Gruppen-Adresse) auf 1 gesetzt ist. Für die Abbildung von IPv4-Multicast-Adressen auf MAC-Adressen werden Pseudo-MAC-Adressen verwendet. Dabei werden die 23 niederwertigen Bits der IPv4-Adresse, wie in Abb. 4.14 dargestellt, in die dafür reservierte MAC-Adresse 01-00-5e-00-00-00 eingesetzt. Wie in der Abbildung auch zu sehen ist, sind die ersten vier Bits der IPv4-Adresse mit 0b1110 bzw. 0xE belegt, was einer Klasse-D-Adresse entspricht. Es können also mit den restlichen 28 Bits insgesamt 2^{28} Multicast-Adressen gebildet werden.

28 Bits der IPv4-Multicast-Adresse werden also auf 23 Bits in der Ethernet-MAC-Adresse abgebildet. Dadurch ist es möglich, dass mehrere IPv4-Adressen auf die gleiche MAC-Adresse abgebildet werden, was aber bewusst in Kauf genommen wird (zum Beispiel 224.0.0.1 und 233.128.0.1). Diese Nichteindeutigkeit kann zu Kollisionen führen, die jedoch sehr unwahrscheinlich sind.

Lokale in einem Ethernet gesendete IPv4-Multicasts werden damit an alle Hosts des lokalen Netzes gesendet. Hosts in anderen Netzwerken bekommen die IPv4-Multicasts über die IPv4-Router zugestellt.

4.6 Sicherheit in IPv4

IPv4 sieht so gut wie keine Sicherheitsmechanismen vor und überlässt diese Aufgabe anderen Protokollen. So gibt es z. B. in IPv4 keine Authentifizierungsmechanismen, weshalb *IP-Address-Spoofing* möglich ist. Beim IP-Address-Spoofing maskiert sich ein Angreifer und baut eine Kommunikation mit einer gefälschten Identität auf. Er verschickt also IP-Pakete mit einer falschen Quelladresse im IPv4-Header und schleust damit Pakete in eine Verbindung ein. IP-Adress-Spoofing kann auch für weiterführende Denial-of-Service-Attacken genutzt werden, um beispielsweise einen Internet-Dienst wie DNS lahmzulegen.

In IPv4 sind auch keinerlei Verschlüsselungsmechanismen vorgesehen. Weder der IPv4-Header noch die Nutzdaten werden verschlüsselt. Höhere Protokolle müssen das selbst erledigen.

Zur Abschottung von Netzwerken dienen Firewalls. Das sind Systeme, die Datenpakete kontrollieren und filtern, um eine Weiterleitung von IP-Paketen ins eigene Netzwerk zu verhindern, die evtl. eine Bedrohung darstellen könnten. Alle IP-Pakete, die in ein Netzwerk gelangen, werden zunächst in die Firewall zur Überprüfung gesendet. Die Überprüfung der Pakte erfolgt anhand umfangreicher, konfigurierbarer Regelwerke (Eckert 2014). Für die Verbindungsverschlüsselung werden virtuelle private Netzwerke (VPN) eingesetzt. Ein VPN ist ein Netzwerk, das zum Transport privater Daten ein öffentliches Netz (zum Beispiel das Internet) nutzt. Teilnehmer eines VPN können Daten wie in einem internen LAN austauschen. Die einzelnen Teilnehmer selbst müssen hierzu nicht direkt verbunden sein.

Das Problem ist jedoch die Gewährleistung einer abhörsicheren Übertragung über das doch recht unsichere globale Internet. Die Verbindung über das öffentliche Netz (meist das globale Internet) muss daher verschlüsselt werden. Eine Verbindung der Netze wird über einen Tunnel zwischen den Netzen ermöglicht (IP-Tunneling).

VPNs werden oft verwendet, um Mitarbeitern außerhalb einer Organisation oder Firma den Zugriff auf das interne Netz zu geben. Dabei baut ein Endsystem des Mitarbeiters eine VPN-Verbindung zu dem ihm bekannten VPN-Gateway des Unternehmens auf. Über diese Verbindung ist es dann möglich, so zu arbeiten, als ob man sich im lokalen Netz der Firma befindet. Aber auch die Anbindung eines ganzen Netzes, beispielsweise einer Filiale an ein Unternehmensnetzwerk eines Mutterunternehmens, wie in Abb. 4.15 skizziert, ist über ein VPN sinnvoll. Wenn zwei gleichberechtigte Netze über ein VPN verbunden werden, wird auf beiden Seiten ein VPN-Gateway verwendet. Diese bauen dann untereinander eine VPN-Verbindung auf. Andere Rechner in einem lokalen Netz verwenden nun jeweils das lokale VPN-Gateway, um Daten in das andere Netz zu senden. So lassen sich zum Beispiel zwei weit entfernte Standorte einer Firma verbinden. Die VPN-Gateways sorgen für die Authentifizierung der Teilnehmer und die Abbildung der IP-Adressen auf die lokale Umgebung.

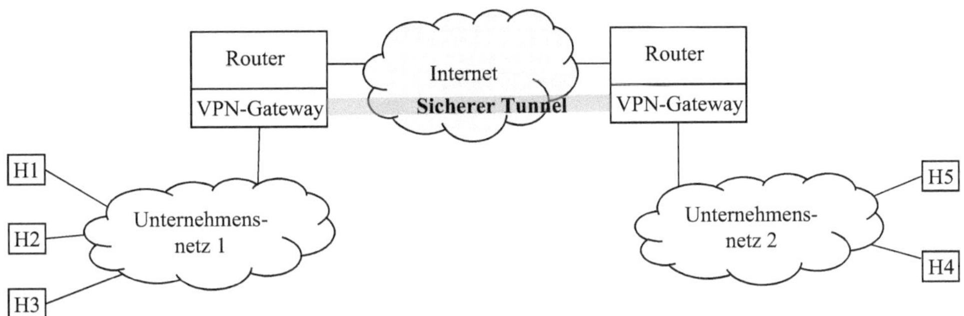

Abb. 4.15 Ein VPN-Beispiel

Die bekannteste Protokollfamilie (mehrere Protokolle) zum Betreiben eines VPN im globalen Internet wird als *IPSec* (IP Security) bezeichnet. IPSec spezifiziert Sicherheitsdienste der Vermittlungsschicht und wurde entwickelt, um die Sicherheitsschwächen von IPv4 zu beheben. IPSec entstand auch im Zuge der Entwicklung von IPv6. Die grundlegende Architektur ist im RFC 4301 spezifiziert. IPsec enthält Mechanismen zur Authentifizierung über Schlüsselaustausch (IKE-Protokoll) und zur Verschlüsselung von Daten (ESP-Protokoll). Die eigentlichen Sicherheitsmechanismen sind in den IPSec-Protokollen Authentication Header Protocol (AH) nach RFC 4302 und Encapsulating Security Payload Protocol (ESP) nach RFC 4303 festgelegt. Jedem IP-Paket werden IPSec-Header (AH-Header, ESP-Header) hinzugefügt, die zwischen IP-Header und IP-Nutzdaten übertragen werden.

Es soll noch erwähnt werden, dass IPsec zwar eine Lösung für die Punkt-zu-Punkt-Kommunikation in IPv4 ist, für die Multicast-Kommunikation aber keine geeignete Lösung ist. Der Schlüsselaustausch ist hier naturgemäß komplizierter. Für diese Aufgabe werden mehrere Lösungen vorgeschlagen, unter anderem auf der Basis zentralisierten Gruppenschlüsselmanagements (RFC 2627).

Literatur

Coulouris, G., Dollimore, J., Kindberg, T., & Blair, G. (2012). *Distributed systems concepts and design* (5. Aufl.). Boston: Addison-Wesley.
Eckert, C. (2014). *IT-Sicherheit: Konzepte – Verfahren – Protokolle*. München: Oldenbourg Wissenschaftsverlag.
Mandl, P. (2017). *TCP und UDP Internals – Protokolle und Programmierung*. Wiesbaden: Springer Vieweg.
Tanenbaum, A. S., & Wetherall, D. J. (2011). *Computernetzwerke* (5. Aufl.). München: Pearson Education.

Internetquellen

IPv4 Multicast Address Space Registry. (2018). https://www.iana.org/assignments/multicast-addresses/multicast-addresses.xhtml. Zugegriffen am 31.05.2018.

Routing und Forwarding 5

Zusammenfassung

Für die Wegewahl werden im Internet verschiedene Verfahren eingesetzt und man muss prinzipiell zwischen der Wegewahl innerhalb autonomer Systeme (Intra-AS-Routing) und der Wegewahl im globalen Internet, also zwischen den autonomen Systemen (Inter-AS-Routing), unterscheiden. Jedes autonome System kann intern eigene Routing-Algorithmen verwenden, die in IPv4-Routern ablaufen. Jeder IPv4-Router verwaltet neben der protokollabhängigen Routing-Tabelle auch eine Forwarding-Tabelle, die der Entscheidung für eine Weiterleitung dient. Es gibt ein Regelwerk, nach dem die Forwarding-Tabelle in Routern durchsucht wird.

Grundsätzlich unterscheidet man auch in IPv4-Netzwerken zwischen statischem und dynamischem Routing. Die wichtigsten dynamischen Routing-Protokolle, die innerhalb autonomer Systeme verwendet werden, sind RIP, ein Distanz-Vektor-Verfahren, und OSPF, ein Link-State-Verfahren. Diese werden auch als Interior Gateway Protokolle (IGP) bezeichnet. Das Routing im globalen Internet über die Grenzen autonomer Systeme hinweg wird über ein Exterior Gateway Protokoll (EGP) ausgeführt. Das derzeit standardmäßig im Internet verwendete EGP hat die Bezeichnung BGP. Schließlich ist auch ein Routing von Multicast-Paketen erforderlich, wofür heute üblicherweise das Reverse Path Forwarding-Verfahren verwendet wird. Um innerhalb von autonomen Systemen das Routing effizienter zu gestalten, wurde Multiprotocol Label Switching (MPLS) vorgeschlagen. Bei dieser Technik werden Verbindungspfade ähnlich wie bei Virtual Circuits verwaltet und Router können auf das aufwändige Suchen in Forwarding-Tabellen verzichten.

© Springer Fachmedien Wiesbaden GmbH, ein Teil von Springer Nature 2019
P. Mandl, *Internet Internals*, https://doi.org/10.1007/978-3-658-23536-9_5

5.1   Einführung

5.1.1   Forwarding-Tabellen

Jeder IP-Router und auch jeder Host verwaltet eine Forwarding-Tabelle mit Routing-Informationen. Ein Eintrag in der Forwarding-Tabelle spezifiziert eine Route, die über das Netzwerkziel (Netzwerkadresse des Ziels), die Netzwerkmaske oder die Länge der Subnetz-Maske bei Einsatz von VLSM bzw. CIDR, den nächsten Router auf der Route (auch Gateway genannt) und den Ausgangsport (auch als Interface bezeichnet) beschrieben wird. Die Kosten für die Route werden ebenfalls angegeben. Eine beispielhafter Aufbau der Forwarding-Tabelle ist in Tab. 5.1 zu finden. Einige Anmerkungen hierzu:

- In der Spalte *Netzwerkziel* kann auch eine Hostadresse stehen. Man spricht in diesem Fall von einer *Hostroute*. Die Spalte *Netzwerkmaske* enthält in diesem Fall den Wert „255.255.255.255".
- In der Spalte *Metrik* werden die Kosten der Route beispielsweise als Anzahl an Hops bis zum Ziel angegeben. Ein Hop kann als das Absenden eines Pakets aus einem Router/Host interpretiert werden. Die Anzahl der Hops gibt also die Anzahl der Absendevorgänge an, bis das Paket am Ziel ist.[1]
- In der Spalte *Ausgangsport* steht üblicherweise die dem Interface zugeordnete IP-Adresse.

In vielen kleinen Unternehmensnetzen wird heute statisches Routing verwendet. Dabei verzichtet man auf den Austausch von Routing-Informationen über Router hinweg, man benötigt also kein Routing-Protokoll. Meist gibt es in diesen Unternehmensnetzen nur einen Router, bei dem die Einträge in der Forwarding-Tabelle statisch durch den Administrator festgelegt werden. Bei Problemen ist das Eingreifen des Administrators erforderlich, der dann die Routing-Einträge bei Bedarf manuell anpasst. Dafür ist es ein Vorteil der statischen Wegewahl, dass kein Netzwerk-Overhead durch Routing-Protokolle entsteht. Statisches Routing funktioniert bei kleineren Unternehmensnetzen auch mit mehreren Hundert Rechnern sehr gut.

Tab. 5.1 Typischer Aufbau einer Forwarding-Tabelle in IP-Netzen

Netzwerkziel	Netzwerkmaske	Nächster Router	Ausgangsport = Schnittstelle	Metrik
…	…	…	…	…

---

[1] Hinweis: Diese Metrik wird bei Windows z. B. anhand des Netzwerkanschlusses automatisch ermittelt.

Auch alle Hosts erhalten eine vorkonfigurierte Forwarding-Tabelle. Der wichtigste Eintrag und die Standardroute werden meist dynamisch über das DHCP-Protokoll (mehr dazu in Abschn. 6.5) versorgt. Die Forwarding-Tabelle des Routers, der Pakete ins globale Internet weiterleitet, wird vom Administrator verwaltet.

5.1.2 Dynamisches Routing

Bei dynamischen bzw. zustandsbehafteten Routing-Protokollen werden zwischen den Routern Informationen zur Aktualisierung der Routing-Tabellen ausgetauscht. Diese Informationen bezeichnet man auch als Routing-Informationen. Welche Informationen konkret ausgetauscht werden, hängt vom eingesetzten Routing-Protokoll ab.

Die Routing-Protokolle für autonome Systeme werden als Interior Gateway-Protokolle (*IGP*) bezeichnet, Routing-Protokolle, die für die Wegewahl zwischen autonomen Systemen eingesetzt werden, als Exterior-Gateway-Protokolle (*EGP*). Das Routing Information Protocol (RIP)[2] ist beispielsweise ein älteres IGP-Protokoll für kleinere Netze. Es ist ein Distance-Vector-Protokoll mit den bereits diskutierten Nachteilen. RIP ist ein zustandsunabhängiges Routing-Protokoll und berücksichtigt damit nicht die aktuelle Netzwerksituation.

Nachfolger von RIP ist seit ca. 1990 das *Open Shortest Path First Protocol* (*OSPF*, RFC 1247). OSPF wird von der Internet-Gemeinde empfohlen. Das Netz wird hier als gerichteter Graph abstrahiert. Die Kanten zwischen den Knoten werden mit Kosteninformationen gewichtet (Entfernung, Verzögerung, ...) und die Entscheidung über das Routing erfolgt anhand der Kosten. OSPF ist ein zustandsabhängiges Routing-Protokoll.

Bei EGP werden andere Ziele verfolgt als bei IGP. Beispiele für Routing-Kriterien sind hier unter anderem:

- Nicht alle Pakete zwischen den AS dürfen befördert werden.
- Für den Transitverkehr werden Gebühren verrechnet.
- Wichtige Informationen werden nicht durch unsichere autonome Systeme gesendet.

Hierzu sind Routing-Regeln erforderlich, die vom Routing-Protokoll unterstützt werden müssen. Im Internet wird als EGP das *Border-Gateway-Protokoll (BGP)*,

---

[2] Ein weiteres, bekanntes IGP-Protokoll ist IGRP (Interior Gateway Routing Protocol) von der Firma Cisco, also eine firmeneigene Lösung. Auch gibt es eine Erweiterung dieses Protokolls, die EIFRP (Enhanced IGRP) heißt. Cisco entwickelte das Protokoll, um die Einschränkungen von RIP zu umgehen. Es läuft allerdings nur unter Cisco-Routern. Das ISO/OSI-Routing-Protokoll IS-IS ist ebenfalls ein IGP.

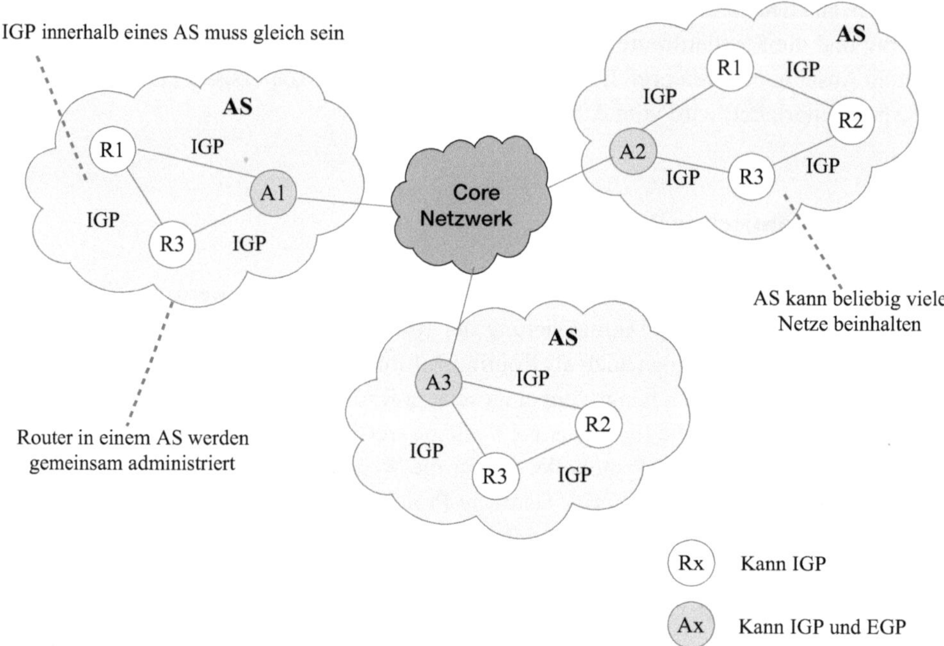

Abb. 5.1 Routing im Internet

ein Pfad-Vector-Protokoll, empfohlen (RFC 1771). Es stellt quasi den De-facto-Standard dar. Im BGP werden nicht nur Kosten pro Ziel verwaltet, sondern es wird auch Buch über Nutzung der Verbindungen geführt.

In Abb. 5.1 sind die Zusammenhänge zwischen IGP und EGP im Internet dargestellt. Die drei autonomen Systeme in der Abbildung nutzen alle eigene IGP, im globalen Internet wird EGP verwendet. In jedem autonomen System befindet sich mindestens ein Router, der sowohl IGP nach innen, als auch EGP nach außen betreibt. Innerhalb eines autonomen Systems wird üblicherweise ein einheitliches IGP benutzt. Andernfalls müssten entsprechende Gateways für eine Umsetzung sorgen.

5.2   Forwarding-Regelwerk

5.2.1   Forwarding mit und ohne VLSM/CIDR

Traditionelle Forwarding-Tabellen, bei denen CIDR noch nicht eingesetzt wird, enthalten keine Information zum Netzwerkanteil in der IP-Adresse. Router ermitteln bei ankommenden IP-Paketen die Länge des Netzwerkanteils einer Zieladresse anhand des Aufbaus der klassischen A/B/C-Einteilung über die ersten Bits. Seit der Einführung von CIDR sind die Netzwerknummern nicht mehr starr nach Klassen, sondern flexibel bitweise konfigurierbar.

Mit CIDR wird eine IP-Adresse wie bei VLSM in Netzwerkpräfix-Notation beschrieben. CIDR hat sich heute zum Standard entwickelt und wird von allen Routern und den entsprechenden Routing-Protokollen unterstützt. Alle Router müssen einen Weiterleitungsalgorithmus implementieren, der auf der längsten Übereinstimmung der Netzwerkmaske basiert. Die Routing-Protokolle müssen die Netzwerkpräfixe mit der Routing-Information (Routenankündigung) übertragen. Dieser Algorithmus wird als *Longest Prefix Matching* bezeichnet und im Weiteren erläutert.

5.2.2 Longest Prefix Matching

Wenn ein IPv4-Paket bei einem Router ankommt, müssen verschiedene Aktionen ablaufen, die zum Ziel haben, das Paket so schnell wie möglich über den richtigen Ausgabekanal weiterzusenden. Anhand der Zieladresse kann überprüft werden, welches der richtige Ausgabekanal ist. Dazu benötigt man die Informationen in der Forwarding-Tabelle. Die Zieladresse des eingehenden IPv4-Pakets wird mit allen Einträgen in der Forwarding-Tabelle verglichen. Die Bestimmung der Route läuft nach dem Longest Prefix Matching-Algorithmus ab, der grob skizziert werden soll:

- Die Zieladresse eines ankommenden und weiterzuleitenden IPv4-Pakets wird mit allen Einträgen der Forwarding-Tabelle verglichen. Hierzu wird eine bitweise Und-Operation zwischen der Zieladresse im IPv4-Paket und der Netzwerkmaske aus allen Routeneinträgen, die in der Forwarding-Tabelle stehen, durchgeführt. Anschließend wird das Ergebnis jeweils mit der Spalte *Netzwerkziel* desselben Eintrags in der Forwarding-Tabelle verglichen. Wenn das Ergebnis der Und-Operation mit dem Netzwerkziel übereinstimmt, repräsentiert der entsprechende Eintrag eine potenzielle Route.
- Aus allen potenziellen Routen wird die Route mit der längsten Übereinstimmung bei der Und-Operation ausgewählt. Dies ist die Route mit den meisten übereinstimmenden Bits (Bits von links nach rechts). Aus Optimierungsgründen beginnt das Durchsuchen der Forwarding-Tabelle mit den längeren Präfixen.
- Bei gleichwertigen Routen wird die Route mit dem besten (kleinsten) Wert aus der Spalte Metrik ausgewählt. Gibt es hier auch mehrere Kandidaten, wird zufällig entschieden.

Für alle ankommenden Pakete, zu denen kein konkretes Netzwerkziel in der Routing-Tabelle gefunden wird, kann die Default-Route (Standardroute) angewendet werden, um das Paket weiterzuleiten. Diese Route wird von vorneherein festgelegt und im Router bzw. im Host konfiguriert. Das Netzwerkziel der Standardroute hat den Wert „0.0.0.0" und die Netzwerkmaske „0.0.0.0".

5.2.3 Forwarding-Regeln in Endsystemen

Auch in Endsystemen gibt es in jeder IPv4-Implementierung eine Forwarding-Tabelle, die verwendet wird, um die von den lokalen Anwendungen gesendeten IPv4-Pakete zu analysieren und entsprechend weiterzuleiten. Die Forwarding-Tabelle hat den bereits erläuterten Aufbau und einige spezielle Einträge:

- *Standardroute*: Jedes Paket mit einer IPv4-Zieladresse, für die eine bitweise logische Und-Operation mit 0.0.0.0 ausgeführt wird, führt immer zu dem Ergebnis 0.0.0.0. Die Standardroute führt daher zu einer Übereinstimmung mit jeder IPv4-Zieladresse. Wenn die Standardroute die längste übereinstimmende Route ist, wird das Paket zu einem konfigurierten Standard-Router (auch als Standard-Gateway bezeichnet) gesendet.
- *Loopback-Route*: Für alle Pakete, die an Adressen in der Form 127.x.y.z gesendet werden, wird die Adresse des nächsten Knotens auf 127.0.0.1 (die Loopback-Adresse) gesetzt. Die Schnittstelle für den nächsten Knoten ist die Schnittstelle mit der Adresse 127.0.0.1 (die Loopback-Schnittstelle). Die Pakete werden nicht in das Netzwerk gesendet, sondern verbleiben im Endsystem, da die Zielanwendung dort abläuft.
- *Hostroute*: Für alle von einer lokalen Anwendung an die eigene IP-Adresse gesendeten IPv4-Pakete wird die Adresse des nächsten Knotens auch auf 127.0.0.1 gesetzt. Damit erfolgt eine Kommunikation über den Kernel ohne das Netzwerk zu belasten. Die Pakete verbleiben im Endsystem. Die verwendete Schnittstelle für den nächsten Knoten ist also die Loopback-Schnittstelle.
- *Limited Broadcast-Route*: Für alle an die IP-Adresse 255.255.255.255 gesendeten IPv4-Pakete wird die Adresse des nächsten Knotens auf die IP-Adresse 255.255.255.255 gesetzt.
- *Directed Broadcast-Routen*: Für entfernte Netze können ebenfalls Routen mit den directed Broadcast-Adressen eingerichtet werden (Beispiel einer directed Broadcast-Adresse für ein Klasse-C-Netzwerk: 192.168.178.255).
- *Multicast-Route*: Für alle von diesem Host ausgehenden Multicast-Pakete wird die Adresse des nächsten Knotens auf die Adresse 224.0.0.0 gesetzt.

Beispiel

Über das Kommando *netstat – r* kann in den meisten Betriebssystemen der aktuelle Inhalt der Forwarding-Tabelle ausgegeben werden. Die folgende Ausgabe wurde auf einem Windows-basierten Host mit der IP-Adresse 10.28.16.21 (privates IP-Netzwerk) erzeugt:

```
> netstat -r
```

```
Aktive Routen:

Netzwerkziel        Netzwerkmaske       Gateway        Schnittstelle  Anzahl
0.0.0.0             0.0.0.0             10.28.1.253    10.28.16.21    20
127.0.0.0           255.0.0.0           127.0.0.1      127.0.0.1      1
10.28.16.21         255.255.255.255     127.0.0.1      127.0.0.1      20
224.0.0.0           240.0.0.0           10.28.16.21    10.28.16.21    20
255.255.255.255     255.255.255.255     10.28.16.21    10.28.16.21    1

...

Standardgateway:  10.28.1.253
```

Abb. 5.2 zeigt die Einbettung des ausgewählten Hosts in das Beispielnetzwerk. Es handelt sich um ein Klasse-A-Netzwerk (10.*/8) mit einem Netzwerkanteil von acht Bit.

In dem Host gibt es genau eine Netzwerkschnittstelle (physikalischer Ausgangsport). Die Spalte mit der Bezeichnung „Gateway" gibt den nächsten Router an. Als Standard-Gateway ist der Router 10.28.1.253 konfiguriert. Die Einträge werden im Folgenden einzeln betrachtet.

Der erste Eintrag gibt die *Standardroute* an. Sie hat immer das Netzwerkziel 0.0.0.0 und die Netzwerkmaske 0.0.0.0 (/0).

```
Netzwerkziel    Netzwerkmaske    Gateway        Schnittstelle   Anzahl
0.0.0.0         0.0.0.0          10.28.1.253    10.28.16.21      20
```

Der nächste Eintrag gibt die Loopback-Route an. Als Netzwerkziel wird für diese Route üblicherweise 127.0.0.0 angegeben und als Netzwerkmaske 255.0.0.0 (/8).

```
Netzwerkziel    Netzwerkmaske    Gateway        Schnittstelle   Anzahl
127.0.0.0       255.0.0.0        127.0.0.1      127.0.0.1       1
```

Abb. 5.2 Netzwerkausschnitt zum Routing-Beispiel

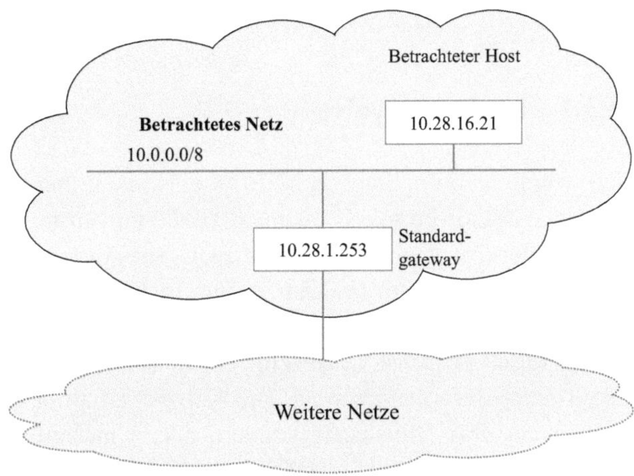

Die Route mit der eigenen IP-Adresse als Netzwerkziel (10.28.16.21) und der Netzwerkmaske 255.255.255.255 (/32) wird immer als Hostroute bezeichnet.

```
Netzwerkziel    Netzwerkmaske    Gateway     Schnittstelle  Anzahl
10.28.16.21     255.255.255.255  127.0.0.1   127.0.0.1      20
```

Der Eintrag mit dem Netzwerkziel 224.0.0.0 und der Netzwerkmaske 240.0.0.0 ist
eine Route für den Multicast-Verkehr, der von diesem Host gesendet wird.

```
Netzwerkziel    Netzwerkmaske    Gateway     Schnittstelle  Anzahl
224.0.0.0       240.0.0.0        10.28.16.21 10.28.16.21    20
```

Der Eintrag mit dem Netzwerkziel 255.255.255.255 und der Netzwerkmaske
255.255.255.255 (/32) ist eine Hostroute, die der limited Broadcast-Adresse entspricht.

```
Netzwerkziel      Netzwerkmaske    Gateway     Schnittstelle  Anzahl
255.255.255.255   255.255.255.255  10.28.16.21 10.28.16.21    1
```

5.3 Routing Information Protocol (RIP)

Das Regelwerk für das Routing in IPv4-Netzen setzt eine aktuelle Forwarding-Tabelle
voraus. Diese wird bei statischem Routing bei der Konfiguration festgelegt. Bei dynamischem Routing tauschen die IPv4-Router Routing-Informationen über definierte
Routing-Protokolle aus. Mit diesem Wissen wird in jedem IPv4-Router auch die
Forwarding-Tabelle erzeugt und aktualisiert. Eines dieser Protokolle ist das Routing Information Protocol (RIP), das ursprünglich im RFC 1058 spezifiziert ist und heute in
einer Version 2 (RIPv2) vorliegt (RFC 4822). Heute ist RIP zwar nicht mehr der empfoh-
lene Standard im Internet, es wird aber in kleinen Netzen immer noch häufig verwendet.
Im Weiteren bezeichnen wir RIP in der Version 1 mit RIPv1 und RIP in der Version 2 mit
RIPv2.

5.3.1 Funktionsweise

RIP wurde ursprünglich von XEROX entwickelt und ist ein leicht zu implementierendes
Distance-Vector-Protokoll. Es nutzt UDP zum Austausch der Routing-Information unter
den Routern, wobei eine Request-PDU zur Anfrage (ein Advertisement) der Routing-
Information bei einem Nachbar-Router und eine entsprechende Response-PDU definiert
sind. Zur Kommunikation wird der UDP-Port 520 verwendet. Beim Start eines Routers
sendet dieser zunächst an all seine Nachbar-Router eine Request-PDU und fordert damit
die Routing-Informationen an. Die Antwort erhält er in zielgerichteten Response-PDUs
(also nicht über Broadcast-, sondern über Unicast-Nachrichten). Im normalen Betrieb
sendet ein IPv4-Router unaufgefordert seine Routing-Informationen und nutzt hierzu
ebenfalls die Response-PDUs. In einer Response-PDU können max. 25 Tabelleneinträge
übertragen werden.

Als Metrik für die Bewertung von Routen wird die notwendige Anzahl der Sprünge (Hops) von Router zu Router verwendet. Die Implementierung liegt beispielsweise unter Unix in einem Prozess namens *routed*[3] (Routing Dämon).

Die Router tauschen alle 30 Sekunden über einen Broadcast Advertisements in Form von unaufgeforderten Response-PDUs aus, in denen die komplette Routing-Tabelle an alle Nachbar-Router übertragen wird.

Wenn ein Router 180 Sekunden nichts von einem seiner Nachbarn hört, gilt dieser als nicht erreichbar. Die Routing-Tabelle wird daraufhin aktualisiert, d. h. die Metrik der Route zu diesem Router wird mit dem Wert 16 belegt und die Routenänderung wird an die anderen Nachbarn propagiert. Bei RIP ist der maximale Hop-Count 15. Eine höhere Angabe wird als „unendlich" interpretiert. Das tatsächliche Entfernen der Route aus der Routing-Tabelle erfolgt im Anschluss. Zusätzlich wird der Timeout für die Überwachung des Nachbarn auf 120 Sekunden verkürzt. Dieser Mechanismus wird auch als Garbage-Collection bezeichnet.

Da der Broadcast auf MAC-Ebene erfolgt und dies eine recht hohe Netzwerkbelastung mit sich bringt, ist RIP in der ursprünglichen Version für den Einsatz in Weitverkehrsnetzen nicht optimal.

5.3.2   Konvergenz und Count-to-Infinity-Problem

Das Problem der *langsamen Konvergenz* und der Schleifen („*Count-to-Infinity-Problem*") ist in der ursprünglichen Version von RIP gegeben. Die Konvergenzzeit ist die Zeit, die benötigt wird, bis alle Router die aktuelle Vernetzungsstruktur kennengelernt haben. Wenn man davon ausgeht, dass alle Router ihre Routing-Informationen alle 30 Sekunden verteilen, kann die Verbreitung einer neuen Information in einem Netz mit mehreren Subnetzen durchaus mehrere Minuten dauern.

Beispiel

Sendet der Router R1, wie in Abb. 5.3 dargestellt, eine neue Routing-Information, so dauert es im Beispiel 90 Sekunden bis die Information beim Router R5 angekommen ist. Wie man erkennen kann, ist die Konvergenzzeit zufallsabhängig, da das Eintreffen des Ereignisses „Neue Route bekannt" noch nicht sofort zum Senden einer Advertisement-PDU führt. Bis zum nächsten Broadcast dauert es im Mittel 15 Sekunden. Im Beispiel sendet R1 die neue Information nach 15 Sekunden, R2 sendet sie 15 Sekunden nach dem Empfang weiter, R3 wartet 20 Sekunden usw.

Um die Konvergenzzeit bei RIP zu verringern gibt es drei Möglichkeiten: Die *Split-Horizon-Technik* (geteilter Horizont), die *Split-Horizon-Technik mit Poison-Reverse*

---

[3] Etwas verwirrend mag sein, dass eine Aufgabe der Vemittungsschicht über ein Protokoll der Schicht 4 (UDP) abgewickelt wird. Dies liegt an der Unix-Historie, da *routed* eigentlich als Anwendung in der Anwendungsschicht platziert ist und daher einen Transportdienst verwenden kann.

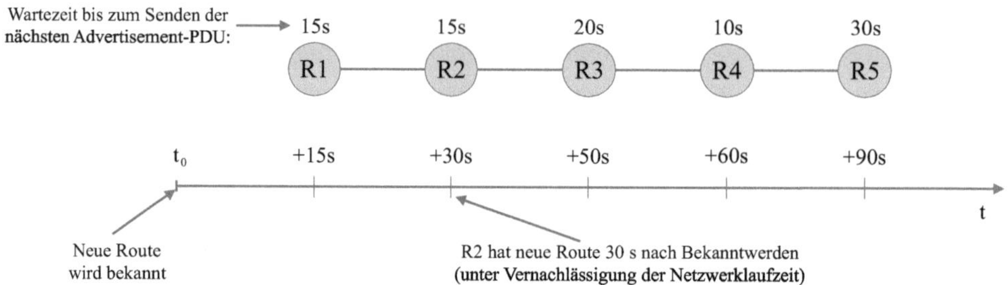

Abb. 5.3 Konvergenzzeit bei RIP

(vergifteter Rückweg) und *Triggered Updates* (ereignisgesteuerte Routen-Aktualisierungen). Welche Methoden in den Routern nun implementiert sind, ist den Herstellern überlassen. Bei der *Split-Horizon-Technik* wird die Konvergenzzeit dadurch verringert, dass in den Routing-Tabellen zusätzlich die Information verwaltet wird, woher (von welchem Router) die Routing-Information stammt. Ein Router darf keine Route an ein Subnetz propagieren, die er über dasselbe Subnetz gelernt hat. Bei der *Split-Horizon-Technik mit Poison-Reverse* werden zwar alle Routen propagiert, jedoch werden Routen, die aus einem Subnetz erlernt wurden, an dieses mit einer Metrik von 16 Hops gesendet. Damit sind sie als „nicht erreichbar" markiert. Bei Nutzung der *Triggered-Updates-Methode* werden Routen-Aktualisierungen unmittelbar nach dem Eintreffen dieser Ereignisse weitergeleitet, d. h. es wird nicht gewartet, bis der 30-Sekunden-Timer abläuft. Dies erhöht zwar die Netzwerkbelastung, aber die Konvergenzzeit wird deutlich verringert.

Beispiel

Was passiert ohne und was mit Split-Horizon, wenn der Router R3 in Abb. 5.4?

Ohne *Split Horizon*:

- R3 hat noch die Routing-Information, dass R1 über einen Hop erreichbar ist.
- R3 propagiert diese Info an R2, also an den Router, über den R1 erreicht wurde.
- R2 glaubt dies und sendet Pakete zu R1 nun über R3.
- Es entsteht ein Ping-Pong-Effekt, also eine Routing-Schleife bis der Hop-Count = 16 ist, dann erst wird R1 als nicht erreichbar markiert.

Mit *Split Horizon*:

- R3 weiß, woher die Routing-Information für R1 kommt (von R2).
- Die Route mit höheren Kosten wird nicht zurückpropagiert.

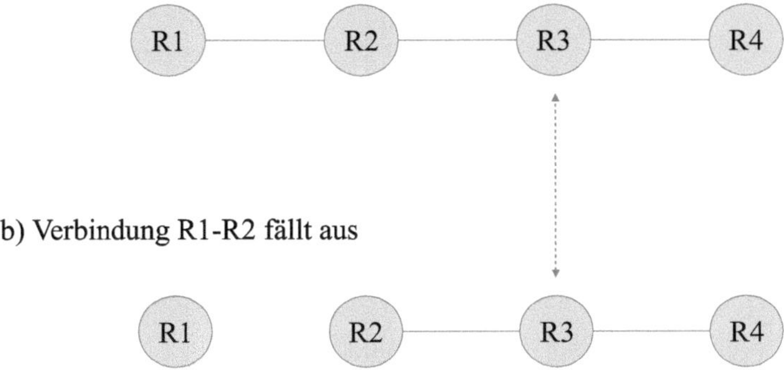

Abb. 5.4 Verbindungsabbruch bei RIP

Bei Anwendung von Split-Horizon können Routing-Schleife und somit das Count-To-Infinity-Problem reduziert werden. Gleiches gilt bei der Anwendung der Split-Horizon-Technik mit Poison-Reverse. Weist die Netzwerktopologie jedoch Schleifen auf, kann auch bei Anwendung der Split-Horizon-Technik das Count-To-Infinity-Problem auftreten.

5.3.3 RIP-Steuerinformation

Die Steuerinformation für das Routing Information Protocol unterscheidet sich entsprechend der Protokollversion 1 oder 2. Im Weiteren bezeichnen wir die Steuerinformation für die Protokollversion 1 als *RIPv1-PDU*, die für Protokollversion 2 als *RIPv2-PDU*. Wir beginnen mit RIPv1 gemäß RFC 1058.

RIPv1-PDUs werden über UDP ausgetauscht. Die Kommunikation erfolgt ausschließlich zwischen benachbarten Routern. Eine RIPv1-PDU hat den in Abb. 5.5 skizzierten Aufbau. Die PDU besteht aus zwei Teilen, einem RIPv1-Header und einer Tabelle mit maximal 25 Routing-Einträgen. Wenn ein Router mehr als 25 Routen propagieren möchte, muss er mehrere Nachrichten senden.

Der RIPv1-Header enthält zwei genutzte Felder:

- *Kommando*: In diesem Feld wird angegeben, ob es sich um eine RIPv1-Request-PDU (0x01) oder um eine RIPv1-Response-PDU (0x02) handelt.
- *Version*: Angabe der verwendeten RIP-Version (0x01 = RIPv1).

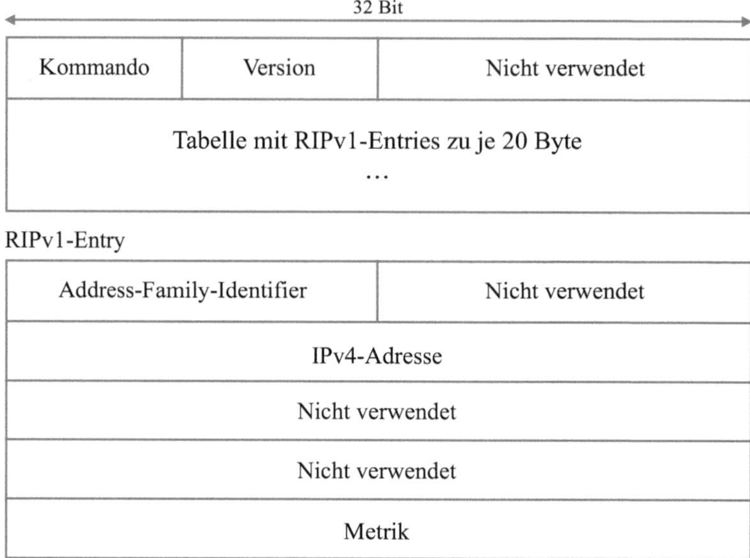

Abb. 5.5 Aufbau der RIPv1-PDU

Ein RIPv1-Entry enthält drei Felder zur Angabe jeweils einer Route:

- *Address-Family-Identifier (AFI)*: Dieses Feld gibt die Adressierungsart an und enthält für IPv4-Adressen immer den Wert 0x02. RIPv1 wurde ursprünglich unabhängig von der Netzwerkschicht konzipiert.
- *IPv4-Adresse*: In diesem Feld steht die IP-Adresse der Route, also des Netzwerkziels.
- *Metrik*: In diesem Feld wird die Anzahl der Hops zum Netzwerkziel übertragen. Steht der Wert 16 in diesem Feld, bedeutet dies, dass das angegebene Netzwerkziel nicht erreichbar ist.

Wie bereits erwähnt hat RIPv1 1 einige Schwächen. Hierzu gehört z. B., dass die RIPv1-Advertisements über Broadcast auf der MAC-Ebene übertragen werden, was zu hoher Netzwerkbelastung führt. Weiterhin wird VLSM/CIDR von RIPv1 nicht unterstützt. Schließlich wird in den RIPv1-Entries die Subnetzmaske der Netzwerkziele nicht mit übertragen, weshalb ein IPv4-Router auch eigenständig einfache Annahmen über die Subnetzmaske treffen muss. Beispielsweise werden die ersten drei Bits der IPv4-Adresse des Netzwerkziels analysiert, um die Netzwerkklasse zu ermitteln und damit die Subnetzmaske herzuleiten.

Das Protokoll RIPv2 (RFC 2453) ist eine Weiterentwicklung von RIPv1 und ist ebenfalls ein Distance-Vector-Routing-Protokoll, auch Bellman-Ford- oder Ford-Fulkerson-Algorithmus genannt. RIPv2 hat im Vergleich zu RIP-1 einige Erweiterungen bzw. Verbesserungen, um die genannten Schwächen zu kompensieren. Trotzdem ist

RIPv2 kompatibel zu RIPv1, da RIPv1-Router RIPv2-spezifische Felder im RIP-Header überlesen.

Folgende Funktionen sind neu bzw. verbessert worden:

- RIPv2 unterstützt im Gegensatz zu RIPv1 „classless IP-Routing" mit variabel langen Subnetzmasken (VLSM und CIDR).
- RIPv2 unterstützt eine Router-Authentifizierung als Sicherheitsinstrument für die Aktualisierung von Routing-Tabellen. Die Authentifizierung vermeidet, dass Router anderen nicht berechtigten Routern ihre Routing-Informationen weiterleiten. Die Authentifizierung erfolgt über ein Kennwort.
- RIPv1 verwendet Broadcasting zum Verbreiten von Routing-Informationen. RIPv1-PDUs werden aber nicht nur von Routern empfangen, sondern auch von den angeschlossenen Endgeräten. RIPv2 verwendet dagegen Multicasting, wobei die RIPv2-PDUs über eine Klasse-D-Adresse (224.0.0.9) versendet werden. Endgeräte werden also durch RIPv2-PDUs nicht beeinträchtigt.

Das Erlernen der Routen von den Nachbar-Routern erfolgt bei RIPv2 nach dem gleichen Prinzip wie bei RIPv1. Auch der maximale Hop-Count ist weiterhin auf 15 eingestellt. Die Methoden *Split-Horizon*, *Split-Horizon mit Poison-Reverse* und *Triggered-Updates* werden unterstützt.

RIPv2-PDUs haben einen ähnlichen Aufbau wie RIPv1-PDUs (siehe Abb. 5.6). Der Header ist identisch, im Feld *Version* steht allerdings der Wert 0x02.

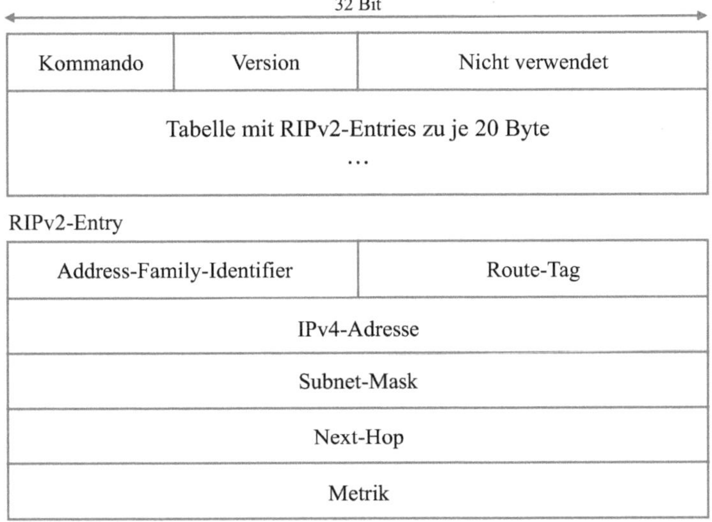

Abb. 5.6 Aufbau der RIPv2-PDU

In den Routen-Einträgen gibt es einige Unterschiede. Die Felder *Route-Tag*, *Subnet-Mask* und *Next-Hop* wurden ergänzt:

- *Route-Tag*: Dieses Feld wird nur benutzt, wenn ein RIPv2-Router auch Routen aus anderen Routing-Protokollen, z. B. von einem BGP-Router (siehe Abschn. 5.6), übernimmt. In diesem Fall kann im Route-Tag ein Kennzeichen übertragen werden, das die Herkunft angibt. Dies könnte z. B. die Nummer des autonomen Systems sein. Das Feld kann innerhalb eines autonomen Systems frei verwendet werden, die Router müssen sich nur über den Inhalt einig sein.
- *Subnet-Mask*: Dieses Feld enthält die Subnetzmaske des Netzwerkziels und unterstützt damit VLSM/CIDR.
- *Next-Hop*: Über dieses Feld kann ein Router eine direkte Route zu einem Host (Host-Route) bekannt geben. Das Feld beinhaltet die Adresse des Hosts. Mit dieser Information in der Routing-Tabelle sendet ein Router ankommende IP-Pakete, die an den Host adressiert sind, nicht über einen Router, sondern direkt an den angegebenen Host weiter.

Die Authentifizierung wird über den ersten Routen-Eintrag in der Tabelle vorgenommen. Die Felder werden hierfür speziell belegt. Im *AFI*-Feld wird der Wert 0xFFFF, im Feld *Route-Tag* ein Authentifizierungstyp und in den restlichen 16 Bytes werden die Angaben für die Authentifizierung eingetragen. Möglich sind hier entweder ein Kennwort oder eine MD5-Prüfsumme. Wird ein einfaches, unverschlüsseltes Kennwort verwendet, steht im Feld *Route-Tag* der Wert 0x0001.

Hintergrundinformation
MD5 (Message Digest 5) ist ein Hashcode-Verfahren, das von Prof. R. L. Rivest am MIT entwickelt wurde. MD5 erzeugt aus einer Nachricht variabler Länge eine Ausgabe fester Länge (128 Bit). Die Eingabenachricht wird in 512-Bit-Blöcke aufgeteilt. MD5 wird unter anderem zur Integritätsprüfung von Nachrichten benutzt. Der Sender erzeugt einen Hash-Code aus einer Nachricht, der Empfänger erzeugt ihn ebenfalls für die empfangene Nachricht und vergleicht ihn mit dem gesendeten Wert.

5.4 Open Shortest Path First (OSPF)

5.4.1 Funktionsweise

Während für kleinere Netze im Internet heute oft noch RIP oder statisches Routing verwendet wird, ist OSPF für größere Netzwerke gedacht. OSPF ist ein offener Standard (Open SPF) für ein Link-State-Protokoll. Im Gegensatz zu RIP handelt es sich hier um ein zustandsorientiertes Routing-Protokoll. Der „Link State" ist der Zustand einer Verbindung zwischen zwei IP-Routern. IP-Router, die OSPF unterstützen, werden auch als OSPF-Router bezeichnet. Die Ursprungsversion von OSPF ist in RFC 1138 spezifiziert. Aktuell wird OSPF in einer Version 2 (OSPFv2) und in einer Version 3 (OSPFv3) genutzt (RFC 2328 bzw. RFC 5340).

Jeder OSPF-Router führt eine Datenbasis (Link-State- oder Verbindungszustandsdatenbank genannt) mit allen Routing-Informationen eines Netzes. Die Kommunikation zum Austausch der Routing-Information erfolgt bei OSPF zwischen allen unmittelbaren Nachbarn (bei nicht ganz so großen Netzen) oder zwischen herkömmlichen und designierten Nachbarn (bei großen Netzen).

Jeder OSPF-Router erzeugt aus seiner Sicht einen SPF-Baum (Shortest-Path-First), der auch als Spanning-Tree (überspannender Baum) bezeichnet wird, für das ganze Netzwerk. In diesem Baum stellt der Router die Wurzel dar. Die Berechnung des Spanning-Trees erfolgt beispielsweise auf Basis des Dijkstra-Algorithmus. Die Verzweigungen im Baum stellen die günstigsten Routen zu allen bekannten Subnetzen bzw. anderen IP-Routern dar. Auf Basis des SPF-Baums werden die Routing- und die Forwarding-Tabelle erzeugt. In Abb. 5.7 ist ein Beispiel eines Spanning-Trees für einen Router A dargestellt.

Jede Kante des Baums stellt gewissermaßen einen Subnetzübergang und damit den „Link" zwischen zwei Routern dar. Diese Links müssen mit Kosten versehen werden, wobei als Faktoren z. B. die Belastung, die Übertragungsrate oder die Verzögerung möglich sind.

Damit alle Router die vollständige Topologie des Netzes kennen, müssen Sie sich synchronisieren. Bei OSPF sieht dies so aus, dass jeder Router mit seinen Nachbarn kommuniziert und jede Veränderung, die er von einem Nachbarn erfährt, an alle anderen Nachbarn weiterleitet. Die Kommunikation erfolgt dabei in Broadcast-Netzwerken wie Ethernet-LANs über IP-Multicast-Adressen oder über Punkt-zu-Punkt-Verbindungen zwischen designierten Routern. Bei der Kommunikation über IP-Multicast hört jeder Router die zugeordnete Multicast-Adresse ab.

Zum Aufbau von Nachbarschaften (Adjacency) sendet ein Router beim Start seinen Nachbarn *Hello-Nachrichten (Hello-PDUs)* zu. Nicht alle angrenzenden Router werden auch zu Nachbarn (adjacents). Anhand der Antworten, die auch in Form von Hello-PDUs eintreffen, entscheidet der neu gestartete Router, welche Router seine Nachbarn sind. Die Nachbarn senden dem neuen Router ihre Routing-Informationen in Form *von Database-Description-PDUs.*

Abb. 5.7 Beispiel für einen Spanning-Tree eines OSPF-Routers

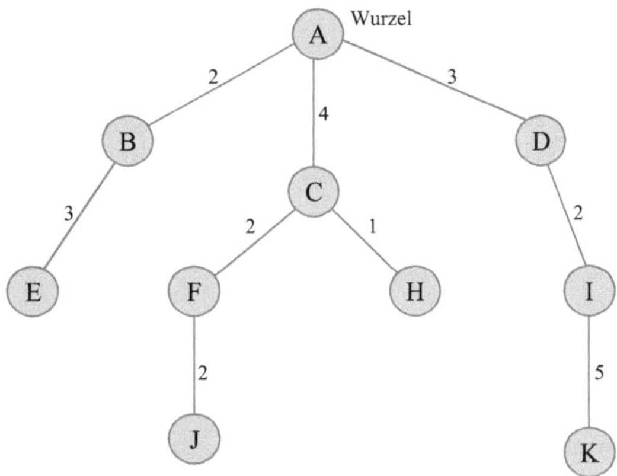

Auf ähnliche Weise läuft es ab, wenn ein neuer Router zu einem bestehenden IP-Netzwerk hinzukommt. Jeder Router sendet nach der Hello-Phase seine eigene Routing-Information als Link-State-Advertisements in LSA-PDUs. Die von den Nachbar-Routern empfangenen LSA-PDUs werden jeweils an die anderen Nachbar-Router weitergeleitet. Damit wird das ganze Netzwerk mit allen Routing-Informationen überflutet. Zum Abgleich der Link-State-Datenbank ist (alle 30 Min.) ein zyklischer Austausch der Topologieänderungen mit den Nachbarn vorgesehen.

Eine periodische Lebendüberwachung (Liveness Check) wird ebenfalls unter den Nachbarn durchgeführt. Jeder Router teilt seinen Nachbarn in regelmäßigen Hello-PDUs mit, dass er noch aktiv ist. Kommt 40 Sekunden lang keine Hello-PDU eines Nachbarn, so gilt dieser als ausgefallen. Der Router, der den Ausfall bemerkt, sendet eine *Link-State-Update-PDU* an alle anderen Nachbarn, die mit einer *Link-State-Ack-PDU* bestätigt wird.

Nachdem eine Veränderung erkannt worden ist, geht die Verteilung im Netzwerk relativ schnell, das Protokoll arbeitet also mit recht hoher Konvergenz (siehe Abb. 5.8). Im Beispiel ist die Verbindung zwischen dem Router mit der IP-Adresse 10.1.1.2 und dem Router mit der IP-Adresse 10.1.1.4 ausgefallen. Die Link-State-Updates werden über das ganze Netz verteilt. Der Router R2 beginnt mit der Kommunikation der Änderung, die Nachbarn senden diese weiter an ihre Nachbarn. Nachdem die Link-State-Datenbanken aller Router synchronisiert sind, gibt es – mit etwas Zeitversatz – letztendlich in allen Routern wieder eine kürzeste Route zu jedem anderen Router.

Hintergrundinformation

Ein weiteres IGP ist das Enhanced Interior Gateway Routing Protocol (EIGRP), das von der Firma Cisco 1992 veröffentlicht wurde und eine Weiterentwicklung des Cisco-Protokolls mit der Bezeichnung *Interior Gateway Routing Protocol* (IGRP) darstellt. EIGRP war lange Zeit proprietär, ist aber seit dem Jahr 2013 ein offenes Protokoll und im RFC 7868 spezifiziert.

EIGRP ist ein Distanzvektor-Protokoll, das um einige Eigenschaften von Link-State-Protokollen erweitert wurde. Gelegentlich wird es daher als Hybrid-Protokoll bezeichnet, Cisco bezeichnet das Protokoll aber als Distanzvektor- und nicht als hybrides Protokoll.

EIGRP verwendet den *Diffusing Update Algorithmus* (*DUAL*) anstelle des Bellman-Ford-Algorithmus. Schleifenfreiheit wird sichergestellt und ebenso die Unterstützung von klassenlosen (CIDR) und klassenorientierten Netzen.

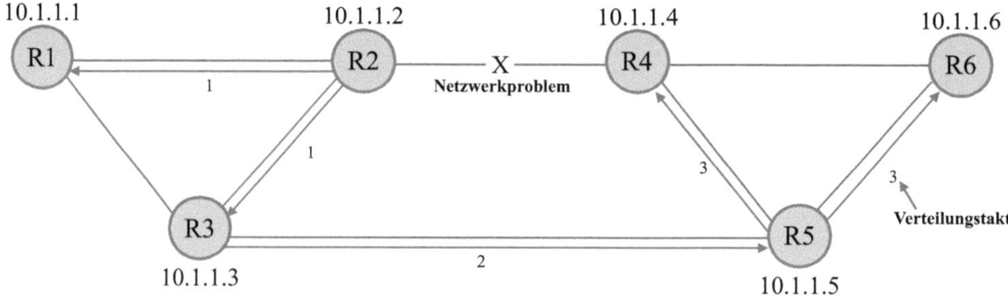

Abb. 5.8 Routenaustausch beim Link-State-Verfahren

EIGRP verwaltet neben der Routing-Tabelle auch noch eine Topologie-Tabelle, die den jeweils besten Pfad zu einem Zielnetzwerk und zusätzlich Backup-Pfade enthält. Bei Routenausfällen vewendet EIGRP einen Backup-Pfad aus der Topologie-Tabelle. Anstelle von periodischen Updates nutzt EIGRP ein Hello-Protokoll zur Statusüberwachung der Verbindungen mit den Nachbar-Routern. Es gilt aufgrund seiner schnellen Konvergenz als Alternative zu OSPF (Odom und Sequeira 2014).

5.4.2 OSPF in großen Netzen

Für große Netzwerke kann man eine Aufteilung in mehrere autarke OSPF-Bereiche vornehmen, damit die Berechnung der optimalen Routen in den beteiligten Routern nicht zu aufwändig wird. Die Netzbereiche werden auch als *Areas* bezeichnet und erhalten eine *Area-Id* zur Identifikation (in *dotted decimal*, Beispiel: 0.0.3.1).

Areas dienen der Hierarchisierung eines autonomen Systems. Alle Areas sind über ein OSPF-Backbone miteinander verbunden (siehe hierzu Abb. 5.9), das die Area-Id 0.0.0.0 besitzt. Backbones werden auch als Area 0 bezeichnet.

In einer Area verwenden alle Router den gleichen Shortest-Path-First-Algorithmus. Jeder Router in einer Area hat die gleiche Link-State-Datenbank. Router kennen nur die Router aus ihrer Area. Ein Router der Area muss jedoch am OSPF-Backbone hängen und zwar über einen AS-Grenz- oder Area-Grenz-Router.

Bei OSPF gibt es vier Router-Klassen:

- *Interne Router* der Area, die nur Intra-AS-Routing durchführen und nach außen nicht in Erscheinung treten.
- *Area-Grenz-Router*: Dies sind Router an Bereichsgrenzen (Area-Grenzen), die zwei oder mehrere Areas innerhalb eines AS verbinden.

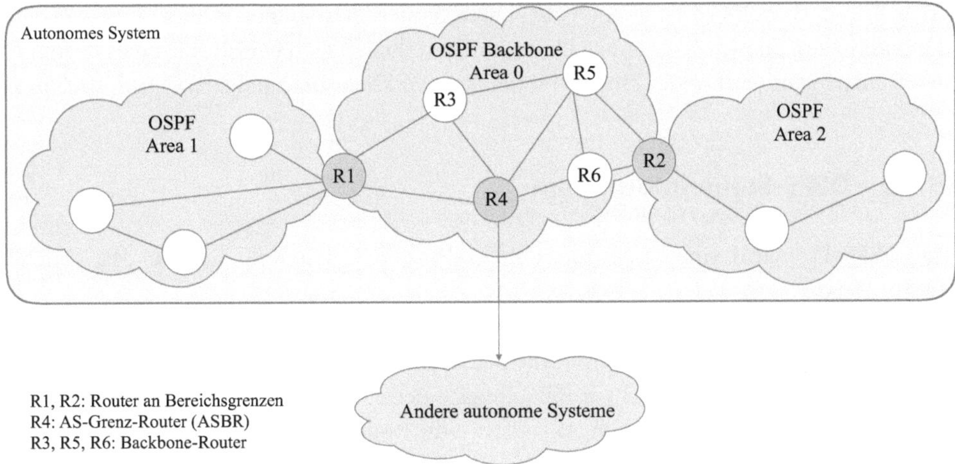

Abb. 5.9 OSPF-Backbone

- *Backbone-Router*: Diese befinden sich im Backbone und führen das Routing innerhalb des Backbones durch, sie sind aber selbst keine AS-Grenz-Router.
- *AS-Grenz-Router*: (Area Boundary Router = ASBR). Sie vermitteln zwischen mehreren autonomen Systemen und tauschen mit diesen Routing-Informationen aus.

Ein Area-Grenz-Router kennt die LSA-Datenbanken aller Areas, an die er angebunden ist. Alle *Area-Grenz-Router* sind im Backbone enthalten. Das Backbone dient primär dazu, den Verkehr zwischen den Bereichen im autonomen System weiterzuleiten. Von einem autonomen System aus werden externe Routen zu anderen autonomen Systemen über ASBR ausgetauscht und dadurch nur in diesen verwaltet. In Abb. 5.9 ist z. B. der Router R4 ein *ASBR*, während R1 und R2 Area-Grenz-Router sind. Die Router R3, R5 und R6 sind Backbone-Router.

Jeder Router erhält zur Identifikation eine *Router-Id*. Die Übertragung der Routing-Informationen erfolgt direkt oder über spezielle Multicast-Adressen. OSPF-PDUs werden auch nur zwischen Nachbarn ausgetauscht. Ein Weiterrouten außerhalb des eigenen Netzes wird unterstützt.

Die Aufteilung eines großen autonomen Systems hat den Vorteil, dass die Größe der Link-State-Datenbanken verringert wird und damit auch die Routing-Tabellen reduziert werden.

Wenn es in einem Netzwerk viele OSPF-Router gibt, ist die Netzwerkbelastung sehr groß. Bei einem Netzwerk mit n Routern müssen n(n−1)/2 Nachbarschaften aufgebaut werden. In Broadcast-Netzwerken (LAN) werden daher ein *designierter Router* und ein Ersatz-Router (designierter Backup-Router) zur Synchronisation der Routing-Information bestimmt. Der designierte Router ist für die Verteilung der Routing-Information (in Form von LSAs) zuständig und wird mit einer Priorität gekennzeichnet, die höher ist als bei herkömmlichen OSPF-Routern. Über diese Information kann ein designierter Router im Netz identifiziert werden. Eine direkte Kommunikation der OSPF-Router ist damit nicht mehr erforderlich. Es wird nur noch mit dem designierten Router oder seinem Stellvertreter kommuniziert. Die Anzahl der Nachbarschaften reduziert sich bei Einsatz eines designierten Routers somit auf n−1. Damit wird die Netzwerkbelastung reduziert.

5.4.3   OSPF-Steuerinformation

Im OSPF-Protokoll sind insgesamt fünf OSPF-PDUs definiert, die alle den gleichen OSPF-Header nutzen:

- Hello-PDU zur Ermittlung der Nachbar-Router.
- Database-Description-PDU zur Bekanntgabe der neuesten Link-State-Datenbanken.
- Link-State-Request-PDU zum Anfordern von Routing-Informationen bzw. Änderungen von den Nachbarn.
- Link-State-Update-PDU zum Verteilen von Routing-Informationen an die Nachbarn.
- Link-State-Acknowledgement-PDU zur Bestätigung eines Updates.

Eine OSPF-PDU verfügt über einen Header und die Nutzdaten. In Abb. 5.10 ist der Grobaufbau der OSPF-PDUs dargestellt. OSPF-PDUs werden im Gegensatz zu RIP direkt über IP gesendet (siehe IP-Header, Protokoll = 89).

In Abb. 5.11 ist der OSPF-Header etwas verfeinert dargestellt.

Die Feldinhalte der OSPFv2-PDU sind in Tab. 5.2 beschrieben.

Auf den Aufbau der Hello-PDU soll exemplarisch eingegangen werden. Im Feld *Netzwerkmaske* wird die Netzwerk- oder Subnetzmaske des lokalen OSPF-Routers angegeben, über den die PDU gesendet wird. Im Feld *Intervall* wird in Sekunden angegeben, in welchen Abständen eine Hello-PDU gesendet wird. Im Feld *Options* werden einige Bits für optionale Angaben reserviert, auf die hier nicht näher eingegangen werden soll. Das Feld *Prio* gibt die Router-Priorität an und wird bei Einsatz von dedizierten Routern verwendet. Designierte Router haben eine höhere Priorität als konventionelle OSPF-Router. Im Feld *Router-Dead-Intervall* wird die Zeit in Sekunden angegeben, die verstreichen darf, bis ein Nachbar-Router als ausgefallen gilt.

Das Feld *Designierter Router* ist nur ausgefüllt, wenn es sich beim Sender um einen designierten Router handelt. In diesem Fall steht die IP-Adresse des Routers diesem Feld. Für das Feld *Designierter Backup-Router* gilt das Gleiche. Der Wert 0.0.0.0 wird verwendet, wenn der sendende Router weder designierter noch designierter Backup-Router ist. Im Feld *Nachbar* wird schließlich eine Liste von Ids der Nachbar-Router angegeben, die dem sendenden Router bereits bekannt sind.

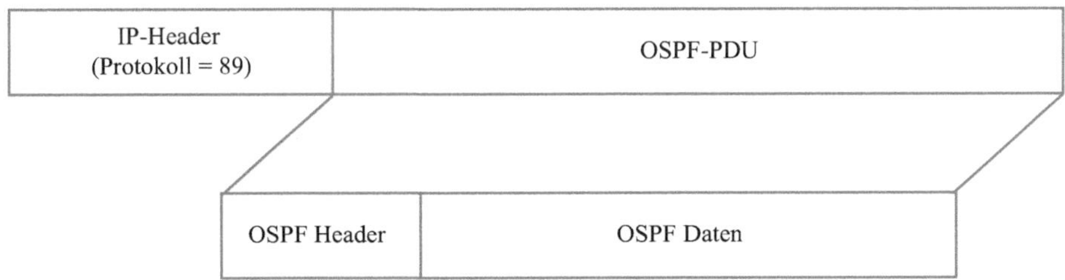

Abb. 5.10 Grobaufbau der OSPF-PDU

Abb. 5.11 OSPFv2-Header

Tab. 5.2 Felder des OSPFv2-Headers

Feldbezeichnung	Länge in Bits	Bedeutung
Version	8	Versionsnummer mit festem Wert „2" eingetragen.
Typ	8	Das Feld gibt den genauen Inhalt des Pakets an (Hello-PDU, Database-Description-PDU, ...).
Länge	16	In diesem Feld steht die Gesamtlänge der PDU in Bytes (inkl. Header).
Router-Id	32	Das Feld Router-Id identifiziert den sendenden Router.
Area-Id	32	In diesem Feld wird der Bereich angegeben, in dem die PDU erzeugt wurde.
Prüfsumme	16	In diesem Feld wird eine Prüfsumme über den PDU-Inhalt ohne den Inhalt des Feldes Auth angegeben.
Auth-Typ	16	Gibt die Art der Identifikation an (Passwort, kein Passwort, MD5-Authentifizierung).
Auth	64	In diesem Feld wird je nach Inhalt des Feldes Auth-Typ die eigentliche Authentifikation eingetragen.
Nutzdaten	...	Nutzdaten-PDUs des Protokolls.

64 Bit

Netzwerkmaske		Intervall	Options	Prio
Router-Dead-Intervall		Designierter Router		
Designierter Backup-Router		Nachbar (n mal)...		

Abb. 5.12 OSPFv2-Hello-PDU

Die Hello-PDU (Abb. 5.12) wird verwendet, um bei der Initialisierung eines Routers alle Nachbarn zu ermitteln und um in regelmäßigen Abständen zu prüfen, ob die Verbindungen zu den Nachbarn noch verfügbar sind. Weiterhin wird die PDU eingesetzt, um in Broadcast-Netzen einen designierten Router und einen Backup-Router zu bestimmen.

In Abb. 5.13 ist eine Initialisierungsphase für eine OSPF-Instanz 1 dargestellt, die zwei Nachbarn mit Hello-PDUs anspricht. Beide antworten – etwas vereinfacht dargestellt – mit einer Hello-PDU und übergeben ihre Router-Ids.

Wenn die Nachbarschaften aufgebaut sind, werden die Routing-Informationen (die Link-State-Databases) ständig synchronisiert. Dies geschieht über Database-Description-PDUs.

Über Link-State-Request-PDUs können von den Nachbarn gezielt Informationen (Link State Advertisements = LSA) zu Links angefordert werden. Antworten werden über Link-State-Update-PDUs gesendet und diese werden wiederum durch Link-State-Ack-PDUs bestätigt. In der Link-State-, der Link-State-Update- und der Link-State-Ack-PDU können Listen von Link-States angegeben werden (siehe Abb. 5.14).

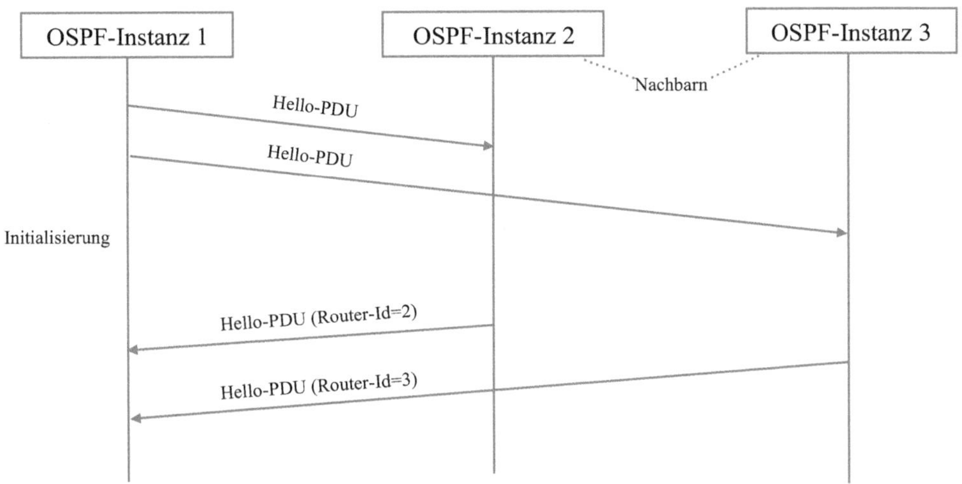

Abb. 5.13 Versenden der OSPFv2-Hello-PDU

Abb. 5.14 OSPF-Link-State-
Request-Bearbeitung

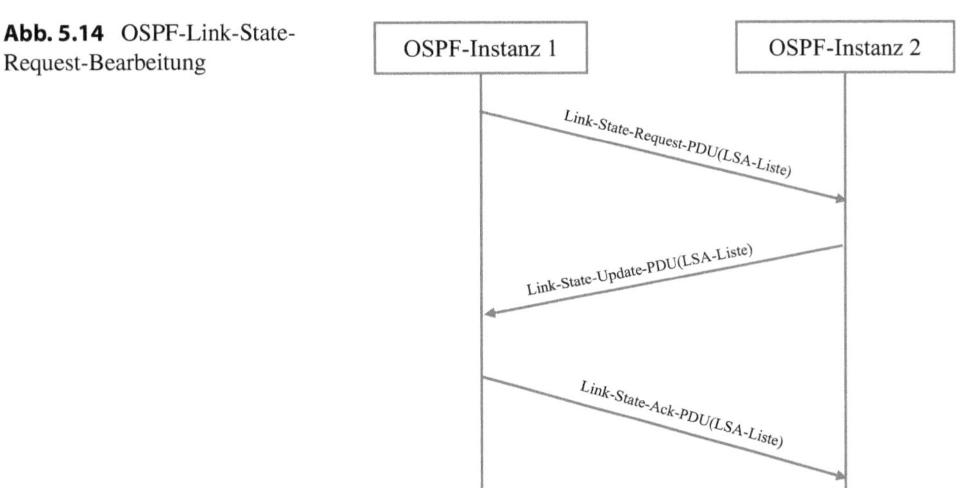

Die Funktionsweise hat sich bei OSPFv3 im Vergleich zu OSPFv2 nicht verändert. Es gibt weiterhin fünf PDU-Typen. OSPFv3 unterstützt zusätzlich IPv6 (siehe Kap. 7) und nutzt damit auch die dort verfügbare Authentifikation. In den LSA-PDUs werden nicht mehr Netzwerkadressen mit Netzwerkmasken übertragen, sondern IP-Prefixe und deren Länge. Zudem gibt es weitere LSA-Typen und die OSPFv2-LSA-Typen wurden umbenannt.

Die weiteren Einzelheiten zu den OSPF-PDUs können im RFCs 2328 für OSPFv2 und im RFC 5340 für OSPFv3 nachgelesen werden. Auf eine detaillierte Darstellung wird hier verzichtet.

5.5 Intermediate System to Intermediate System (IS-IS)

Das im ISO/OSI-Rererenzmodell angesiedelte und auch standardisierte Routing-Protokoll IS-IS (Intermediate System to Intermediate System intra-domain routing information exchange protocol) wird wie OSPF in großen Netzen als IGP genutzt. IS-IS ist in der aktuellen Version im internationalen Standard ISO/IEC 10589:2002 beschrieben.

Die grundlegende Funktionsweise von IS-IS und OSPF ist sehr ähnlich. Auch IS-IS verwaltet eine Datenbank (Link State Database), in der die Verbindungsinformationen der gesamten Netzwerktopologie erfasst werden. Auf Basis dieser Daten wird wie bei OSPF ein Spanning-Tree mit der jeweils günstigsten Verbindung zu jedem Knoten errechnet. Um die für die Berechnung des Spanning-Trees benötigten Information zu erlangen, werden auch bei IS-IS zwischen den Routern (bei IS-IS spricht man von einem Intermediate System oder kurz IS) Nachrichten mit Verbindungsinformationen (Link State Packet) ausgetauscht. Bevor zwischen zwei Intermediate Systems eine Synchronisation der Verbindungsinformationen startet, wird wie bei OSPF eine Nachbarschaft (Adjacency) aufgebaut. Dazu sendet ein IS, zum Beispiel nach dem Start, eine *IS-to-IS-Hello-PDU* (*IIH-PDU*), um andere IS zu finden. Ein benachbartes IS empfängt die IIH-PDU, prüft die in der IIH-PDU enthaltenen Informationen (z. B. System ID des Senders) und sendet eine IIH-PDU als Bestätigung zurück. Die IIH-PDUs werden auch verwendet, um bei einer aufgebauten Nachbarschaft periodisch die Qualität der Verbindung zwischen den IS zu prüfen.

Im Folgenden werden einige Unterschiede zwischen den beiden Interior-Gateway-Protokollen kurz beschrieben (Bhatia et al. 2006).

Bei der Betrachtung der Protokollstapel ist zu sehen, dass IS-IS direkt auf einem Protokoll der Schicht zwei nach dem ISO/OSI-Schichtenmodell (z. B. Ethernet) aufsetzt. Wie Abb. 5.15 zeigt, nutzt OSPF im Gegensatz dazu das IP-Protokoll aus der Vermittlungsschicht, um Nachrichten zu versenden. IS-IS muss somit die verschiedenen Protokolltypen der Schicht zwei unterstützen. Abhängig von der eingesetzten Technologie muss IS-IS die Nachrichten entsprechend dem jeweiligen Protokoll der Schicht zwei übergeben. Auf den Dienst der Fragmentierung muss IS-IS verzichten. Ein OSPF-Router kann dagegen ohne

Abb. 5.15 Beispielhafter Protokollstapel von IS-IS und OSPF

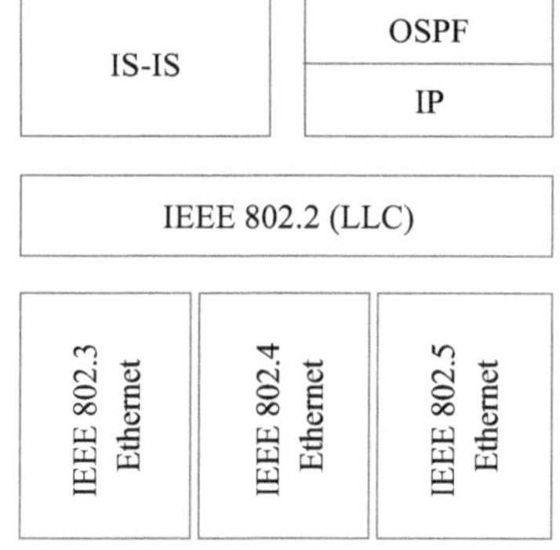

Rücksicht auf die MTU-Größe Nachrichten an die Vermittlungsschicht übergeben. Sind die Nachrichten zu lang, wird eine IP-Fragmentierung durchgeführt. IS-IS muss eine solche Fragmentierung entweder selbst durchführen, oder die Pakete müssen unter Beachtung der MTU-Größe des gesamten Pfades erstellt werden. Durch die direkte Nutzung der Dienste aus der Schicht zwei wird kein zusätzlicher Protokoll-Header benötigt. Durch die Vermeidung des zusätzlichen Overheads werden die Nachrichten des IS-IS-Pakets etwas kleiner.

IS-IS unterteilt ähnlich dem OSPF das Netzwerk in kleinere Bereiche (Areas), um die Vorteile von hierarchischem Routing zu nutzen. Wie bereits am Beispiel von OSPF beschrieben, werden durch das hierarchische Routing die Routing-Tabellen kürzer und somit die Berechnung der günstigsten Pfade einfacher. Wie in Abb. 5.16 zu sehen ist, werden bei IS-IS die Bereichsgrenzen über die Verbindungen definiert. Die Verbindungen (Links) zwischen zwei IS werden in drei Klassen aufgeteilt:

- *Level-1-IS-IS-Routing* zwischen Intermediate Systems innerhalb einer Area.
- *Level-2-IS-IS-Routing* zwischen Intermediate Systems innerhalb einer Area und zwischen Areas einer Routing-Domäne.
- *Interdomain-Routing* zwischen eigenständigen Routing-Domänen (autonomen Systemen).

Im Gegensatz zu OSPF gibt es bei IS-IS keine gesonderte Backbone-Area. Die Verbindung der Areas wird über Level-2-IS-IS-Routing realisiert. Eine Verbindung kann bei IS-IS neben einem Level-1- auch für ein Level-2-IS-IS-Routing genutzt werden.

Es soll noch festgehalten werden, dass die Entscheidung, welches Routing-Protokoll verwendet wird, von der grundlegenden Entscheidung, welche Protokollstandards im Netz genutzt werden, abhängt. Diese Abhängigkeit ergibt sich zum Beispiel aus den Unterschieden bei der Adressierung der Knoten. Wird in einem Netzwerk das Internetprotokoll (IP)

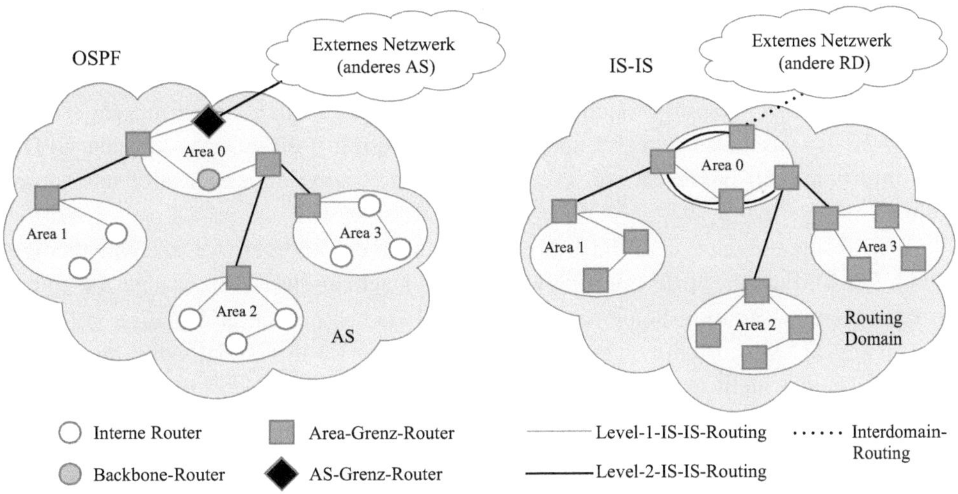

Abb. 5.16 Vergleich der OSPF- und IS-IS-Topologie

eingesetzt, bevorzugt man OSPF oder RIP (siehe dazu Abb. 5.16). Werden hingegen im Netzwerk ISO/SO-Protokolle (wie etwa ISO-9542-Standard) eingesetzt, ist IS-IS die bevorzugte Wahl. Es existieren aber auch Vorschläge wie in den RFCs 1195 und 5308 erläutert, um IS-IS für IP-basiertes Routing oder in gemischten Umgebungen zu nutzen.

IS-IS wird heute gerne in den internen Netzwerken von Internet Service Providern vor allem in den Tier-1-ISPs als IGP eingesetzt (Tanenbaum und Wetherall 2011). Große ISPs wechseln zu IS-IS, weil es im Vergleich zu OSPF als stabiler und einfacher zu implementieren gilt. OSPF ist als Routing Protokoll bei mittleren bis großen ISPs stark verbreitet. In IP-basierten Unternehmensnetzwerken wird fast ausschließlich OSPF verwendet.

5.6   Border Gateway Protocol (BGP)

5.6.1   Funktionsweise

BGP bzw. dessen aktuelle Version BGPv4 (Border Gateway Protocol)[4] ist ein Exterior Gateway Protocol, das heute im Internet vorwiegend eingesetzt wird. BGP ist ein *Pfadvektorprotokoll* (Path Vector Protocol) und ermöglicht das Routing zwischen verschiedenen autonomen Systemen. Es ähnelt vom Grundprinzip her dem Distance-Vector-Verfahren, nutzt jedoch keine Kosteninformation wie die Anzahl der Hops.

Derzeit ist im Internet nur BGP als spezielle Ausprägung eines EGP im Einsatz. Die Pfade werden hier auf AS-Ebene, nicht auf Router-Ebene verwaltet. Jeder BGP-Router führt eine Datenbank mit Routen zu allen erreichbaren autonomen Systemen. Die heutigen Routing-Tabellen umfassen über 720.000 Einträge für mehr als 61.000 autonome Systeme (CIDR Report 2018). Unmittelbar benachbarte Router bezeichnet man auch als *Peers* bzw. *BGP-Speaker*. Die Verbindung zwischen *Peers* wird als *Peer-Verbindung* bezeichnet.

Kernstück des BGP-Protokolls ist die UPDATE-Nachricht. Mit Hilfe von Updates teilen sich Router die Existenz neuer Routen über Announcements mit und kommunizieren auch den Wegfall bestehender Routen (Withdrawals). Der Empfänger einer UPDATE-Nachricht entscheidet anhand seiner Routing-Policies, was mit den UPDATE-Informationen passieren soll (verarbeiten und Routen anpassen oder nur weiterleiten).

BGP-Router kennen also die beste Route zu einem anderen AS als vollständigen Pfad. Ein BGP-Router informiert periodisch alle Nachbar-BGP-Router über die zu nutzenden Routen. Routing-Schleifen werden bei Übernahme der Information gefunden, indem geprüft wird, ob die eigene AS-Nummer in der Route ist. Falls dies der Fall ist, wird die Route nicht akzeptiert. Damit tritt auch das Count-to-Infinity-Problem nicht

---

[4] BGP gibt es erst seit 1989, BGPv4 seit 1993. Siehe RFCs 4271, 1654, 8212, 1771, 1772, 1773, 1267, 1163, 6286, 6608, 7606, 7607, 7705, 8212, 1654, 1655, 1656 und weitere.

auf. BGP-Router überwachen sich gegenseitig über ein Heartbeat-Protokoll, um Ausfälle schnell zu erkennen.

Die Routing-Information wird in den BGP-Routern in einer *Routing Information Base* (*RIB*) abgelegt. BGP-Router verwenden zur Auswahl der besten Routen eine *Routing-Policy* mit unterschiedlichen Regelwerken, in der Sicherheitsaspekte, Kostenaspekte und evtl. Sperren von Routen für bestimmte Absender und Empfänger eine Rolle spielen. Eine Route, welche die Regeln verletzt, wird auf „unendlich" gesetzt. Eine konkrete Vorgabe zur Strategie ist aber nicht gegeben. Dies wird vielmehr den einzelnen Routern bzw. den Netzwerkadministratoren überlassen.

Die Arbeitsweise der BGP-Router ist in Abb. 5.17 dargestellt. In jedem AS ist mindestens ein BGP-Router, der als Stellvertreter des AS dient und mit den anderen BGP-Routern kommuniziert. BGPv4 wird also als Protokoll zwischen AS-Grenzroutern (ASBR) verwendet. Die Routing-Tabelle von D enthält in unserem Fall folgende Routen:

- AS11 – AS20
- AS11 – AS20 – AS1212
- AS11 – AS20 – AS1212 – AS23
- AS11 – AS20 – AS1212 – AS3

Innerhalb des autonomen Systems AS11 muss der Router D als Schnittstelle für den Zugang zu den anderen autonomen Systemen bekannt sein. Dazu ist aber auch eine Router-Kommunikation zwischen den internen Routern eines autonomen Systems notwendig. Hierfür wird das *iBGP*-Protokoll verwendet (internal BGP). Im Gegensatz dazu bezeichnet man das BGP zur Kommunikation über autonome Systeme hinweg als *eBGP* (external BGP). Eine BGP-Sitzung zwischen Routern zweier AS wird als externe BGP-Sitzung (eBGP) bezeichnet. Das Zusammenspiel der IGP- und BGP-Router werden wir in diesem Kapitel noch erläutern.

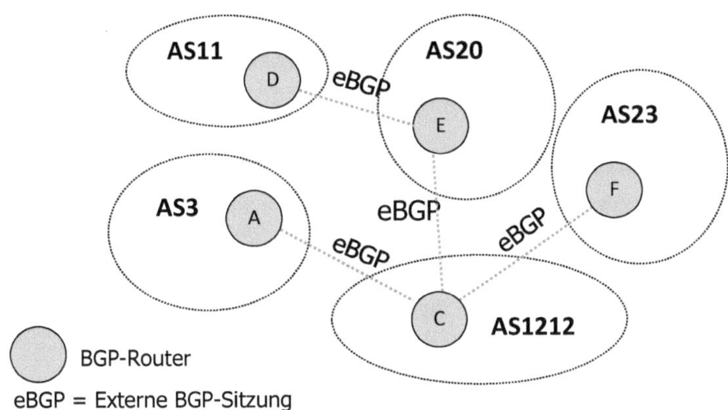

Abb. 5.17 BGP-Router-Kommunikation

5.6.2   BGP-Steuerinformation

BGP nutzt TCP (Port 179)[5] als Transportprotokoll für den Nachrichtenaustausch. BGP-Router bauen also jeweils eine bidirektionale Transportverbindung auf. Folgende BGP-PDUs sind definiert:

- *OPEN-PDU*: Diese PDU wird nach dem TCP-Verbindungsaufbau gesendet und dient der Identifikation und Authentifizierung sowie dem Parameteraustausch. Parameter sind unter anderem Timer für die Zeitüberwachung zwischen Heartbeat- und Update-PDUs, ein BGP-Identifier des sendenden Routers und eine Identifikation des autonomen Systems.
- *UPDATE-PDU*: Mit dieser PDU wird ein Advertisement, also ein Pfad zu einem bestimmten Ziel, an den Nachbarn gesendet. Auch bei Änderungen der Routen wird eine UPDATE-PDU gesendet.
- *KEEPALIVE-PDU*: Diese PDU dient als Bestätigungs-PDU für die OPEN-PDU (OPEN-Response). Ein Nachbar teilt mit der PDU auch mit, dass er noch am Leben ist.
- *NOTIFICATION-PDU*: Diese PDU dient dazu, einen Nachbarn darüber zu informieren, dass in einer vorhergehenden PDU ein Fehler war oder dass der sendende BGP-Router die Verbindung schließen möchte.

Die nähere Beschreibung des PDU-Aufbaus der BGPv4-PDUs kann in den einschlägigen RFCs nachgelesen werden. BGPv4 unterstützt im Gegensatz zum Vorgänger auch CIDR und die Aggregation von Routen.

5.6.3   Internal BGP (iBGP) und Zusammenspiel mit IGP-Routern

Die Forwarding-Tabellen aller Router innerhalb eines autonomen Systems müssen auch Informationen zu den BGP-Routen erhalten. Zwischen IGP-Routern innerhalb autonomer Systeme werden daher auch interne BGP-Sitzungen (iBGP-Sitzungen) aufgebaut. Mit benachbarten BGP-Routern werden CIDR-Präfixe ausgetauscht, wofür ein spezielles BGP-Attribut (Next-Hop) verwendet wird. Die Weiterleitung der CIDR-Präfixe erfolgt so, dass auch interne Router eine Weiterleitung von IP-Paketen in andere autonome Systeme durchführen können.

Dieser Zusammenhang soll an einem Beispiel verdeutlicht werden. In Abb. 5.18 sind die beiden autonomen Systeme AS1 und AS2 zu sehen. Die Router B und K sind BGP-Router und kommunizieren ihre Routeninformationen über eBGP. Im autonomen System AS1 kommt nun ein IP-Paket über IGP-Router A mit der Zieladresse 180.1.1.9 an. Das Subnetz, in dem sich der Zielrechner befindet, liegt im autonomen System AS2 und hat die CIDR-Adresse 180.1.*/16. Das IP-Paket muss entsprechend weitergeroutet werden, um schließlich über Router B und K zum Zielnetz zu gelangen. Dies kann nur funktionieren,

---

[5] Hier wird ein Transportprotokoll für eine Aufgabe der Vermittlungsschicht verwendet.

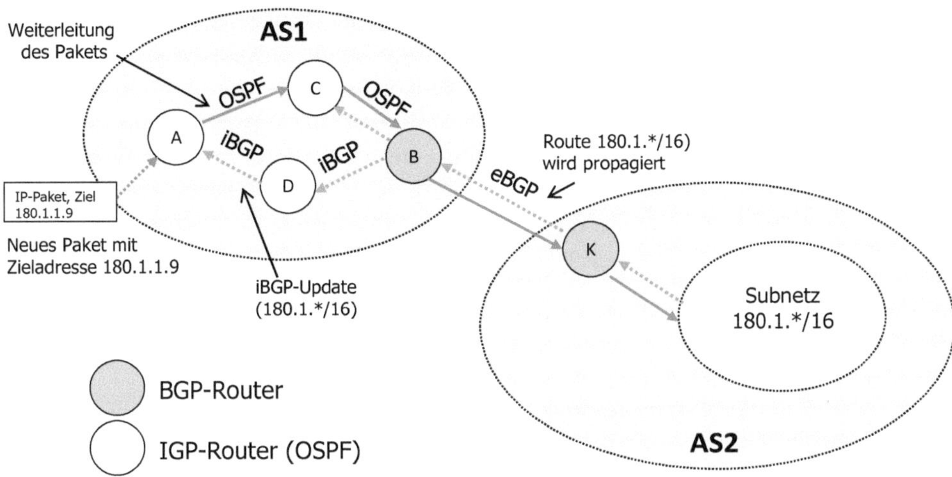

Abb. 5.18 Zusammenspiel zwischen iBGP und eBGP

wenn der Router A auch weiß, wohin er das IP-Paket als nächstes senden soll. In seiner Forwarding-Tabelle muss diese Information also vorhanden sein.

Zu diesem Zweck propagieren die BGP-Router Routing-Informationen intern über iBGP an die anderen IGP-Router in Form von iBGP-Updates und die IGP-Router tragen diese Informationen in ihre Forwarding-Tabellen ein. Sie ermitteln auch den besten Weg innerhalb des autonomen Systems hin zum richtigen BGP-Router. In unserem Beispiel führt der optimale Weg von Router A über C zu B und von dort weiter zum anderen autonomen System.

Beim Austausch von Routen zwischen den BGP-Routern werden Attribute zur genaueren Beschreibung mitübertragen. Zwei wichtige Attribute sind das AS-Path- und Next-Hop-Attribut. Das Attribut AS-Path enthält eine Liste der autonomen Systeme, die in der Route vorkommen. Das bereits erwähnte Attribut Next-Hop bezeichnet die Router-Adresse (CIDR-Adresse), über die die propagierte Route in das autonome System führt. Diese Information wird auch innerhalb eines autonomen Systems mittels iBGP an die IGP-Router übertragen und dort in den Forwarding-Tabellen verarbeitet (Kurose und Ross 2014). Das IGP-Protokoll kann dann ermitteln, wie der optimale Weg zu diesem Router verläuft.

5.7 Multicast-Routing

5.7.1 Überblick

In Abschn. 4.5 haben wir das IGMP-Protokoll kennengelernt, in dem zwischen Hosts und verantwortlichen (benachbarten) Routern Gruppenzugehörigkeiten zu Multicast-Gruppen kommuniziert werden können. Für den eigentlichen Austausch der Multicast-Nachrichten im Internet sind nun noch Verteilungs- bzw. Routingmechanismen erforderlich. Hosts bzw. die darauf laufenden Anwendungen müssen alle Multicast-Nachrichten erhalten, die im Netzwerk an Multicast-Gruppen gesendet werden.

Ein Zusammenschluss von Multicast-fähigen Routern im Internet entstand aus einer Initiative der IETF mit dem Ziel, Multicast-Techniken auszuprobieren. Als Bezeichnung für das Netzwerk wurde *Mbone* (Multicast Backbone on the Internet) verwendet. Heute beherrschen nahezu alle Router auch Multicast-Routing-Protokolle, weshalb das spezielle Mbone nicht mehr weiterentwickelt wird. Multicast-Router (M-Router) sind im Prinzip heute Standard-IPv4-Router, die neben RIP/OSPF noch das Routing von Multicast-Nachrichten unterstützen.

Nur IPv4-Router, in denen Hosts liegen, die auch in Gruppen beteiligt sind, müssen sich um die Weiterleitung der Multicast-Pakete kümmern.

Das zugrundliegende Verfahren für Multicast-Routing und einige Multicast-Routing-Protokolle sollen im Folgenden kurz eingeführt werden. Auf die Funktionsweise der Protokolle, des Mbone-Systems und dessen spezielle Routing-Protokolle soll an dieser Stelle nicht weiter eingegangen werden.

Abb. 5.19 zeigt beispielhaft zwei Multicast-Gruppen MG1 und MG2 in drei Subnetzen verteilt. Subnetze 2 und 5 haben keinen Host, der Multicast nutzt. Router R1, R2, R3 und R4 müssen Multicast-Pakete weiterleiten, R5 dagegen nicht.

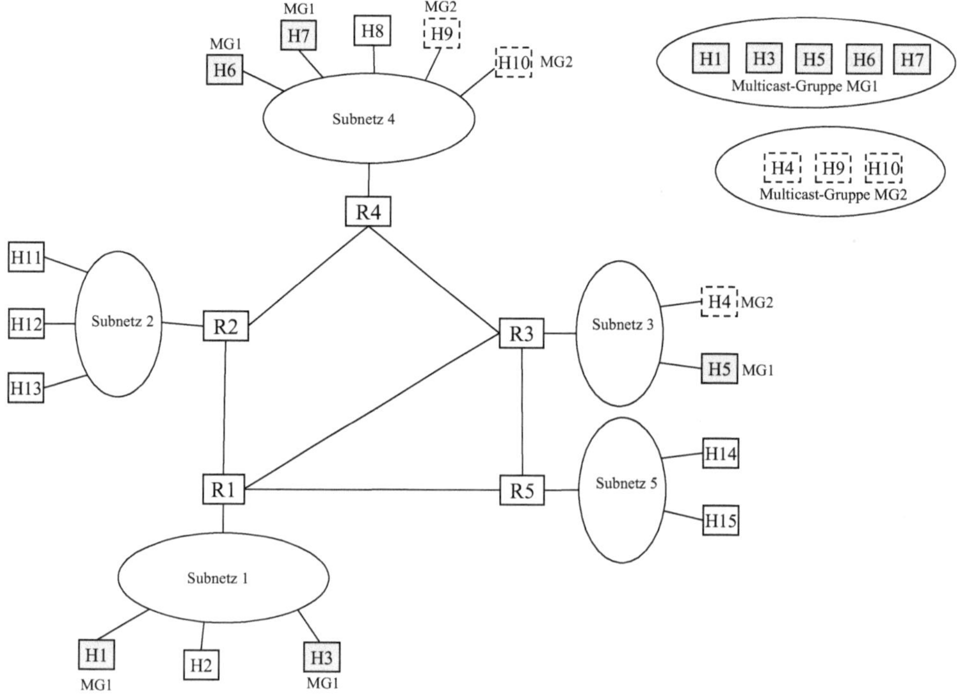

Abb. 5.19   Beispielnetz für IPv4-Multicasting

5.7.2 Reverse Path Forwarding

Im Multicast-Routing muss unkontrolliertes Flooding, also das Rundsenden von Duplikaten, vermieden werden, da es sonst zu sogenannten Broadcast-Stürmen aufgrund von Routingschleifen kommt. Der grundsätzliche Ansatz zur Vermeidung von Schleifen basiert auf dem *Reverse Path Forwarding-Verfahren* (RPF).

Es ist also zu vermeiden, dass ein Multicast-Paket einen Router über mehrere Netzwerkschnittstellen erreichen kann. Ein Multicast-fähiger Router betrachtet im Gegensatz zum klassischen Routing den kürzesten Pfad zur Quelle hin, um eine Forwarding-Entscheidung zu treffen. Dazu muss jeder Router einen Multicast-Verteilungsbaum ermitteln, um die Multicast-Forwarding-Tabellen schleifenfrei zu belegen. Ein Beispiel für einen Verteilungsbaum aus Sicht von Host H1 bzw. seinem direkten Router R1 bezogen auf die Gruppe MG1 ist in Abb. 5.20 skizziert. Host H3 ist im selben lokalen Netz und erhält daher die Multicast-Nachrichten von H1 direkt.

Bei jedem ankommenden Multicast-Paket vergleicht der Router die Quelladresse im IPv4-Header mit dem Eintrag seiner lokalen Forwarding-Tabelle. Wenn das Paket von einer anderen Netzwerkschnittstelle empfangen wird als von der in der Forwarding-Tabelle eingetragenen, wird das Paket verworfen. Im anderen Fall wird es über alle anderen Netzwerkschnittstellen weitergeleitet. Diese Prüfung wird auch als *Reverse Path Forwarding Check* bezeichnet.

Bei dem erweiterten Verfahren *Truncated Reverse Path Forwarding* (TRPF) wird nur an die Netzwerkschnittstellen weitergeleitet, an denen auch tatsächlich Mitglieder der adressierten Multicast-Gruppe zu erwarten sind.

Beim Multicast-Routing wird die Weiterleitung eines IPv4-Pakets also aufgrund der IPv4-Quell-Adresse und nicht aufgrund der IPv4-Ziel-Adresse, wie dies beim klassischen

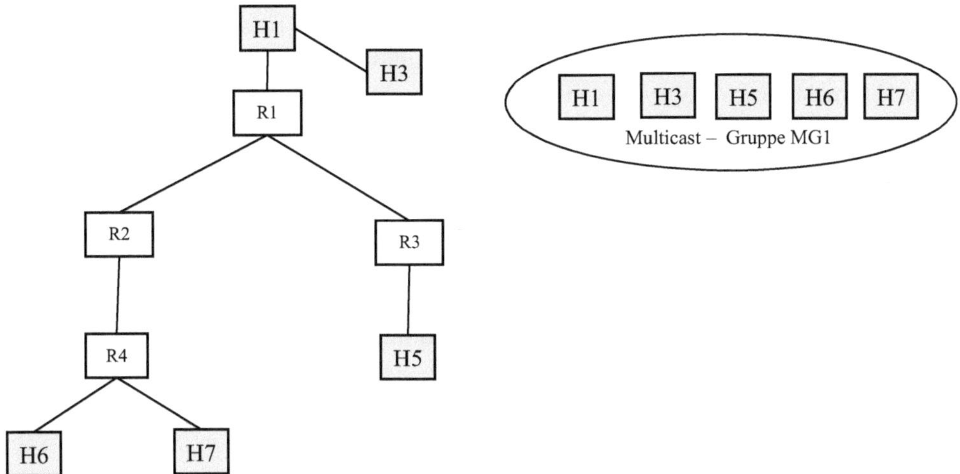

Abb. 5.20 Beispiel für einen RPF-Verteilungsbaum

Unicast-Routing der Fall ist, entschieden. Dazu kann je nach Implementierung eine eigene Multicast-Forwarding-Tabelle verwaltet werden oder die Information wird aus der Unicast-Routing-Tabelle entnommen.

Wenn ein Router eine Multicast-Nachricht erhält, obwohl er keine Hosts in seinem Netzwerk hat, die diese angefordert haben, sendet er eine Pruning-Nachricht, um den Verteilungsbaum zu „beschneiden". Dies kann bei Nutzung von IGMP zur Kommunikation zwischen den Routern eine *IGMP-membership-report*-Nachricht sein. Man nennt RPF daher auch ein *Flooding-and-Pruning*-Protokoll.

Die Verfahren RPF bzw. TRPF sind heute überwiegend im Einsatz, unabhängig von konkreten Routing-Protokollen. Auf dem RPF-Verfahren bauen konkrete Multicast-Routing-Protokolle auf.

5.7.3 Multicast-Routing-Protokolle im Internet

RIP und OSPF werden für das Routing von Unicast-Nachrichten verwendet. Für das Routing von Multicast-Nachrichten im Internet sind spezielle Routing-Protokolle erforderlich, die in Multicast-Routern implementiert werden. Verschiedene Multicast-Protokolle wurden für das Internet vorgeschlagen. Ein sehr guter Überblick über Multicast-Protokolle im Internet ist in RFC 5110 zu finden.

Das *Distance Vector Multicast Routing Protocol* (DVMRP) wurde im RFC 1075 vorgeschlagen und war das erste Multicast-Protokoll im Internet. DVMRP kombiniert RIP mit TRPF und nutzt IGMP, um Gruppeninformationen mit anderen Routern auszutauschen. Das *Multicast Open Shortest Path First Protokoll* (MOSPF) ist im RFC 1585 beschrieben. Es ist eine Multicast-Erweiterung von OSPF. Wie DVMRP setzt es auf RPF und IGMP auf. Beide Protokolle skalieren allerdings nicht sehr gut und werden daher heute kaum eingesetzt.

Das *Protocol Independent Multicast* (PIM)[6] ist im RFC 7761 spezifiziert und ist wohl das heute im Internet am häufigsten eingesetzte Multicast-Routing-Protokoll. Man unterscheidet mehrere PIM-Varianten. Bei der Variante *PIM-DM* (*Dense Mode*) liegen die Multicast-Gruppenmitglieder dicht beieinander (RFC 3973). Ähnlich wie bei DVMRP werden bei PIM-DM auch RPF und Pruning eingesetzt.

Bei *PIM-SM* (*Sparse Mode*) ist die Routeranzahl verglichen mit der Gesamtanzahl an im Netz vorhandenen Routern und auch mit der Anzahl der Gruppenmitglieder gering. Die Multicast-Gruppenmitglieder sind also im Netz weit verstreut.

PIM nutzt die vorhandenen Unicast-Routing-Tabellen (statische Einträge, RIP, BGP, OSPF) um die Weiterleitungsentscheidung für Multicast-Pakete zu treffen, ist aber nicht auf ein konkretes Unicast-Routing-Protokoll festgelegt.

Im Gegensatz zu den anderen Protokollen tritt bei PIM-SM jeder Router explizit einer Multicast-Gruppe über das Senden einer speziellen Join-Nachricht bei. Diese Join-

---

[6]PIM ist auch in IPv6 anwendbar.

Nachrichten werden an dedizierte Multicast-Router gesendet, die als *Rendezvous-Punkte* (RP) bezeichnet werden. Jede Gruppe wird durch einen RP verwaltet und ein RP ist für die Erzeugung und Verwaltung des Verteilungsbaums für seine Multicast-Gruppe zuständig. An dieser Stelle soll nicht weiter darauf eingegangen werden, wie ein RP von anderen gefunden wird, wie der Verteilungsbaum aufgebaut wird und wie er im Netzwerk verteilt wird. Wir verweisen hierfür auf RFC 7761.

5.8 Multiprotocol Label Switching (MPLS)

Bevor das Thema Routing abgeschlossen werden kann, soll noch auf die Multiprotocol Label Switching-Technik (MPLS-Technik) eingegangen werden, die in erster Linie für die Kommunikation zwischen den Routern von ISPs genutzt wird und daher für die meisten Internet-Nutzer kaum sichtbar ist. Die Bezeichnung kommt daher, dass das Protokoll unabhängig von Vermittlungsprotokollen ist und auch eine ganze Reihe von Netzwerktechnologien (ATM, Ethernet, …) unterstützt. MPLS ist im RFC 3031 beschrieben.

MPLS wird innerhalb von autonomen Systemen, also innerhalb von ISP-Netzwerken, verwendet. Ein ISP kann auf Basis von MPLS einem Kunden, der mehrere Unternehmensstandorte hat, ein MPLS-Backbone anbieten, um die einzelnen Standorte effizient zu verbinden.

Mit MPLS versucht man, die Vorteile von virtuellen Leitungen (Virtual Circuits) mit den Vorteilen von Datagrammen zu verbinden, um damit einen Leistungsgewinn zu erzielen. Netzbetreiber werden in die Lage versetzt, definierte Pfade in ihren Netzwerken festzulegen. Dies ist mit den bisher vorgestellten internetbasierten Routing-Mechanismen nicht möglich. Die aufwändige Suche nach Einträgen in den Forwarding-Tabellen kann mit MPLS beschleunigt werden. Wege zwischen zwei MPLS-fähigen Routern werden über MPLS-Labels gekennzeichnet. Ein MPLS-fähiger Router wird daher auch als *Label-Switched Router* bezeichnet.

In einem ISP-internen Netzwerk dienen die Router an den Netzwerkgrenzen als Eingangs- und Ausgangspunkte. Sie werden als *Ingress-* und *Egress-Router* bezeichnet. Ingress- und Egress-Router werden auch als Provider Edge Router (PE), die Router im MPLS-Backbone (MPLS-Core) werden als Provider Router (P) bezeichnet (BSI MPLS 2018). Router der Kunden, die über einen PE ans MPLS-Netzwerk angebun-den sind, heißen auch Customer Edge Router (CE).

Kommt ein IP-Paket an einem Ingress-Router an, wird es innerhalb des Netzwerks evtl. über mehrere interne Router eines Netzbetreibers über einen vordefinierten Weg zu einem Egress-Router geschickt und von dort wieder über die klassischen Internet-Routing-Protokolle weitergeleitet. Alle Router innerhalb des ISP-internen Netzwerks nutzen also die vorab signalisierten MPLS-Labels für eine schnelle Wegfindung und müssen nicht das aufwändige Longest Prefix Matching durchlaufen.

Sobald ein IP-Paket bei einem Ingress-Router ankommt, wird es mit einem MPLS-Header versehen, der ein MPLS-Label enthält. In jedem weiteren internen MPLS-fähigen

Router auf dem Weg wird das Label ausgetauscht. Die Pfade in einem MPLS-Netzwerk werden auch als *Label Switched Paths* (LSP) bezeichnet.

Ein MPLS-fähiger Router weist jeder Zieladresse in seiner Forwarding-Tabelle ein aus seiner Sicht eindeutiges MPLS-Label zu, das er seinen Nachbar-Routern mitteilt. Die Eindeutigkeit des Labels besteht also nur in der Nachbarschaftsbeziehung. Jeder Link wird mit einem eigenen Label versehen. Die notwendige Advertisement-PDU wird im *Label Distribution Protocol* (*LDP*, RFC 5036) definiert. Über LDP werden die Nachbar-Router in Subnetzen aufgefordert, bekannte Labels an alle IP-Pakete zu hängen, die an eine IP-Adresse mit dem zugeordneten Präfix adressiert werden. Bei ankommenden Paketen muss der Router nun nicht mehr die aufwändige Suche in der Forwarding-Tabelle über den Longest-Prefix-Matching-Algorithmus (größte Übereinstimmung) durchführen, sondern kann den Ausgangsport für die Weiterleitung anhand des Labels wesentlich schneller ermitteln. Es muss nicht einmal der IP-Header angeschaut werden, sofern keine Fragmentierung durchgeführt werden muss. LDP verwendet für die Kommunikation zwischen den Routern im Subnetz UDP und TCP (jeweils Port 646).

MPLS arbeitet zwischen der Netzwerkzugriffs- und der Vermittlungsschicht gewissermaßen als Zwischenschicht. Urprünglich sind die Funktionalitäten von MPLS durch das Feature „Tag Switching" in den Routern von Cisco bekannt geworden. Zwischen dem Schicht-2-Header (z. B. Ethernet) und dem IP-Header wird zur Kommunikation der Labels ein MPLS-Header eingefügt (siehe Abb. 5.21).

Der Header-Aufbau ist sehr einfach. In den ersten 20 Bits ist das MPLS-Label untergebracht. Im TC-Feld werden Informationen zu „differenciated Services" übertragen, auf die hier nicht weiter eingegangen werden soll. Im S-Feld kann eine Schachtelung von MPLS-Labels angezeigt werden. Dies soll an dieser Stelle auch nicht weiter ausgeführt werden. Das TTL-Feld dient wie im IPv4-Header der Laufzeitbegrenzung. Die Angabe im TTL-Feld zeigt an, wie viele Router noch durchlaufen werden dürfen. Jeder betroffene Router reduziert das Feld um 1.

Das MPLS-Label identifiziert den Weg zwischen zwei MPLS-Routern und wird auch nur für diese Teilstrecke genutzt. In Abb. 5.22 ist ein Beispiel skizziert, in dem MPLS zur Anwendung kommt. Von einem Quellnetz A wird ein IPv4-Paket an den Ingress-Router R2 eines Netzwerkbetreibers (ISP-Netzwerk, autonomes System) gesendet, in dem als Zieladresse ein Präfix angegeben ist, das sich im Zielnetz B befindet. Der Pfad, den das

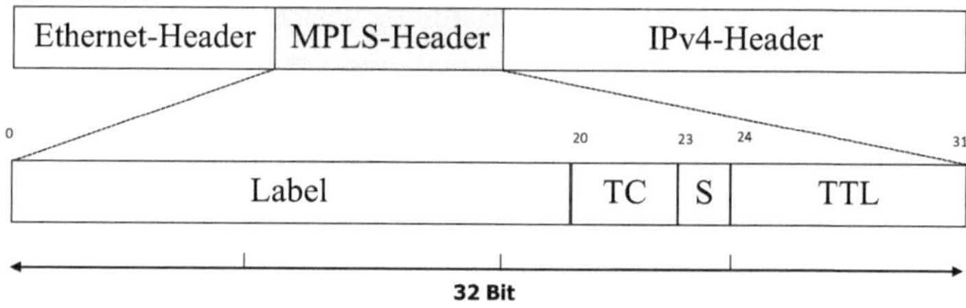

Abb. 5.21 MPLS-Header

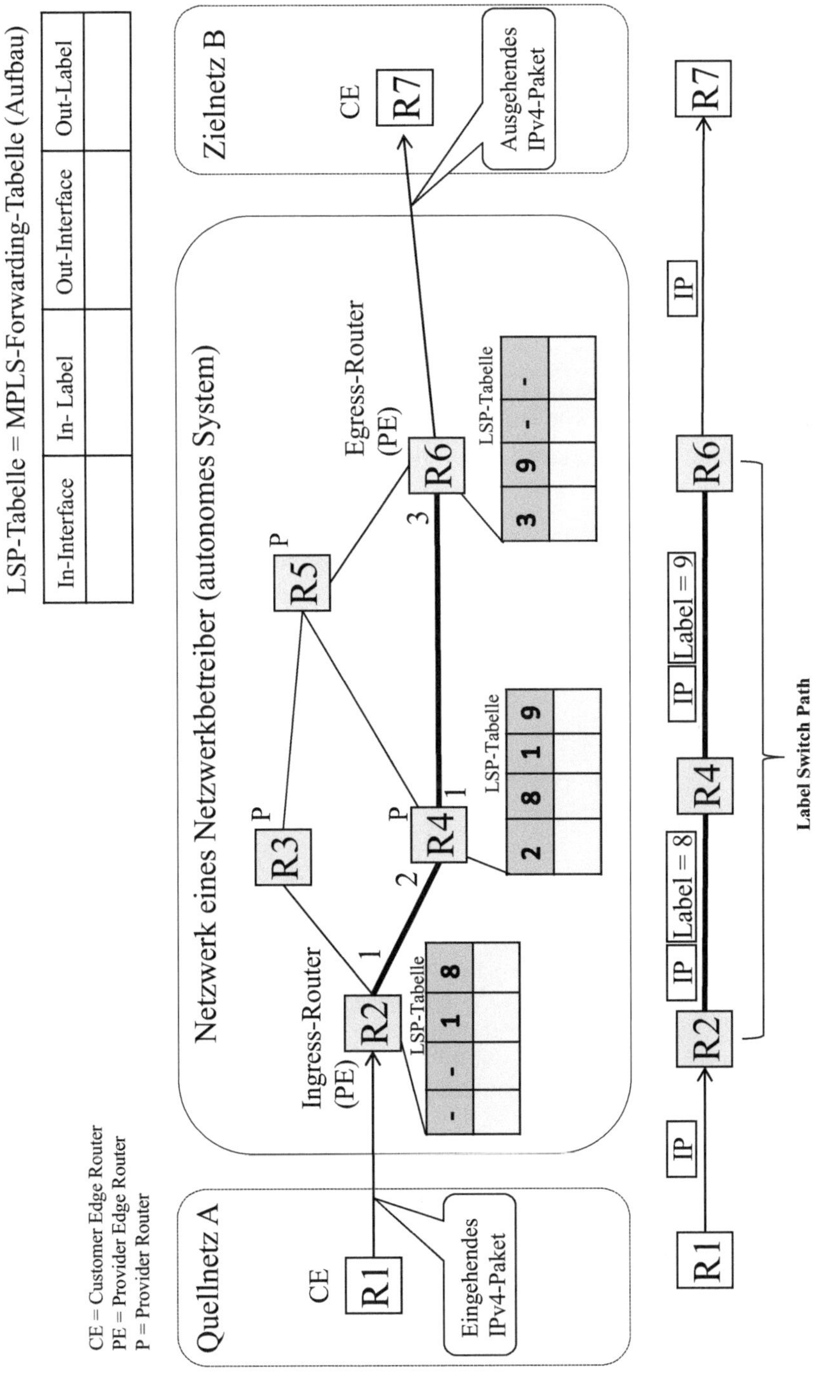
LSP-Tabelle = MPLS-Forwarding-Tabelle (Aufbau)
In-Interface
In- Label
Out-Interface
Out-Label
CE = Customer Edge Router
PE = Provider Edge Router
P = Provider Router
Quellnetz A
CE
R1
Eingehendes IPv4-Paket
Netzwerk eines Netzwerkbetreiber (autonomes System)
Ingress-Router (PE)
R2
LSP-Tabelle
- - 1 8
1
R3
P
2
R4
P
1
LSP-Tabelle
2 8 1 9
R5
P
3
Egress-Router (PE)
R6
LSP-Tabelle
3 9 - -
Zielnetz B
CE
R7
Ausgehendes IPv4-Paket
R1
IP
R2
IP
Label = 8
R4
IP
Label = 9
R6
IP
R7
Label Switch Path

Abb. 5.22 Forwarding-Beispiel mit MPLS

IPv4-Paket bis zum Ausgang aus dem ISP-Netzwerk zu durchlaufen hat, ist bereits in den Tabellen der MPLS-fähigen Router festgelegt. R2 legt in der Rolle des Provider Edge Routers einen MPLS-Header an und ergänzt ihn zum IPv4-Paket. Er vergibt das MPLS-Label 8 und sendet das Paket über seine Ausgangsschnittstelle 1 an R4 weiter. R4 erhält das Paket über sein Interface 2 und sendet es mit Label 9 über seinen Ausgangsport 1 an R6 weiter. Der Egress-Router R6 empfängt das Paket über sein Interface 3 und sendet schließlich das Ursprungspaket ohne MPLS-Header an R7 weiter und damit verlässt das Paket das ISP-Netzwerk. R1 und R7 sind beide in der Rolle des Customer Edge Routers. Das Label wird als Index für den Zugriff auf die MPLS-Forwarding-Tabelle verwendet.

Es soll noch erwähnt werden, dass man die Entwicklung von MPLS weiter beobachten muss. Immer mehr wird die IP-Forwarding-Funktionalität mit dem Longest Prefix Matching auch hardwaretechnisch unterstützt. Dadurch reduziert sich der MPLS-Leistungsvorteil. Jedoch wird auch der MPLS-Forwarding-Algorithmus oft in Hardware realisiert und die Zuordnung von Qualitätsmerkmalen (Quality of Service) zu Verbindungen ist ebenso ein nicht unbeträchtlicher Vorteil. Es lassen sich nämlich bei Nutzung von MPLS Forwarding-Equivalenzklassen verwalten, denen man bestimmte Qualitätseigenschaften zuweisen kann.

Literatur

Kurose, J. F., & Ross, K. W. (2014). *Computernetzwerke* (6., ak. Aufl.). München: Pearson Studium.
Odom, W., Sequeira, A. (2014) Cisco CCNA Routing und Switching ICND2 200-101. Das offizielle Handbuch zur erfolgreichen Zertifizierung. Ciscopress.com.
Tanenbaum, A. S., & Wetherall, D. J. (2011). *Computernetzwerke* (5. Aufl.). München: Pearson Education.

Internetquellen

Bhatia, M., Manral, V., & Ohara, S. (2006). IS-IS and OSPF difference discussions. https://tools.ietf.org/html/draft-bhatia-manral-diff-isis-ospf-01. Zugegriffen am 24.05.2018.
BSI MPLS. (2018). Bundesamt für Sicherheit und Informationstechnik. Kurzstudie zu Gefährdungen und Maßnahmen beim Einsatz von MPLS, Version 1.5. https://www.bsi.bund.de/SharedDocs/Downloads/DE/BSI/Grundschutz/Hilfsmittel/Doku/KurzstudieMPLS.pdf?__blob=publicationFile&v=1. Zugegriffen am 27.06.2018.
CIDR Report. (2018). http://www.cidr-report.org/as2.0/. Zugegriffen am 24.03.2018.

Zusammenfassung

Steuer- und Konfigurationsprotokolle sind für die Funktionsweise von Internet-basierten Netzwerken essenziell. Zu diesen Protokollen gehören ICMP, ARP und DHCP. Ebenso ordnen wir NAT in diese Kategorie ein und obwohl DNS kein Protokoll der unteren Schichten, sondern ein Anwendungsprotokoll ist, gehört es doch auch in diese Liste der wichtigen Protokolle. ICMP überträgt Fehler- und Diagnosemeldungen über IP. Beispielsweise nutzt das Kommando ping ICMP. ARP übernimmt die Abbildung von IPv4-Adressen auf Adressen der Netzwerkzugriffsschicht (MAC-Adressen), DHCP sorgt für die dynamische IPv4-Adresszuordnung in Netzwerken und NAT ist ein Mechanismus zur Abbildung lokaler Adressen auf im Internet sichtbare Adressen. Das Domain Name System (DNS) hat schließlich als wesentliche Aufgabe die Abbildung von symbolischen Domainnamen auf IP-Adressen.

6.1 Internet Control Message Protocol (ICMP)

Das Internet Control Message Protocol (ICMP), das im RFC 792 spezifiziert und in mehreren RFCs (z. B. RFC 6633 und RFC 6918) aktualisiert wurde, ist ein Steuerprotokoll, das von Hosts und Routern benutzt wird. Es dient der Übertragung von unerwarteten Ereignissen und wird auch für Testzwecke in der Vermittlungsschicht eingesetzt. ICMP gehört in die Internet-Vermittlungsschicht und nutzt für die Datenübertragung das IPv4-Protokoll.

In Abb. 6.1 ist der Aufbau einer ICMP-Nachricht mit Header und Nutzdatenteil dargestellt. Im Header sind der Nachrichtentyp und ein Code definiert. Weiterhin ist im Header eine Prüfsumme zu finden. Im Nutzdatenteil wird ein Teil des ursprünglichen IP-Pakets übertragen, und zwar der IP-Header und 64 Bits des Nutzdatenteils, welches das Ziel nicht erreicht hat.

© Springer Fachmedien Wiesbaden GmbH, ein Teil von Springer Nature 2019
P. Mandl, *Internet Internals*, https://doi.org/10.1007/978-3-658-23536-9_6

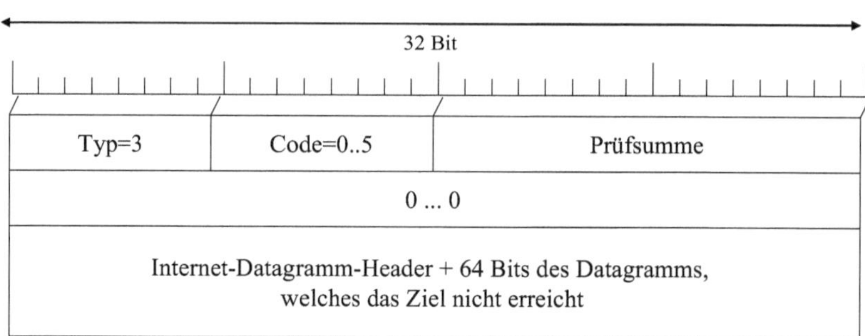

Abb. 6.1 ICMP-Steuerinformation

Stellt ein IPv4-Router ein Problem fest, sendet er eine ICMP-Nachricht direkt an den Absender. Alle derzeit definierten ICMP-Nachrichten sind den aktuellen RFCs zu entnehmen. Einige typische Beispiele von ICMP-Nachrichten sollen stellvertretend erwähnt werden:

- Typ = 3, Code = 1: „Destination unreachable" wird von einem Router abgesetzt, der ein Datagramm nicht ausliefern kann.
- Typ = 3, Code = 0: „Network unreachable" wird von einem Router abgesetzt, wenn ein adressiertes Netzwerk von einem Router nicht erreichbar ist.
- Typ = 4, Code = 0: „Source quench" wird von einem Router gesendet, wenn sein Speicherplatz erschöpft ist.
- Typ = 0, Code = 0: Das *ping*-Kommando verwendet ICMP-PDUs (Echo Request, Echo Reply), um zu prüfen, ob ein bestimmter Host oder Router erreichbar ist.
- Typ = 11, Code = 0: Das *traceroute*-Kommando, das zur Ermittlung einer Route zwischen zwei Rechnern dient, verwendet die ICMP-Nachricht „Time Exceeded".

Um die Funktionsweise von ICMP aufzuzeigen, skizzieren wir im Folgenden die Nutzung für das *ping*-Kommando, für die Funktion *Path MTU Discovery* und für das Kommando *traceroute*.

6.2 ICMP-Anwendungen

6.2.1 Ping-Kommando

Mit Hilfe des Ping-Kommandos, das in allen handelsüblichen Betriebssystemen verfügbar ist, kann man feststellen, ob ein beliebiger Zielhost im Netzwerk erreichbar ist. Der Kommando-Name ist vom Aufspüren von U-Booten über Klopfgeräusche (Ping-Pong) abgeleitet.

Gibt man an der Konsole eines Hosts das Kommando ping unter Angabe einer Ziel-IPv4-Adresse oder eines Ziel-Hostnamens ein, sendet der Host einen ICMP-Echo-Request mit Pakettyp 8 (Code = 0) an die angegebene Zieladresse. Für den Ziel-Hostnamen muss vorher noch die IPv4-Adresse ermittelt werden. Dies geschieht über das Domain Name System (DNS), das wir in diesem Kapitel noch erläutern. Der Empfänger muss, sofern er das Protokoll unterstützt und die Echo-Requests auf dem Zielhost nicht deaktiviert sind, einen ICMP-Echo-Reply (pong, ICMP-Pakettyp 0 (Code = 0) zurücksenden. Ist der

Zielrechner nicht erreichbar, antwortet sein zuständiger IPv4-Router mit der ICMP-Nachricht „Network unreachable" (Typ = 3, Code = 0) oder „Host unreachable" (Typ = 3, Code = 1).

Beispiel

Im Beispiel wird auf einem macOS-Host ein Ping-Kommando für den Zielrechner www. cs.hm.edu abgesetzt. Es soll genau drei Mal eine Ping-Nachricht gesendet werden (-c 3)

```
ping www.cs.hm.edu -c 3
```

Als Ergebnis wird an der Konsole ausgegeben:

```
PING w3-1.rz.fh-muenchen.de (129.187.244.60): 56 data bytes
64 bytes from 129.187.244.60: icmp_seq=0 ttl=51 time=27.910 ms
64 bytes from 129.187.244.60: icmp_seq=1 ttl=51 time=27.539 ms
64 bytes from 129.187.244.60: icmp_seq=2 ttl=51 time=33.230 ms
```

In der ersten Zeile werden die IPv4-Adresse des Zielhosts, die über DNS ermittelt wurde und die Anzahl der gesendeten Bytes (Nutzdaten im ICMP-Paket) ausgegeben. Weiterhin werden drei Zeilen mit Antworten des Zielhosts ausgegeben, wobei jeweils ein TTL-Wert und die benötigte Round-Trip-Time (hier 27.910 ms usw.) angegeben wird.

Die TTL-Ausgabe repräsentiert die initiale Einstellung des TTL-Werts aus dem IPv4-Header und bedeutet, dass maximal 51 Router durchlaufen werden dürfen, bis das Paket verworfen wird.

In unserem Beispiel antwortet der adressierte Zielrechner korrekt mit einem Echo-Response mit jeweils 64 Bytes an Nutzdaten.

Beispiel

Der Ablauf der Ausführung eines Ping-Kommandos ist in Abb. 6.2 beispielhaft skizziert. Am Host H1 wird ein Ping-Kommando mit der Zieladresse H2 eingegeben. H2 wird zunächst über DNS auf eine IPv4-Adresse abgebildet. Anschließend sendet H1 ein ICMP-Paket vom Typ 8 (Echo-Request), das über die Router R1 und R2 an den Zielhost H2 übertragen wird. H2 antwortet mit einem ICMP-Paket vom Typ 0 (Echo-Reply), das über die Router an den Host H1 übertragen wird.

Hintergrundinformation

Manchmal ist es aus Sicherheitsgründen hilfreich, den Echo-Request, der für das Ping-Kommando genutzt wird, auf einem Rechner zu deaktivieren. Ein Deaktivieren kann beispielsweise unter Linux mit folgendem Kommando erreicht werden:

```
echo 1 > /proc/sys/net/ipv4/icmp_echo_ignore_all
```

Ein Echo-Request wird dann ignoriert. Umgekehrt kann ein Echo-Request unter Linux mit folgendem Kommando aktiviert werden:

```
echo 0 > /proc/sys/net/ipv4/icmp_echo_ignore_all
```

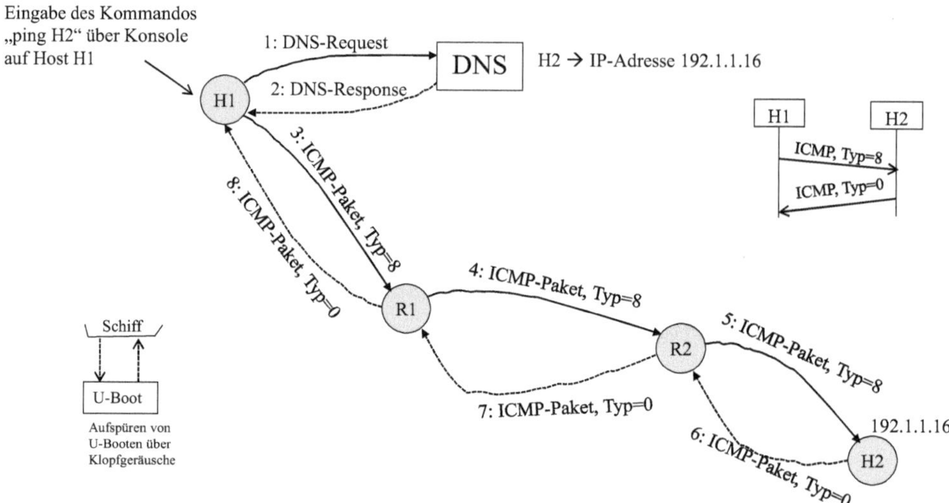

Abb. 6.2 Beispiel zur Ausführung eines Ping-Kommandos

Unter Windows kann man den Echo-Request über eine Firewall-Einstellung (Erweiterte Einstellungen – Eingehende Regeln – Datei- und Druckerfreigabe – Echoanforderung – ICMPv4/6 eingehend) deaktivieren.

6.2.2 Path MTU Discovery

Ziel des Path-MTU-Discovery-Verfahrens ist es, die MTU herauszufinden, die für den ganzen Pfad zwischen einem Quell- und einem Zielrechner geeignet ist, um auf dem Weg eine IPv4-Fragmentierung zu vermeiden. Wie wir wissen, ist die Fragmentierung teuer und wird daher auch in IPv4-Netzwerken durch dieses Verfahren mehr und mehr vermieden. Das Verfahren ist für IPv4 im RFC 1191 geregelt.

Für diese Aufgabe wird vom Quellhost ein für das lokale Netzwerk möglichst großes IPv4-Paket an das Zielnetzwerk gesendet. Die initiale Paketlänge entspricht üblicherweise der MTU-Größe des lokalen Netzwerks. Im IPv4-Header wird das DF-Flag (Don't fragment) auf 1 gesetzt. Das bedeutet, dass eine Fragmentierung des IPv4-Pakets generell nicht erlaubt ist. Jeder Router auf dem Weg überprüft, ob das IPv4-Paket ohne Fragmentierung in Richtung Zielnetz weitergeleitet werden kann. Wenn die MTU-Größe für das nächste Netzwerk kleiner ist, müsste das IPv4-Paket eigentlich fragmentiert werden. Aufgrund von DF = 1 ist dies aber nicht zulässig und der IPv4-Router sendet ein ICMP-Paket mit Typ = 3 mit Angabe der zulässigen MTU-Größe an den Quellrechner. Der Quellrechner sendet erneut ein IPv4-Paket mit entsprechend reduzierter Paketlänge an den Zielrechner. Dies wird fortgesetzt, bis kein IPv4-Router auf dem Weg eine Fehlermeldung via ICMP zurücksendet.

Beispiel

Beispielnetz

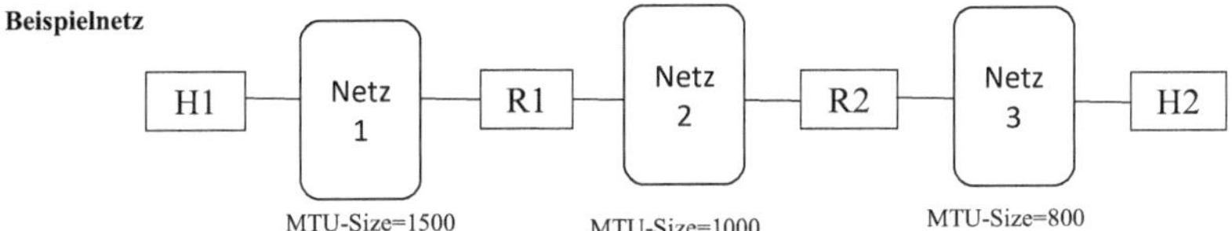

PATH-MTU-Discovery: Ablauf

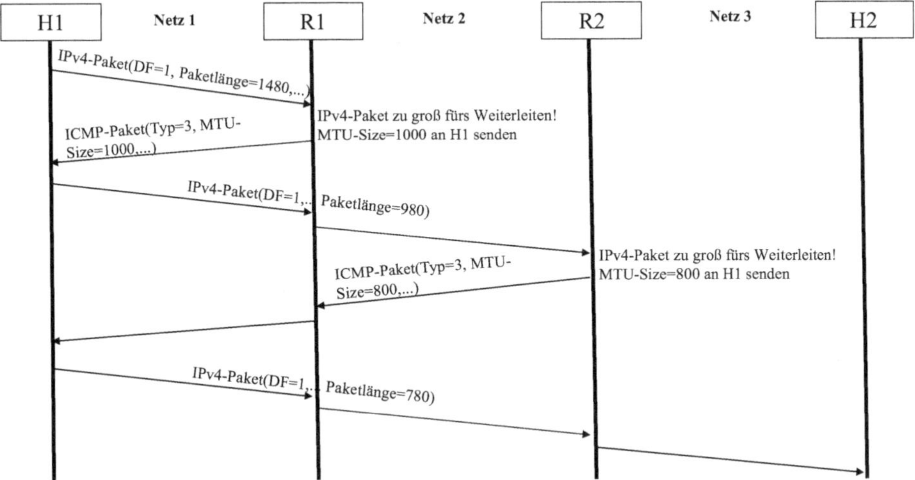

In der Abbildung ist ein Beispielablauf aus Sicht des Hosts H1 skizziert. Host H1
möchte die maximale MTU-Größe auf dem Weg zum Host H2 feststellen und passiert
auf dem Pfad dahin drei Netze über zwei Router. Router R1 und auch Router R2 reduzieren jeweils die MTU-Größe des Ursprungspakets zunächst auf 980 Bytes (1000
Bytes abzgl. der IPv4-Headerlänge) und danach auf 780 Bytes (800 Bytes abzgl. der
IPv4-Headerlänge). Das IPv4-Paket mit der Länge von 780 Bytes kommt schließlich
bei Host H2 an.

6.2.3 Traceroute-Kommando

Mit dem Kommando *traceroute* kann man an einem Host den Pfad bis zu einem Zielrechner ermitteln. Das Kommando nutzt UDP als Transportprotokoll zum Senden eines
Testsegments und verwendet ICMP-Pakete für die Rückmeldung von IP-Routern und
dem Zielrechner. UDP-Segmente werden über IPv4 übertragen. Beim Senden des UDP-
Segments an den adressierten Host belegt traceroute im IPv4-Header das TTL-Feld
zunächst mit 1. Kommt dieses Paket beim ersten Router an, subtrahiert dieser 1 vom
TTL-Feld und stellt fest, dass das Ergebnis 0 ist. Er darf das IPv4-Paket also nicht mehr

weitersenden. Stattdessen sendet er ein ICMP-Paket mit Typ = 11 („Time exceeded") an den Quellrechner zurück. Im ICMP-Paket wird auch der Name des Routers mitgesendet. Das Programm traceroute misst die Zeit vom Absenden der UDP-Segments bis zur Ankunft des ICMP-Pakets. Diese Zeit wird als Round Trip Time (RTT) bezeichnet. Anschließend wird auf der Konsole eine Zeile mit dem Namen und der IPv4-Adresse des Routers und der RTT ausgegeben. Der Vorgang wird nun iterativ wiederholt, wobei der TTL-Wert jeweils um 1 erhöht wird. Bei Senden des zweiten UDP-Segments wird im IPv4-Header also TTL = 2 angegeben. Das zweite UDP-Segment kommt dann bis zum nächsten Router, der wieder das Ereignis „Time exceeded" feststellt.

Als Ziel-UDP-Port wird standardmäßig 33.434 verwendet, da Ports größer als 30.000 selten benutzt werden. Der Port kann aber beliebig vergeben werden. Wenn das letzte UDP-Segment schließlich beim Zielhost ankommt, stellt dieser fest, dass der Port nicht erreichbar ist und sendet ein ICMP-Paket mit Typ = 3 („Port unreachable") an den Quellrechner. Würde der Port zufällig auf dem Zielrechner genutzt, wäre das Ergebnis des Kommandos fehlerhaft (Port erreichbar).

Beispiel

Der Ablauf ist in Abb. 6.3 an einem Beispiel mit zwei Routern auf dem Pfad zwischen Host H1 und Host H2 skizziert. H1 sendet drei UDP-Segmente mit den TTL-Werten 1, 2 und 3 im IPv4-Header bis schließlich H2 erreicht wird. R1 und R2 senden jeweils ein ICMP-Paket vom Typ = 11, H2 sendet schließlich ein ICMP-Paket vom Typ = 3 an H1. In der Ausgabe des traceroute-Kommandos würden im Beispiel also zwei Router R1 und R2 angegeben.

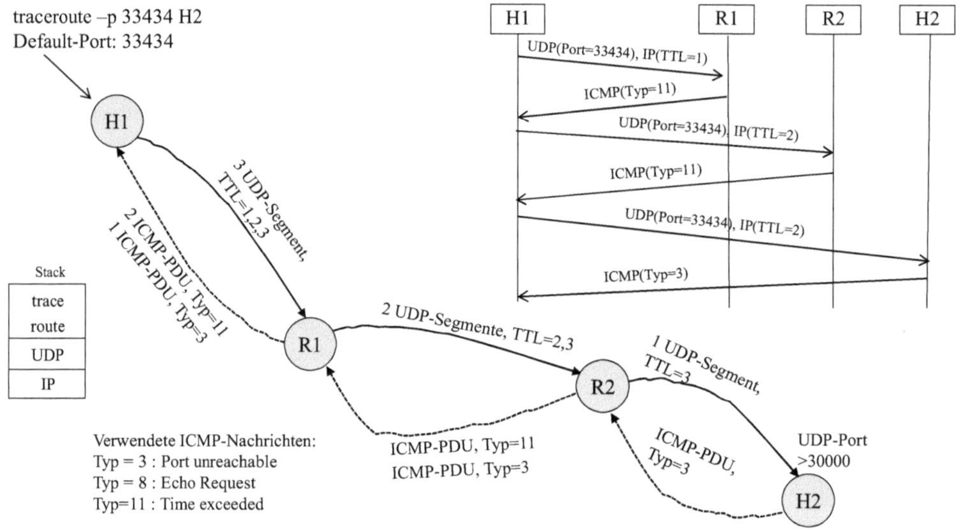

Abb. 6.3 Traceroute-Beispiel

Beispiel

Unter Unix bzw. Linux verwendet man das Kommando *traceroute*, unter Windows heißt es *tracert* oder *pathping*.

Das folgende Kommando wurde in der Eingabeaufforderung eines Windows-Systems abgesetzt. Der Rechner befand sich nicht im Netzwerk von hm.edu.

```
C:\Users\mandl>tracert www.hm.edu
```

Ausgabe:

```
Routenverfolgung zu www.hm.edu [129.187.244.229] über maximal 30
Abschnitte:
 1  <1 ms <1 ms <1 ms internal.router [192.168.2.1]
 2  <1 ms <1 ms <1 ms 192.168.250.1
 3  36 ms 36 ms 35 ms 217.5.98.12
 4  36 ms 35 ms 35 ms 217.237.152.58
 5  52 ms 54 ms 52 ms 1-ea4-i.L.DE.NET.DTAG.DE [62.154.89.230]
 6  48 ms 48 ms 7 ms 80.156.160.142
 7  52 ms 52 ms 52 ms cr-gar1-hundredgige0-5-0-0.x-win.dfn.
    de [188.1.144.250]
 8  52 ms 52 ms 52 ms kr-gar33-10.x-win.dfn.de [188.1.37.90]
 9  53 ms 53 ms 53 ms vl-3002.csr4-kb1.lrz.de [129.187.0.134]
10  52 ms 52 ms 52 ms vl-3003.csr3-kb1.lrz.de [129.187.0.138]
11  53 ms 52 ms 55 ms vl-3013.csr1-kra.lrz.de [129.187.0.162]
12  53 ms 53 ms 53 ms hm.edu [129.187.244.229]
Ablaufverfolgung beendet.
```

Der Pfad zum Zielrechner verläuft über 12 Router. Standardmäßig werden drei Versuche je TTL-Wert ausgeführt, die RTT-Zeiten werden jeweils in jeder Zeile ausgegeben. Eine Ausgabe von „*" bedeutet eine Zeitüberschreitung (5 Sekunden).

Das folgende Kommando wurde aus einem privaten Netzwerk heraus unter dem Betriebssystem macOS ausgeführt, wobei nur eine RTT-Zeit je TTL-Wert gewünscht war (-q 1). Insgesamt werden 14 Router auf dem Pfad durchlaufen.

```
traceroute -q 1 www.hm.edu
```

Ausgabe:

```
traceroute to www.hm.edu (129.187.244.229), 64 hops max, 52 byte packets
 1  fritz.box (192.168.178.1) 2.440 ms
 2  ipbcc0b2fe.dynamic.kabel-deutschland.de (188.192.178.254) 13.640 ms
 3  ip5886de9e.static.kabel-deutschland.de (88.134.222.158) 13.128 ms
 4  ip5886bbb5.dynamic.kabel-deutschland.de (88.134.187.181) 16.146ms
 5  ip5886ca7c.static.kabel-deutschland.de (88.134.202.124) 11.247 ms
 6  ip5886ca5c.static.kabel-deutschland.de (88.134.202.92) 18.343 ms
 7  ip5886eda1.static.kabel-deutschland.de (88.134.237.161) 20.601 ms
```

```
 8  cr-fra1-be1.x-win.dfn.de (80.81.192.222) 22.718 ms
 9  cr-gar1-be6.x-win.dfn.de (188.1.145.230) 27.523 ms
10  kr-gar188-0.x-win.dfn.de (188.1.37.90) 31.459 ms
11  vl-3010.csr2-kw5.lrz.de (129.187.0.150) 28.207 ms
12  vl-3007.csr1-0gz.lrz.de (129.187.0.186) 32.440 ms
13  vl-3019.csr1-krr.lrz.de (129.187.0.201) 27.342 ms
14  hm.edu (129.187.244.229) 26.547 ms
```

6.3   Adressauflösung über ARP

6.3.1   Funktionsweise

Bisher sind wir davon ausgegangen, dass jeder Host neben den IP-Adressen der Zielhosts auch die Netzwerkadressen kennt, die für die Adressierung in der verwendeten Netzwerktechnologie notwendig sind. Für die Adressierung in der Ethernet-Technologie braucht man beispielsweise eine 48 Bits lange MAC-Adresse. Jeder Host kennt initial nur seine eigene MAC-Adresse je Netzwerkinterface, nicht aber die Adressen der Partnerhosts.

Beispiel

Beispiel für eine Ethernet-Adresse: 1A-23-F9-CD-06-9B.

Wie bekommt ein Host also die MAC-Adresse eines Partners? Er muss sie sich zur Laufzeit besorgen und hierfür dient das Steuerprotokoll *ARP*, das eigentlich zur einen Hälfte in die Netzwerkzugriffsschicht und zur anderen Hälfte in die Vermittlungsschicht gehört. ARP (Address Resolution Protocol) dient dem *dynamischen Mapping* von IP-Adressen auf Netzwerkadressen (MAC-Adressen).

ARP funktioniert im Wesentlichen wie folgt:

- Wenn ein Zielhost in einem Host adressiert wird, der bisher noch nicht oder schon längere Zeit nicht mehr adressiert wurde, wird ein *ARP-Request* über einen limited Broadcast im LAN versendet. In dem ARP-Request ist die IP-Zieladresse eingetragen. Mit diesem ARP-Request fragt der Host alle anderen Rechner im LAN, wer denn diese Adresse kennt.
- Der Zielhost oder ein anderer antwortet mit einem *ARP-Reply* und übergibt dabei seine MAC-Adresse.

Damit die MAC-Adressen nicht ständig neu angefragt werden müssen, führt jeder Host einen ARP-Cache und merkt sich darin die Schicht-2-Adressen zu den entsprechenden IP-Adressen, mit denen er gerade zu tun hat. Der ARP-Cache wird aber periodisch bereinigt, um eventuelle Inkonsistenzen zu vermeiden. Jeder Eintrag hat hierzu ein TTL-Feld (Time-To-Live). Wird ein Eintrag eine bestimmte Zeit (z. B. 20 Minuten) nicht benötigt, so wird er aus dem ARP-Cache gelöscht.

> **Beispiel**
>
> Mit dem Kommando arp kann man den aktuellen Inhalt des lokal auf einem Rechner verwalteten ARP-Cache ansehen. Unter dem Windows-Betriebssystem lautet das Kommado *arp -a*. Man kann auch Einträge löschen. Unter macOS lässt sich das z. B. unter Angabe der IP-Adresse mit dem Befehl *arp –d 192.168.178.1* mit Superuser-Berechtigung erledigen. Man kann in den ARP-Cache auch statische Adressen eintragen. Das Kommando hierfür lautet *arp –s <ip-Adresse> <MAC-Adresse>*.
>
> Der Aufruf des Kommandos *arp* unter dem Windows-Betriebssystem führt beispielsweise zu folgender Ausgabe:

```
C:\>arp -a
Schnittstelle: 192.168.2.116 --- 0x2
Internetadresse       Physikal. Adresse      Typ
192.168.2.1           00-50-fc-cb-7e-da      dynamisch
192.168.2.14          00-e0-4c-10-17-32      dynamisch
192.168.2.250         08-00-37-31-de-ae      dynamisch
```

6.3.2   ARP-Steuerinformation

In Abb. 6.4 ist der ARP-Header mit seinen Feldern dargestellt. Das Protokoll ist sehr allgemeingültig gehalten, wird aber überwiegend für Ethernet-Netzwerke verwendet.

In Tab. 6.1 sind die Felder der ARP-PDU näher erläutert. Die PDU wird auch noch für ein weiteres Steuerprotokoll, und zwar für das *Reverse ARP (RARP, RFC 903)* verwendet. Dieses Protokoll wird benötigt, wenn – im Gegensatz zu ARP – zu einer MAC-Adresse eine IP-Adresse gesucht wird. Klassischer Anwendungsfall ist, wenn eine plattenlose Workstation hochfährt und ihre IP-Adresse benötigt. In diesem Fall sendet sie einen RARP-Request und ein zuständiger RARP-Server beantwortet die Anfrage.[1] Die Belegung der einzelnen Felder hängt von der aktuellen Protokolloperation ab. Wird eine MAC-Adresse gesucht, so ist z. B. die IP-Adesse ausgefüllt.

6.3.3   ARP-Proxy

Ein Problem gibt es noch beim Einsatz von ARP zur MAC-Adressenermittlung. Wenn nämlich der Zielhost nicht im lokalen Nctz ist, kann er auch nicht antworten. In diesem Fall übernimmt der zuständige IP-Router die Rolle eines Stellvertreters (ARP-Proxy) und sendet seine MAC-Adresse an den anfragenden Host. Über die IP-Adresse des

---

[1]Mittlerweile wird für diese Aufgabe dem BOOTP-Protokoll der Vorzug gegeben, das in RFC 951 beschrieben ist. RARP hat nämlich den Nachteil, dass es limited Broadcasts sendet und damit in jedem Teilnetz ein RARP-Server stehen muss. Im Gegensatz dazu benutzt BOOTP UDP-Nachrichten, welche die Router weiterleiten. Noch fortschrittlicher ist DHCP.

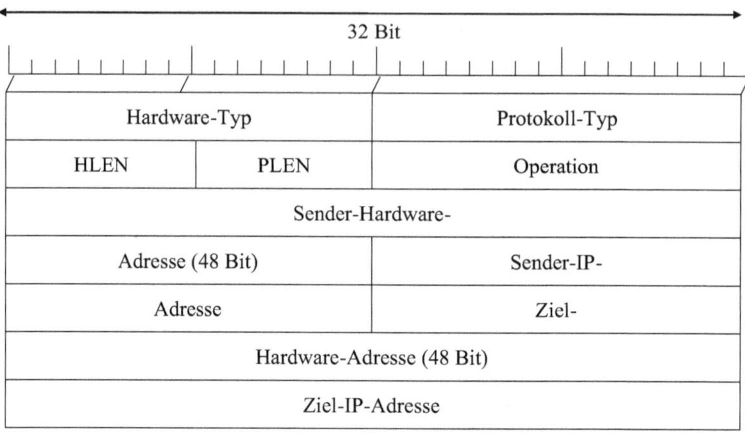

Abb. 6.4 ARP-Steuerinformation

Tab. 6.1 Felder der ARP-PDU

Feldbezeichnung	Länge in Bits	Bedeutung
Hardware-Typ	16	In diesem Feld wird der Hardware-Adresstyp angegeben, wobei derzeit nur „1" für Ethernet definiert ist.
Protokoll-Typ	16	Dieses Feld enthält den Adresstyp des höherliegenden Protokolls. Wird ARP mit IP verwendet, steht in dem Feld der Wert 0x0800.
HLEN	8	Dieses Feld enthält die Länge der Hardware-Adresse.
PLEN	8	Dieses Feld enthält die Länge der Schicht-3-Adresse (z. B. IP-Adressenlänge).
Operation	16	In diesem Feld steht die Protokoll-Operation, die ausgeführt werden soll. Mögliche Inhalte sind: • 1: ARP-Request, Anfrage nach einer MAC-Adresse zu einer IP-Adresse • 2: ARP-Response, Antwort auf Anfrage 1 • 3: RARP-Request, Anfrage nach IP-Adresse zu einer MAC-Adresse • 4 : RARP-Response, Antwort auf Anfrage 3 RARP steht für die umgekehrte Adressfindung. Für eine bekannte MAC-Adresse wird eine IP-Adresse gesucht.
Sender-Hardware-Adresse	48	MAC-Adresse des Senders.
Sender-IP-Adresse	32	IPv4-Adresse des Senders.
Ziel-Hardware-Adresse	48	MAC-Adresse des Empfängers.
Ziel-IP-Adresse	32	IPv4-Adresse des Empfängers.

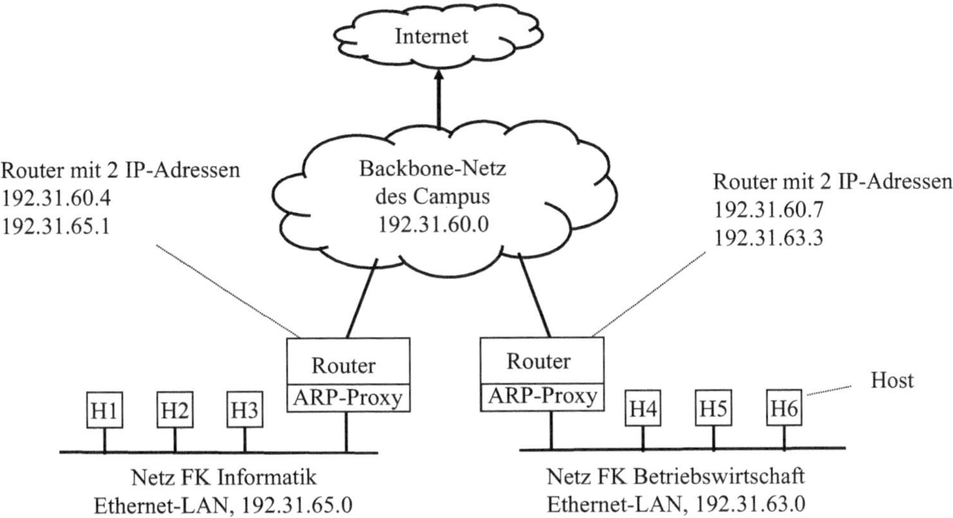

Abb. 6.5 Netzwerkbeispiel für einen ARP-Request über einen ARP-Proxy nach Tanenbaum und Wetherall (2011)

gewünschten Zielhosts kann er aus seiner Routing-Tabelle die gewünschte Route bestimmen.

Der Router im Zielnetz muss nun bei Ankunft des ersten IPv4-Pakets für den betroffenen Zielhost dessen MAC-Adresse ermitteln, sofern er sie noch nicht kennt. Dies erledigt er ebenfalls über einen ARP-Request.

Beispiel

Die ARP-Proxy-Nutzung ist in dem typischen Campusnetz in Abb. 6.5 dargestellt. Möchte in diesem Netz z. B. ein Host des Informatik-Netzes mit einem Host im BWL-Netz kommunizieren, agiert der Router mit der IP-Adresse 192.31.65.1 als ARP-Proxy. Der ARP-Request wird über den lokalen Router zum entfernten Router gesendet. Dieser ermittelt die MAC-Adresse und sendet einen ARP-Reply auf dem gleichen Weg zurück.

6.4 Network Address Translation (NAT)

6.4.1 Funktionsweise

Mit *NAT* (Network Address Translation) werden IPv4-Adressen eines privaten Netzes über Abbildungstabellen öffentlich registrierten IP-Adressen zugeordnet. Dies hat zur Folge, dass interne Rechner keine öffentlichen IPv4-Adressen benötigen. Die Zuordnung kann 1:1 erfolgen, d. h. jeder internen IP-Adresse wird eine eigene externe IPv4-Adresse zugeordnet. Mit *IP-Masquerading* oder *PAT* (Port and Address Translation)[2] werden alle internen IP-Adressen auf genau eine öffentlich registrierte Adresse abgebildet. Um diese Abbildung durchführen zu können, werden Portnummern benutzt.

NAT/PAT wird heute auch in *DMZ* (*Dem*ilitarized Zones) eingesetzt, damit interne Rechner mit der Außenwelt ohne Verletzung der Sicherheitskriterien im Netzwerk kommunizieren können. Ohne zu stark auf sicherheitsrelevante Themen im Internet einzugehen, soll NAT im Zusammenhang mit DMZ kurz erläutert werden. Eine DMZ ist in einem Netzwerk, wie z. B. einem Unternehmens- oder einem Universitätsnetz, das an das globale Internet angeschlossen ist, erforderlich, um einen gewissen Schutz vor Angriffen auf interne Hosts zu bieten. Eine DMZ[3] ist gewissermaßen ein Zwischennetz zwischen dem globalen Internet und dem internen Netzwerk, das einen Sicherheitsbereich darstellt. Möchte ein Host aus dem internen Netzwerk mit einem Host im Internet kommunizieren, so geht dies nur über die DMZ. In der DMZ stehen die Rechner, die nach außen hin sichtbar sein sollen.

Spezielle NAT-Server oder IPv4-Router, welche die NAT-Aufgaben zusätzlich übernehmen, arbeiten nach außen hin als *Stellvertreter* (Proxies) für alle internen Hosts. Sie tauschen bei ausgehenden und entsprechend bei ankommenden IP-Paketen die IP-Adressen und die Ports der Transportschicht aus. Bei ausgehenden IP-Paketen wird durch den NAT-Server in das Feld *Quell-IP-Adresse* im IPv4-Header die IPv4-Adresse und im TCP-Paket der *Quellport* eingetragen. Bei ankommenden IPv4-Paketen wird das Feld *Ziel-IP-Adresse* ausgetauscht. Durch dieses Mapping wird nach außen hin nur noch der NAT-Server gesehen und die interne Netzwerkstruktur bleibt verborgen. Damit können auch keine internen Hosts direkt adressiert werden, was zur Erhöhung der Sicherheit beiträgt. Trotzdem ist NAT eigentlich nicht zur Erhöhung der Sicherheit konzipiert, sondern primär, um öffentliche IPv4-Adressen einzusparen.

Beispiel

Um zu zeigen, wie NAT in Verbindung mit einer DMZ funktioniert, soll das Beispielnetz aus Abb. 6.6 herangezogen werden. Ein Host mit der IPv4-Adresse 10.0.1.5 möchte gerne mit einem Server in einem anderen Netzwerk eine TCP-Verbindung aufbauen. Die Kommunikation geht für alle Beteiligten unbemerkt über den NAT-Server. Der Zielrechner (bzw. dessen Netzwerkanbindung) hat die IPv4-Adresse 198.200.219.5. Der DMZ ist ein IPv4-Adressblock mit maximal 14 Hostadressen (16−2) zugewiesen. Die DMZ enthält verschiedene Rechner, meist Router und Proxy-Server, aber auch den NAT-Server. Man sieht also, dass die interne Netzstruktur verborgen werden kann.

---

[2] Auch als 1:n-NAT bezeichnet.

[3] Der Begriff stammt aus dem Militär (z. B. de- oder entmilitarisierte Zone zwischen Nord- und Südkorea).

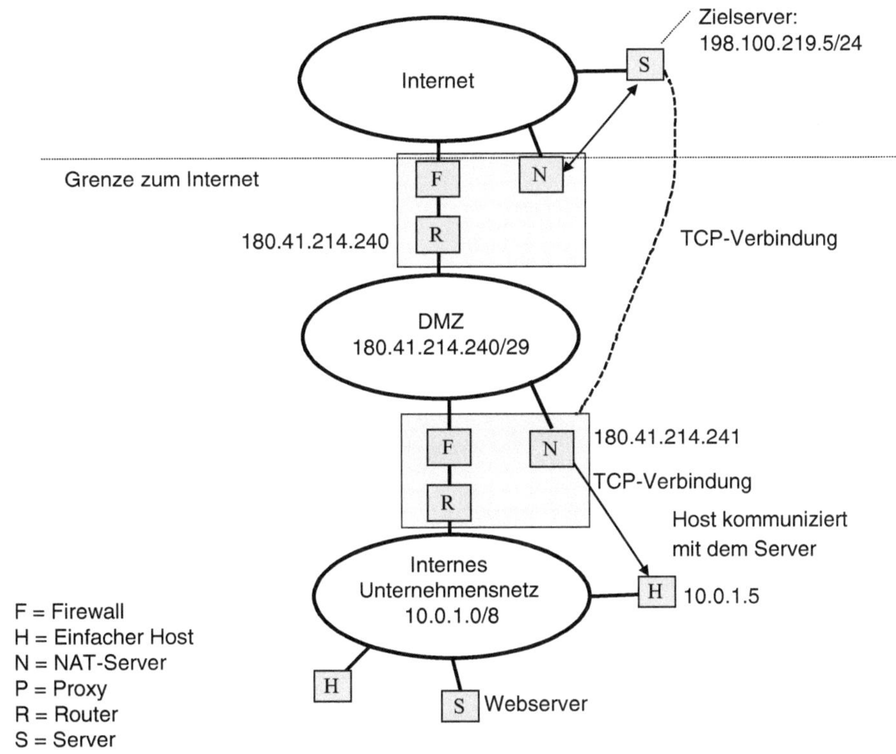

Abb. 6.6 Beispielnetz mit NAT und DMZ

Es gibt in dem Beispielnetz auch noch andere Systeme wie Firewalls, ggf. Paketfilter, Router und Proxy-Server. Diese Rechner spielen aber in Bezug auf NAT keine große Rolle, bis auf die Tatsache, dass die NAT-Funktionalität auch im Router sein kann. Firewalls, Proxies und Paketfilter sichern das Netzwerk ab.

6.4.2   Ablauf der Kommunikation

Bei Verbindungsaufbauwünschen von außen, die an einen internen Server gerichtet sind, wird ähnlich verfahren. Dadurch wird in der Transportschicht (TCP) die Verbindung getrennt und es gibt keine echte Ende-zu-Ende-Verbindung mehr. Es werden sogar zwei TCP-Verbindungen aufgebaut, eine zwischen Quellhost und NAT-Server und eine zwischen NAT-Server und Zielhost. Dies ist allerdings nur dem NAT-Server bekannt.

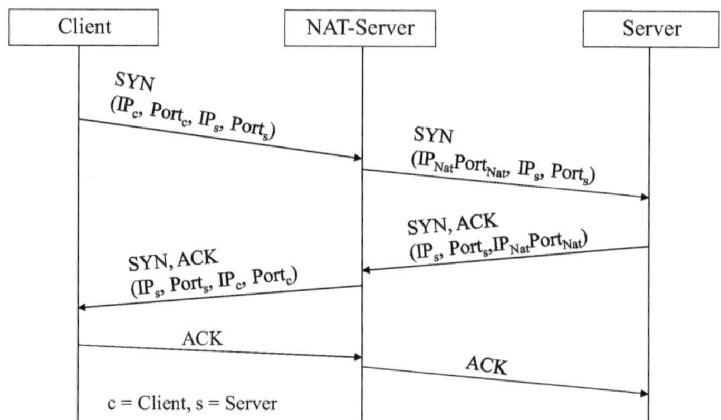

Abb. 6.7 DMZ Sequenzdiagramm zum TCP-Verbindungsaufbau mit NAT

Schon beim Verbindungsaufbau werden die IPv4-Pakete, die nach außen gehen, verändert. Der NAT-Server ändert die TCP-Connect-Request-PDU, indem er in das Feld *Quell-IP-Adresse* seine eigene Adresse einträgt. Er verwaltet in einer Tabelle, welches Mapping er durchgeführt hat, um auch PDUs von der Gegenseite zuordnen zu können. Die TCP-Connect-Response-PDU wird in der gleichen Weise maskiert, wobei hier die Adresse des Quellhosts eingetragen wird (vgl. hierzu Abb. 6.7). Bei NAT spielen also die Transport- und die Vermittlungsschicht des Internets zusammen.[4]

Die Begriffe NAT, PAT und IP-Masquerading werden oft nicht eindeutig verwendet. Man spricht von *IP-Masquerading*, weil die internen IP-Adressen eines Netzwerks mit der IP-Adresse des NAT-Servers maskiert werden. Nach außen hin sind die lokalen IP-Adressen somit gar nicht sichtbar. Damit hat NAT natürlich den eigentlichen Vorteil, dass man massiv Netzwerkadressen einsparen kann. Intern kann man nämlich eine beliebige, nach außen nicht sichtbare Netzwerknummer verwenden. Hier eignen sich vor allem die privaten IP-Adressen (10.0.0.0/8 usw.), die ohnehin nach außen nicht geroutet werden. Für ein Netzwerk (z. B. ein Unternehmensnetz) benötigt man somit nach außen hin nur noch eine offizielle IP-Adresse. Wenn man einen Mailserver, einen WWW-Server bzw. deren Proxies und ggf. weitere Dienste von außen adressierbar machen möchte, kommen noch ein paar weitere offizielle Adressen hinzu.

Abschließend sei noch erwähnt, dass in einem gut gesicherten Netz alle Anwendungsdienste in der DMZ durch Proxies vertreten werden. Ein direkter Kontakt eines internen Rechners mit dem Internet ist damit ausgeschlossen.

---

[4]Die konkreten Zusammenhänge und Protokollabläufe von TCP können in Mandl (2017) nachgelesen werden.

6.5   Dynamic Host Configuration Protocol (DHCP)

6.5.1   Funktionsweise

Netzwerkadministratoren müssen sich unter anderem um die IP-Adressvergabe kümmern. Jeder einzelne Host im Netz benötigt mindestens eine IP-Adresse. Bei manueller Konfiguration ist das bereits bei kleineren Netzwerken eine nicht zu unterschätzende Aufgabe. Für jeden Rechner muss eine manuelle Konfiguration der IP-Parameter ausgeführt werden. Bei mehreren Tausend Rechnern im Netz ist diese Aufgabe nicht mehr manuell abzuwickeln; Automatismen sind erforderlich.

Zu diesem Zweck wurde das *Dynamic Host Configuration Protocol* (*DHCP*, RFCs 2131 und 2132) entwickelt. Wie der Name schon sagt, handelt es sich bei diesem Protokoll um einen Mechanismus, der es ermöglicht, dass Hosts dynamisch (meist beim Startvorgang) eine IP-Adresse und weitere IP-Parameter von einem DHCP-Server anfordern können.

Neben der IP-Adresse kann ein Host, DHCP-Client genannt, die Subnetzmaske, die Adresse des DNS-Servers (wird weiter unten erläutert), des zuständigen IP-Routers und weitere Parameter wie den zuständigen Web- und Mailserver besorgen. Die Übertragung kann vollständig ohne manuellen Eingriff erfolgen.

DHCP ist eine Weiterentwicklung des BOOTP-Protokolls und ist mit BOOTP kompatibel. Ein DHCP-Server verwaltet die Adressinformation und kann verschiedene Dienste anbieten. Eine IP-Adresse kann einem DHCP-Client entweder vollautomatisch auf unbegrenzte Zeit oder für eine begrenzte Zeit (dynamische Zuweisung) zugewiesen werden. Nach Ablauf einer vorgegebenen Zeit muss dann der DHCP-Client erneut anfragen. Die DHCP-Server führen Buch über die vergebenen und noch vorhandenen IP-Adressen.

Es soll noch erwähnt werden, dass mit DHCP einem Client per Server-Konfiguration auch eine feste IP-Adresse zugewiesen werden kann. Der Client wird dann immer mit der gleichen Netzwerkkonfiguration versorgt. Wird dies nicht explizit angegeben, so wird dem Client eine IP-Adresse aus einem IP-Adresspool dynamisch zugewiesen.

6.5.2   DHCP-Steuerinformation

Im Folgenden wollen wir einen Blick auf die DHCP-PDU werfen, die zum Austausch der Informationen zwischen Client und Server verwendet wird (Abb. 6.8).

Die Felder der DHCP-PDU sind in Tab. 6.2 beschrieben.

Die Tab. 6.3 zeigt die verschiedenen Nachrichtentypen, die im Rahmen einer DHCP-Kommunikation versendet werden können, sowie die zugehörigen Werte im entsprechenden Optionsfeld der DHCP-PDU.

Operation	H-Typ	H-Länge	Hops
Transaktionsnummer (xid)			
Dauer		Flags	
Client-IP-Adresse			
Your-Client-IP-Adresse			
Server-IP-Adresse			
Relay-Agent-IP-Adresse			
Client-Hardware-Adresse			
Servername			
Bootdatei			
Optionen			

Abb. 6.8 DHCP-PDU

6.5.3   Ablauf der Kommunikation

Der prinzipielle Ablauf einer dynamischen Anforderung einer IP-Adresse durch einen DHCP-Client ist in Abb. 6.9 dargestellt:

- Der DHCP-Client sendet beim Bootvorgang eine Discover-PDU über direkten Broadcast ins Netz.
- Ein zuständiger DHCP-Server, der natürlich doppelt ausgelegt werden muss (er sollte kein Single Point of Failure sein), bietet dem Client eine Netzwerkkonfiguration in einer Offer-PDU an.
- Falls der Client annimmt, sendet er seinerseits eine Request-PDU direkt an den nun bekannten DHCP-Server.
- Der DHCP-Server bestätigt dies nochmals mit einer ACK-PDU.
- Die Zeit, die der DHCP-Client die Netzwerkkonfiguration nutzen darf, die Lease-Zeit, wird ebenfalls in Form von zwei Parametern T1 und T2 mit übergeben. T1 gibt standardmäßig 50 % der Lease-Zeit an, T2 87,5 %. Wie in der Abb. 6.9 zu sehen ist, wird nach Ablauf von T1 erneut eine Request-PDU zum DHCP-Server gesendet (REFRESH), wenn die Netzwerkkonfiguration noch länger erwünscht ist. Kommt eine ACK-PDU vom Server, läuft die Lease-Zeit erneut an. Kommt keine ACK-PDU, wird nach Ablauf des Timers T2 erneut ein Discovery über einen Broadcast eingeleitet.

Damit der DHCP-Mechanismus schon beim Booten funktioniert, muss das Betriebssystem gewisse Vorkehrungen treffen. Trickreich ist auch, wie der DHCP-Server den

Tab. 6.2 Felder der DHCP-PDU

Feld-bezeichnung	Länge in Bits	Bedeutung
Operation	8	Nachrichtenoption (1 = Bootrequest, 2 = Bootreply).
H-Typ	8	Gibt Informationen über die Hardware des verwendeten Netzes (z. B. 1 = 10-MB-Ethernet).
H-Länge	8	Gibt die Länge der Hardwareadresse (MAC) an (z. B. 6 Bytes bei 10-MB-Ethernet).
Hops	8	Hops: Standardmäßig auf 0, kann beim Booten über Relay-Agents verwendet werden.
Transaktionsnummer	32	Fortlaufende Identifikation der Requests.
Dauer	16	Anzahl der Sekunden, die beim Client seit Adressanfrage bzw. Erneuerungsanfrage vergangen sind.
Flags	16	Das erste Bit zeigt an, ob es sich um ein Multicast-Paket handelt[a] Die folgenden Bits sind für den zukünftigen Gebrauch reserviert und werden derzeit nicht beachtet.
Client-IP-Adresse	48	Dieses Feld wird nur gesetzt, wenn der Client bereits eine IP-Adresse besitzt und z. B. einen REFRESH-Prozess anstößt.
Your-Client-IP-Adresse	32	Die vorgeschlagene IPv4-Adresse des DHCP-Servers.
Server-IP-Adresse	32	Die IPv4-Adresse des DHCP-Servers.
Relay-Agent-IP-Adresse	32	Falls die Kommunikation über einen Relay-Agent, also einen Vermittler zwischen zwei Subnetzen, erfolgt, wird hier dessen IPv4-Adresse eingetragen.
Client-Hardware-Adresse	128	Hardware-Adresse des Clients.
Servername	512	Hostname des Servers (optional).
Bootdatei	2496 (min.)	Name einer Bootdatei, die vom Client geladen und ausgeführt werden soll.

[a]TCP/IP-Stacks müssen Unicasts nicht annehmen, wenn noch keine IP-Adresse konfiguriert ist

Tab. 6.3 Das DHCP-Optionsfeld mit Werten für den „Nachrichtentyp"

Wert	Nachrichtentyp
1	DHCPDISCOVER
2	DHCPOFFER
3	DHCPREQUEST
4	DHCPDECLINE
5	DHCPACK
6	DHCPNAK
7	DHCPRELEASE
8	DHCPINFORM

DHCP-Client in der Offer-PDU adressiert. Er hat ja noch keine IP-Adresse des Clients, muss aber ein IP-Datagramm senden, in dem die Offer-PDU übertragen wird. Die Lösung hierfür ist, dass der Server direkt an die MAC-Adresse sendet. Da manche TCP-/IP-Stacks diese Pakete jedoch nicht annehmen, können die Offer-/ACK-/NAK-PDUs auch als Multicast gesendet werden. Der Client muss hierzu im Feld „Flags" das Multicast-Bit gesetzt

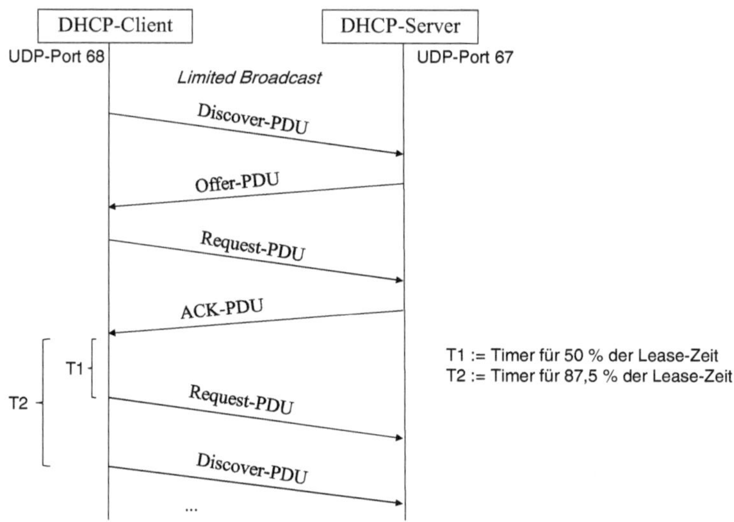

Abb. 6.9 Ablauf einer DHCP-Kommunikation

haben. Die Kommunikation zwischen DHCP-Client und -Server wird über UDP abgewickelt. Für den DHCP-Client ist für die Kommunikation der UDP-Port 68 und für den DHCP-Server der UDP-Port 67 reserviert

Nachteilig an dem Verfahren war ursprünglich, dass in jedem Subnetz ein DHCP-Server platziert sein musste. Dieses Problem ist jedoch gelöst, da heutige IP-Router auch als DHCP-Relay-Agents auftreten, die DHCP-Nachrichten an DHCP-Server in anderen Netzwerken weiterleiten.

Die weiteren Nachrichtentypen haben folgende Bedeutung:

- *Decline*: Nach dem Empfang der Ack-PDU überprüft der Client noch einmal, ob die ihm zugewiesene Adresse wirklich frei ist. Dazu kann er z. B. eine ARP-Anfrage senden. Wenn die Adresse bereits vergeben ist, muss der Client eine Decline-PDU an den Server senden und die DHCP-Anfrage erneut beginnen.
- *Release*: Mit einer Release-PDU gibt der Client die ihm zugewiesene IP-Adresse wieder frei. Der Server kann über diese danach wieder frei verfügen.
- *Inform*: Eine Inform-PDU wird vom Client an den Server gesendet, wenn der Client bereits eine IP-Adresse eingetragen hat (z. B. durch manuelle Konfiguration) und nur noch Konfigurationsdaten (z. B. Gateway, DNS-Server) erfragen will. In diesem Fall wird ein DHCP-Request mit gesetzter Client-IP-Adresse gesendet.

Beispiel

Beispiel für eine DHCP-Serverkonfiguration:
Unter Linux wird eine DHCP-Serverimplementierung als Dämonprozess bereitgestellt.
Der Dämon hat den Namen *dhcpd* und wird über eine Konfigurationsdatei namens /etc/

dhcpd.conf konfiguriert. Eine typische Konfiguration lässt sich beispielsweise wie folgt beschreiben:

```
default-lease-time 600; # 10 Minuten
max-lease-time 7200; # 2 Stunden
option domain-name "isys.com";
option domain-name-servers 192.168.1.1 192.168.1.2;
option broadcast-address 192.168.1.255;
option routers 192.168.1.254;
option subnet-mask 255.255.255.0;
subnet 192.168.1.0 netmask 255.255.255.0
{
    range 192.168.1.10 192.168.1.20;
    range 192.168.1.100 192.168.1.200;
}
host mandl
    hardware ethernet 00:00:45:12:EE:E4;
    fixed-address 192.168.1.21;
```

In den Optionsangaben sind die Parameter eingetragen, die bei einem Request neben der IP-Adresse an den DHCP-Client übertragen werden. In den Ranges sind die IP-Adressbereiche angegeben, die der DHCP-Server vergeben darf. Der Host mit dem Hostnamen „mandl" und der angegebenen Ethernet-Adresse ist im Beispiel statisch einer festen IPv4-Adresse zugewiesen.

Beispiel

Beispiel für DHCP-Einsatz:
Wie in der Abbildung zu sehen ist, melden sich die einzelnen Hosts (meist Arbeitsplätze, seltener Server) beim DHCP-Server über Broadcast mit einer DHCP-Anfrage.

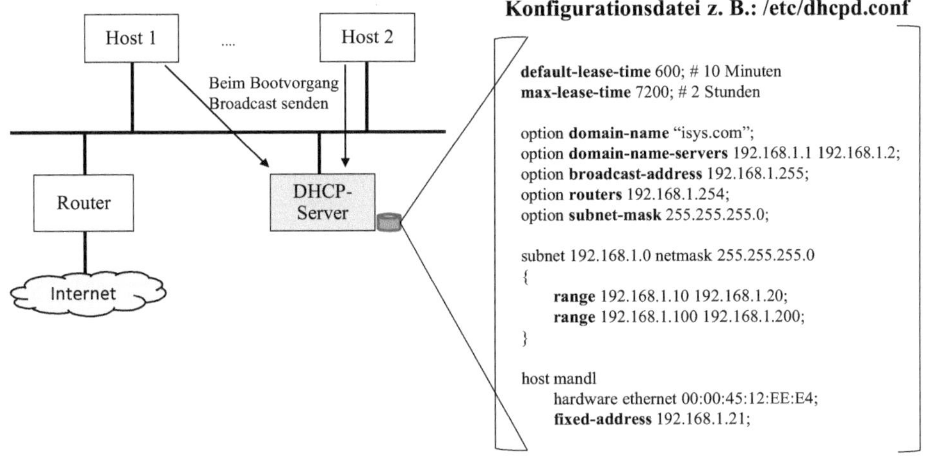

Der DHCP-Server weiß aufgrund seiner Konfiguration, wie er die Anfragen zu beantworten hat. Im Beispiel ist für die dynamische Vergabe von IP-Adressen eine Range von 192.168.1.10 bis 192.168.1.20 und eine weitere Range von 192.168.1.100 bis 192.168.1.200 festgelegt. Weiterhin ist ein Host (Hostname mandl) mit einer festen IP-Adresse belegt.

6.6   Domain Name System (DNS)

6.6.1   Aufgaben und Systemüberblick

Im ARPANET mit seinen wenigen hundert Hosts war die Verwaltung der Rechneradressen noch einfach. Es gab eine Datei *hosts.txt* auf einem Verwaltungsrechner, die alle IP-Adressen des Netzwerks enthielt. Der Namensraum war flach. Die Datei wurde nachts auf die anderen Hosts kopiert. Das war der ganze Konfigurationsaufwand, der zu betreiben war.

Als das Netz immer größer wurde, war das nicht mehr so einfach zu handhaben und man führte im Jahre 1983 das Domain Name System (DNS) ein. DNS dient vorwiegend der Abbildung von symbolischen Hostnamen auf IP-Adressen. Man bezeichnet das DNS auch als Internet-Directory-Service. Das DNS wurde 1983 von Paul Mockapetris entworfen und im RFC 882 beschrieben. Der RFC 882 wurde inzwischen von den RFCs 1034 und 1035 abgelöst.

DNS ist ein hierarchisches Namensverzeichnis für IP-Adressen und wird auch als Adressbuch des Internets bezeichnet. Es verwaltet eine statische Datenbasis, die sich über zahlreiche Internet-Hosts erstreckt. Konzeptionell ist das Internet in viele *Domänen* aufgeteilt. Die Domänen sind wiederum in *Teildomänen* (Subdomains) untergliedert usw. Es ist allerdings eine rein organisatorische und keine physikalische Einteilung. Man spricht auch von einem weltweit verteilten Namensraum (vgl. Abb. 6.10), der als Baum strukturiert ist. Die Blätter des Baumes sind die Hosts.

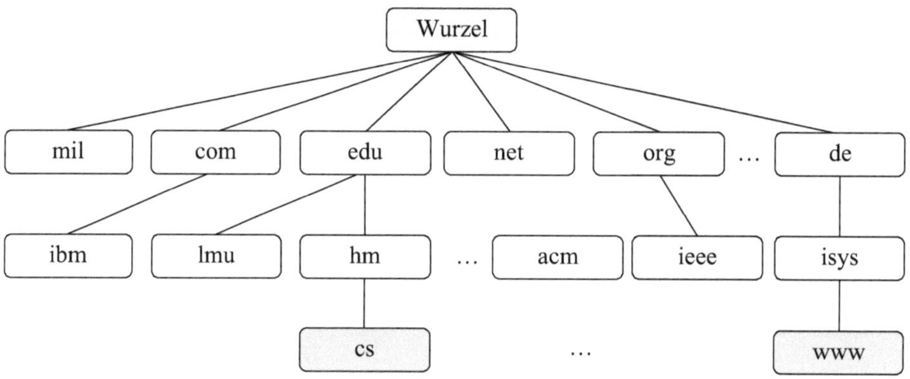

Namensbildung durch Konkatenation der Knoten entlang des Baumes vom Blatt zur Wurzel. Beispiel: **cs.hm.edu**

Abb. 6.10 Hierarchischer DNS-Baum

Man unterscheidet verschiedene Domaintypen:

- Geographische oder länderspezifische Domains (Country-Code, ccTLDs) wie de, at, us, uk, gb, usw.[5]
- Allgemeine Domains für Organisationen (*generic* oder *gTLDs*). Seit 2013 gibt es über 1300 weitere allgemeine TLDs, die *New gTLD* wie .sport, .fun, .hotels usw.
- Infrastruktur-Domains als Sonderfall (spezielle Domain .arpa)

Man nennt diese Domains auch Top-Level-Domains (ccTLDs für geografische Domains und TLDs für die anderen). Einige der Top-Level-Domains sind in der Tab. 6.4 aufgeführt. Diese werden auch als „nicht-gesponserte" Domains bezeichnet, da ihre Verwaltung durch die ICANN erfolgt. Heute sind die *ICANN* (Internet Corporation for Assigned Names and Numbers) und die Internet-Community für die Pflege und Vergabe der Domainnamen verantwortlich. Will man eine Domäne reservieren, übernimmt meist ein ISP (Internet Service Provider) stellvertretend für die ICANN diese Aufgabe.

Alle TLDs sind in der obersten Ebene des Namensbaums platziert. Diese Ebene des DNS-Namensraums wird vom InterNIC (Internet Network Information Center) administriert (InterNIC 2018).

„Gesponserte" Domains werden von unabhängigen Organisationen in Eigenregie kontrolliert und auch finanziert. Diese Organisationen haben das Recht, eigene Richtlinien für die Vergabe von Domainnamen anzuwenden. Zu den „gesponserten" TLDs gehören:

- *.aero*: Aeronautics, für in der Luftfahrt tätige Organisationen
- *.coop*: steht für *cooperatives* (Genossenschaften).
- *.mobi*: Darstellung von Webseiten speziell für mobile Endgeräte.

Tab. 6.4 Einige Generic Top-Level-Domains (gTLDs)

Domain	Beschreibung
com	Kommerzielle Organisationen (sun.com, ibm.com)
edu	Bildungseinrichtungen (fhm.edu)
gov	Amerikanische Regierungsstellen (nfs.gov)
mil	Militärische Einrichtung in den USA (navy.mil)
net	Netzwerkorganisationen (nsf.net)
org	Nichtkommerzielle Organisationen
biz	Business (für Unternehmen)
arpa	TLD des ursprünglichen Arpanets, die heute als Address and Routing Parameter Area verwendet wird (auch als „Infrastruktur-Domain" bezeichnet)
pro	Professions (Berufsgruppen der USA, Deutschlands und des Vereinigten Königreichs)

---

[5] Für jedes Land ist nach ISO 3166 ein Code mit zwei Buchstaben vorgesehen. Es gibt derzeit über 200 ccTLDs. Für die Europäische Union wurde .eu ebenfalls dieser Art von Domains zugeordnet, obwohl .eu als eine Ausnahme behandelt wird (Liste der Ausnahmen zu ISO 3166.

- *.museum*: für Museen.
- *.name*: nur für natürliche Personen oder Familien (Privatpersonen).
- *.travel*: für die Reiseindustrie (z. B. Reisebüro, Fluggesellschaften etc.).

Die Infrastruktur-TLD *.arpa* war ursprünglich nur als temporäre Lösung bei der Einrichtung des DNS im Internet gedacht, jedoch stellte sich die spätere Auflösung dieser Domain als problematisch heraus. Die Subdomain *in-addr.arpa* ist heute weltweit im Einsatz, um das Auflösen einer IP-Adresse in einen Domainnamen zu ermöglichen.[6]

Es gibt im globalen Internet heute auch Organisationen, die alternative private DNS-Namensräume auf eigenen DNS-Servern betreiben, über die zusätzlich zu den von der ICANN kontrollierten TLDs weitere TLDs verfügbar sind. Diese Adressen sind aber für herkömmliche Internet-Nutzer nicht erreichbar. Auch werden sie von Suchmaschinen wie Google ignoriert. Ein weiterer Nachteil besteht darin, dass die Namensräume zweier Betreiber kollidieren können, wie die folgenden Beispiele zeigen.

- *OpenNIC* (2018) versucht die alternativen Systeme zusammenzuführen, betrachtet jedoch die ICANN-TLDs als vorrangig und akzeptiert weder in Konflikt stehende noch private Namensräume. OpenNIC verfügt über eigene TLDs mit den Bezeichnungen *.glue, .indy, .geek, .null, .oss* und *.parody*.
- *AlterNIC* stellte die TLDs *.exp, .llc, .lnx, .ltd, .med, .nic, .noc, .porn* usw. zur Verfügung (AlterNIC 2018).[7]

Des Weiteren gibt es auch das europäische *Open Root Server Network* (ORSN 2018), das eine unabhängige Alternative zu den DNS-Servern der ICANN bereitstellt.

DNS ist eine baumförmige weltweite Vernetzung von Name-Servern (DNS-Servern), die gemeinsam die verteilte DNS-Datenbank bilden. Jeder Knoten im DNS-Baum hat einen Namen und stellt eine Domäne bzw. eine Subdomäne dar. Der Baum kann mit einem Verzeichnis in einem Dateisystem verglichen werden. In Abb. 6.11 ist beispielsweise die Dömäne *hm* der Hochschule München mit seiner Untergliederung in Subdomänen skizziert. Für die Fakultät Informatik und Mathematik (*cs*: Computer Science) wird wie für die anderen Fakultäten ein eigener Adressraum verwaltet.

6.6.2 Root-Name-Server

Das Herzstück von DNS bilden die DNS-Root-Name-Server (kurz: Root-Name-Server). Diese stehen weltweit zur Verfügung, um eine DNS-Anfrage zu beantworten bzw. Informationen

---

[6] Siehe auch „reverse Lookup" in Abschn. 6.6.5.

[7] AlterNIC ist inzwischen eingestellt.

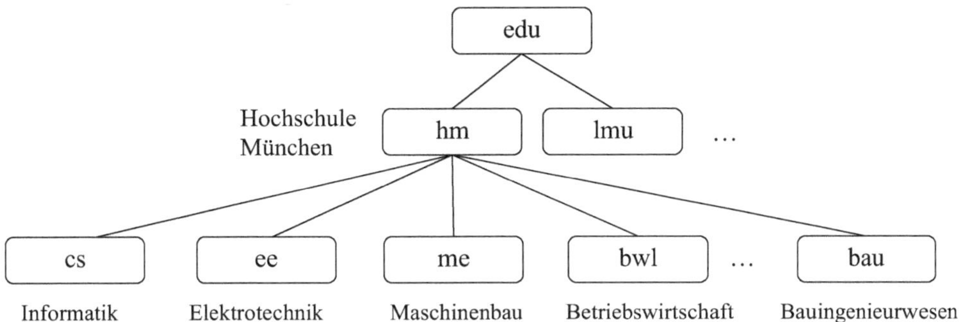

Abb. 6.11 Beispiele für eine Domäne mit untergeordneten Subdomänen

über die weitere Suche bereitzustellen. Ein Root-Name-Server verfügt über eine Referenz-Datenbank aller von der ICANN freigegebenen Top-Level-Domains und die wichtigsten Referenzen auf die Top-Level-Domain-Server.

Ein Root-Name-Server kennt immer einen DNS-Server, der eine Anfrage beantworten oder zumindest an den richtigen DNS-Server weiterleiten kann. Er weiß, wo die einzelnen Top-Level-Domain-Server zu finden sind. Die Root-Domain-Server sind demnach für die Namensauflösung von großer Bedeutung. Wären alle Root-Domain-Server nicht mehr verfügbar, dann könnte man im Internet nur noch sehr eingeschränkt kommunizieren.

Es gibt derzeit weltweit 13 Root-Name-Server mit den Bezeichnungen A bis M, von denen 10 in Nordamerika, einer in Stockholm, einer in London und einer in Tokio (M-Knoten) stehen. Die Synchronisation erfolgte über Root-Name-Server A, der vom amerikanischen Unternehmen *VeriSign* betrieben wird. Das Unternehmen ist auch eine Zertifizierungsstelle für digitale Zertifikate.

Da die Root-Name-Server vielfach das Ziel von Denial-of-Service-Angriffen waren, wurden die Root-Name-Server repliziert und damit wurde die Ausfallsicherheit erhöht. Root-Name-Server bestehen heute somit nicht mehr aus einem Serversystem, sondern aus mehreren Serversystemen, die zu einem logischen Server zusammengeschlossen sind. Diese Serverreplikate befinden sich an verschiedenen Standorten um die ganze Welt verteilt und sind per Anycast über jeweils eine IP-Adresse erreichbar. Die Anfragen werden durch die Nutzung von *Anycast* als Adressierungsart auf die einzelnen Replikate verteilt. Bei Anycast antwortet der Root-Name-Server auf eine DNS-Anfrage, der über die kürzeste Route erreichbar ist. Anfang 2007 nutzten bereits sechs Root-Name-Server das Anycast-Verfahren. Der Root-Name-Server F bestand z. B. aus 33 und der Root-Name-Server K aus 16 Serverrechnern. Anfang 2009 gab es insgesamt bereits mehr als 120 Root-Name-Server weltweit, in 2018 waren es bereits über tausend (Root-Servers 2018).

Gemäß RFC 2870 muss jeder Root-Name-Server mit der dreifachen Last des am stärksten belasteten Root-Name-Servers umgehen können. Das bedeutet, dass ein Root-Name-Server im Normalbetrieb nur maximal ein Drittel seiner Kapazität ausnutzen darf. Fallen zwei Drittel der Kapazität eines Root-Name-Servers aus, soll das noch betriebsfähige Drittel trotzdem alle Anfragen beantworten können.

Da die Abhängigkeit von den in Nordamerika platzierten Root-Name-Servern sehr hoch war, hatte sich seit dem Jahre 2002 eine europäische Initiative, das *ORSN* (Open Root Server Network), etabliert, um für eine gewisse Autarkie des Netzwerks in Europa zu sorgen. Das ORSN wollte gerne in mehreren europäischen Ländern maximal 13 Root-Name-Server einrichten. Das Netzwerk wurde auch aufgebaut, bevor der Betrieb im Jahre 2008 mangels Interesse der Betreiber wieder eingestellt wurde. Im Jahr 2013 wurde das ORSN allerdings wieder in Betrieb genommen. Eine Erläuterung über die Gründe ist in ORSN 2018 nachzulesen.

Root-Name-Server und deren weltweite Verteilung
Tab. 6.5 zeigt acht der dreizehn Root-Name-Server mit ihren Betreibern. Mittlerweise sind fast alle Root-Name-Server verteilt und über Anycast-Adressen erreichbar. Der Root-Name-Server A ist beispielsweise über die IPv4-Adresse 198.41.0.4 und über die IPv6-Adresse 2001:503:ba3e::2:30 adressierbar. DNS-Anfragen werden von einem Replikat bearbeitet, das möglichst in der Nähe des anfragenden Rechners platziert ist.

Ein Internet Service Provider (ISP) oder ein privater ISP (z. B. ein Unternehmen) verfügt über einen lokalen DNS-Server. Die Anfrage eines Hosts geht zunächst zum lokalen DNS-Server. Ein Host kennt dessen Adresse meist aufgrund einer manuellen oder einer automatischen (siehe DHCP) Konfiguration.

6.6.3 DNS-Zonenverwaltung

Ein einzelner DNS-Server verwaltet jeweils *Zonen* des DNS-Baums, wobei eine Zone an einem Baumknoten beginnt und die darunterliegenden Zweige beinhaltet. Ein DNS-Server (bzw. die entsprechende Organisation) kann die Verantwortung für Subzonen an einen weiteren DNS-Server delegieren. Die DNS-Server kennen jeweils ihre Nachbarn in der darunter- und darüberliegenden Zone.

Tab. 6.5 Root-Name-Server

Server	Domainname	Betreiber	Ort
A	ns.internic.net	VeriSign	verteilt
B	ns1.isi.edu	ISI	Marina Del Rey, Kalifornien, USA
C	c.psi.net	Cogent Communications	verteilt
D	terp.umd.edu	University of Maryland	College Park, Maryland, USA
E	ns.nasa.gov	NASA	verteilt
F	ns.isc.org	Internet Systems Consortium (ISC)	verteilt
G	ns.isc.ddn.mil	U.S. DoD NIC	verteilt
H	aos.arl.army.mil	U.S. Army Research Lab	verteilt
…	…	…	…

Man unterscheidet zwischen *autoritativen* und *nicht-autoritativen* DNS-Servern. Der einem Host direkt zugeordnete DNS-Server wird als autoritativer DNS-Server bezeichnet. Oft sind die lokalen und autoritativen DNS-Server identisch. Ein autoritativer DNS-Server verfügt immer über die Adressen der direkt zugeordneten Hosts und ist verantwortlich für eine Zone. Seine Informationen über diese Zone werden deshalb als gesichert angesehen. Für jede Zone existiert mindestens ein autoritativer DNS-Server, der sogenannte Primary Name-Server. Dieser wird in einer Konfigurationsdatei[8] bekannt gemacht.

Ein nicht-autoritativer Name-Server bezieht seine Informationen über eine Zone von anderen Name-Servern. Derartige Informationen sind allerdings nicht gesichert. Da sich DNS-Informationen nur selten ändern, speichern nicht-autoritative DNS-Server die erhaltenen Informationen in einem lokalen Cache im Hauptspeicher ab, damit diese bei einer erneuten Anfrage schneller vorliegen. Jeder Eintrag besitzt aber ein Verfalldatum (TTL-Datum = time to live), nach dessen Ablauf eine Löschung aus dem Cache erfolgt. Der TTL-Wert wird durch einen autoritativen Server bestimmt und anhand der Änderungswahrscheinlichkeit des Eintrags ermittelt. DNS-Daten, die sich häufig ändern, erhalten eine niedrige TTL. Das kann aber auch bedeuten, dass der DNS-Server nicht immer richtige Informationen liefert.

Beispiel

In der Abbildung ist ein DNS-Teilbaum hm.* dargestellt, der in drei Zonen verwaltet wird. Die Domäne *hm.edu* (und alles was darunter liegt) wird vom Leibniz-Rechenzentrum (LRZ) verwaltet und an die Hochschule München delegiert (LRZ 2018). Die Sub-Domain *cs.hm.edu* könnte wiederum an die Fakultät für Informatik und Mathematik weiterdelegiert und dort von der Fakultät durch einen eigenen DNS-Server verwaltet werden.

In allen Zonen sind eigene DNS-Server vorhanden. Eine Anfrage aus einem anderen Netz wird an die DNS-Server des LRZ weitergeleitet. Das LRZ betreibt die drei DNS-Server *dns1.lrz.de*, *dns2.lrz.bayern* und *dns3.lrz.eu*, die auf mehrere Standorte im Münchner Wissenschaftsnetz (MWN) verteilt sind. Diese DNS-Server sind jeweils doppelt ausgelegt und auch über IP-Anycast-Adressen erreichbar. Der DNS-Server des LRZ verwaltet mehrere Sub-Domains, unter anderem die der Hochschule München. Die Hochschule München (HM) betreibt ebenfalls einen doppelt ausgelegten DNS-Server (*ns.e-technik.fh-muenchen.de*, *ns.fh-muenchen.-de*), der im Auftrag der DNS-Server des LRZ für die Sub-Zonen der HM zuständig ist. Die HM kann ihrerseits wiederum die Zuständigkeit von Sub-Zonen wie *cs.hm.edu* beispielsweise an die Fakultäten delegieren, für die dann wieder ein eigener DNS-Server betrieben werden muss.

---

[8] Zonendatei, im SOA Resource Record.

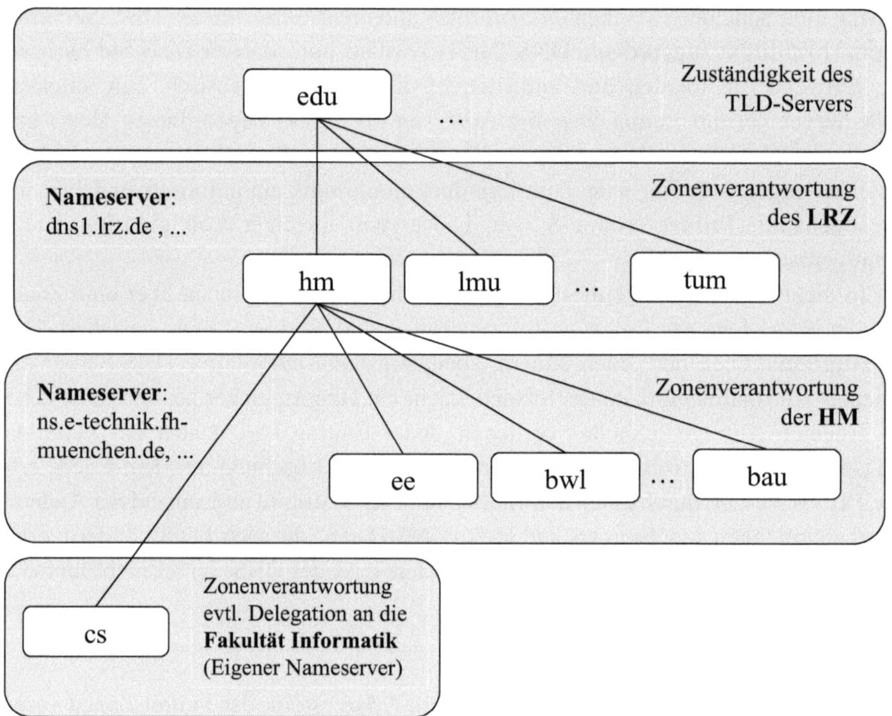

▶ **IPv6: DNS-Domains und DNS-Zonen** Von einer Domain bzw Domäne spricht man, wenn man den gesamten darunterliegenden logischen DNS-Namensraum meint. Die Domäne hm.edu umfasst beispielsweise auch alle Subdomänen von hm.edu. Man nutzt den Begriff der Domäne auch für die Zuordnung von Eigentumsrechten, um anzudeuten, für welche Organisation die Domäne bei DENIC usw. registriert ist.

Eine Zone legt dagegen die Zuständigkeit für die Adressauflösung fest. Eine Domäne kann in mehrere Zonen aufgeteilt werden. Zonen sind ganz konkret DNS-Servern per Konfiguration in Zonendateien zugeordnet.

6.6.4 Namensauflösung

Eine Anwendung, die eine Adresse benötigt, wendet sich lokal an einen *Resolver* (Library), der die Anfrage an den lokalen DNS-Server richtet, wie das Beispiel Abb. 6.12 zeigt. Unter Unix bzw. Linux sind die Name-Server-Dienste als *BIND* (Berkeley Internet Name Domain) implementiert. Im DNS-Server läuft der Dämonprozess *named*. BIND stützt sich auf mehrere Konfigurationsdateien, die im Folgenden erläutert werden. DNS-Server sind also Programme, die Anfragen zu ihrem Domain-Namensraum beantworten.

Der Kommunikationsanwendung bleibt die Art und Weise wie die Adresse besorgt wird verborgen. Sie ruft lediglich eine Methode oder Funktion auf, wie z. B. *gethostbyname* in

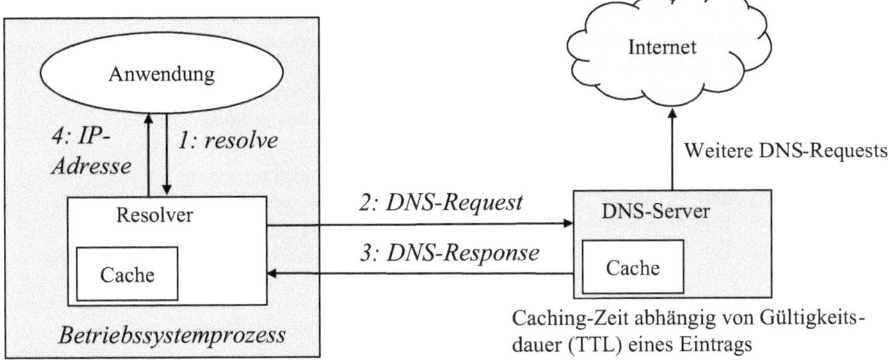

Abb. 6.12 Adressauflösung im DNS

der Sprache C, die eine IP-Adresse zu einem Hostnamen besorgt und dabei implizit die Methode *resolve* nutzt.

Der Resolver kann die Anfrage entweder lokal befriedigen, wenn er die IP-Adresse in seinem Cache gespeichert hat, oder er setzt einen Request an den ihm zugeordneten lokalen DNS-Server ab. Der DNS-Server prüft, ob er die Adresse in seinem Cache hat. Falls ja, dann gibt er diese in einer Response-Nachricht an den Resolver zurück. Falls er die Adresse nicht hat, sendet er seinerseits einen Request an den nächsten DNS-Server.

Für die Kommunikation der DNS-Komponenten untereinander sind gleichermaßen der TCP- und der UDP-Port mit der Nummer 53 reserviert. DNS-Anfragen werden normalerweise auf dem UDP-Port abgesetzt und auch beantwortet. Falls die Antwort aber größer als 512 Bytes war, wurde diese früher auf dem TCP-Port übermittelt. Mit Einführung von EDNS (Extended DNS) als DNS-Erweiterung wurde auch die zehnfache PDU-Größe (RFC 2671) möglich.

Der DNS-Server kann entweder eine *rekursive* oder eine *iterative* Anfrage (Query) absetzen. In Abb. 6.13 ist z. B. eine iterative Auflösung skizziert. Der Host *H1* im Netz der Hochschule München (*hm.edu*) möchte mit dem Rechner *H2* im IBM-eigenen Netz unter *ibm.com* kommunizieren und wendet sich zur Adressermittlung zunächst an den lokalen DNS-Server *NS1*. Dieser fragt in der übergeordneten edu-Zone nach, für die der DNS-Server *NS2* zuständig ist. *NS2* sendet an *NS1* die Information zurück, dass der DNS-Server *NS3* für diese Aufgabe zuständig ist. *NS1* stellt nun iterativ direkt eine Anfrage an *NS3* und der verweist schließlich auf *NS4*. *NS4* ist der lokale und autoritative DNS-Server für Host *H2* und kann die Anfrage beantworten. Resolver-Implementierungen von Clients nutzen üblicherweise eine rekursive Auflösung, während Name-Server eine iterative Auflösung verwenden.

Jeder DNS-Server ist genau einer Zone zugeordnet. Man sieht in Abb. 6.13, dass die DNS-Organisation nichts mit dem Routing zu tun hat. Die eingezeichneten Router leiten zwar die IP-Pakete für die DNS-Anfragen weiter, kennen aber die DNS-Hierarchie nicht. Für die Namensauflösung werden in diesem Beispiel acht DNS-Nachrichten durch das Netz gesendet.

Bei einer rekursiven Anfrage sieht die Kommunikation zwischen den DNS-Servern etwas anders aus (vgl. Abb. 6.14). Jeder angefragte DNS-Server gibt die Anfrage an den nächsten DNS-Server weiter und erhält irgendwann das Ergebnis zurück, das er dann seinerseits an

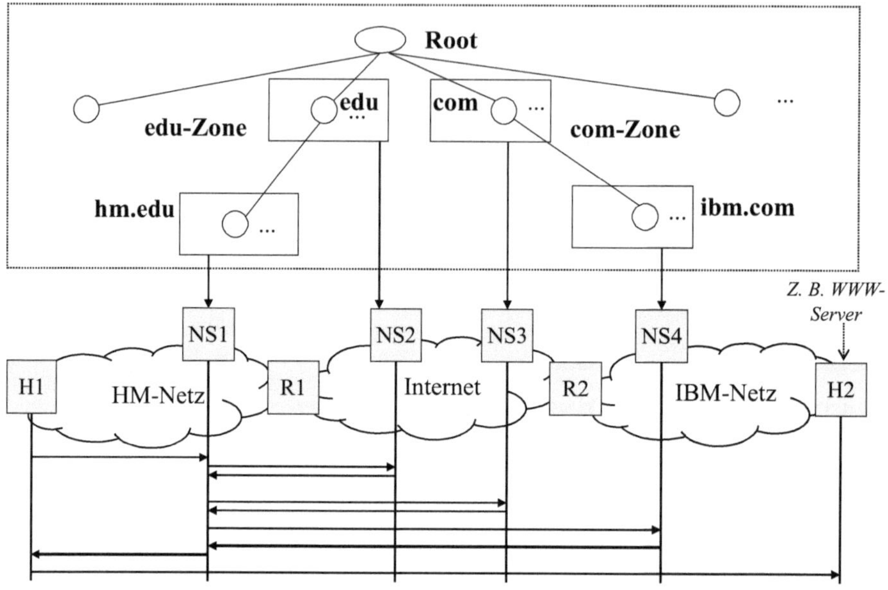

Abb. 6.13   Iterative Auflösung von Hostnamen

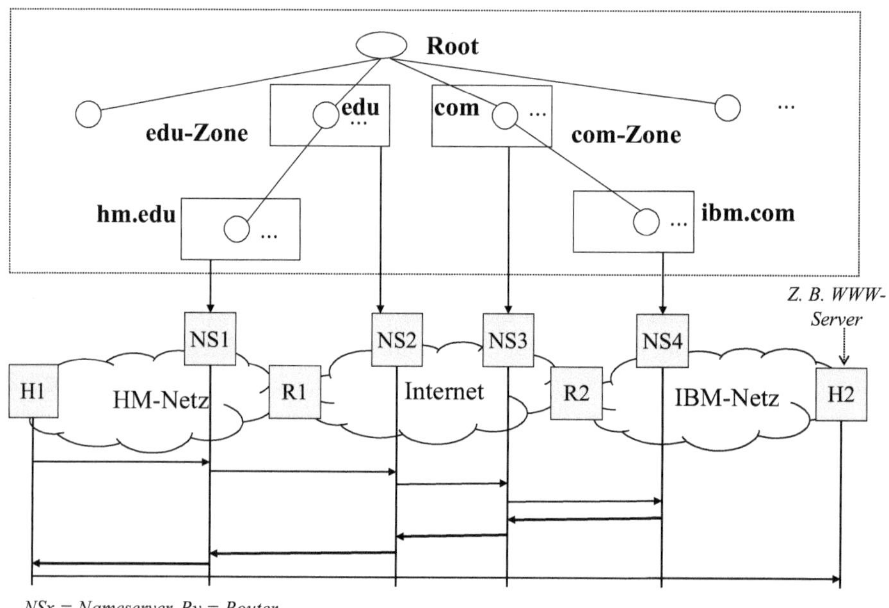

Abb. 6.14   Rekursive Auflösung von Hostnamen

den anfragenden DNS-Server bzw. Host weiterreicht. Die Anzahl der Nachrichten, die durch das Netz gesendet werden, bleibt allerdings gleich. Bei einer weiteren Anfrage wäre die IP-Adresse von H2 bereits in den Caches der einzelnen DNS-Server und sogar im Resolver-Cache von H1 und die Anfrage würde wesentlich schneller gehen.

Eine Optimierung könnte sich ergeben, wenn der autoritative DNS-Server bei der Suche sofort einen Root-Name-Server kontaktiert. Die Adressen der Root-Name-Server sind allen DNS-Servern bekannt. Der adressierte Root-Name-Server könnte evtl. schon den autoritativen DNS-Server kennen.

Das DNS-Protokoll ermöglicht sowohl die iterative als auch die rekursive Anfrage, und auch Mischformen für eine Anfrage sind möglich. Wann welcher Typ angewendet wird, entscheidet der anfragende DNS-Server. Anfragen an den Root-Name-Server werden immer iterativ ausgeführt, um ihn nicht zu stark zu belasten. Damit ein nicht-autoritativer Name-Server Informationen über andere Teile des Namensraumes finden kann, bedient er sich einer entsprechenden Suchstrategie, die im Folgenden nochmals kurz zusammengefasst werden soll:

- Er delegiert, wie bereits erläutert, Teile des Namensraumes einer Domain an Subdomänen, die per Konfigurierung eingerichtet werden müssen. Die Subdomänen erhalten eigene DNS-Server. Ein DNS-Server kennt alle DNS-Server der Subdomänen und gibt Anfragen ggf. an diese weiter.
- Falls der angefragte Namensraum außerhalb der eigenen Domäne liegt, wird die Anfrage an einen fest konfigurierten DNS-Server weitergeleitet, der dann ggf. seinerseits weitersucht.
- Falls kein DNS-Server antwortet, wird ein DNS-Root-Name-Server kontaktiert. Die Namen der IP-Adressen der DNS-Root-Name-Server sind in einer statischen Konfigurationsdatei auf jedem DNS-Serversystem hinterlegt.

Es soll noch erwähnt werden, dass bei einer Befriedigung eines Folgezugriffs auf die gleiche Adresse über einen Cache das Ergebnis als „nicht-autoritativ" gekennzeichnet ist, da es nicht vom autoritativen Server kommt. Der Eintrag im Cache lebt auch nur eine bestimmte, konfigurierbare Zeit und wird dann aus Aktualitätsgründen wieder gelöscht.

6.6.5   Inverse Auflösung von IP-Adressen

Meistens wird DNS verwendet, um zu einem Domänennamen die zugehörige IP-Adresse zu ermitteln. Oft gibt es aber auch die umgekehrte Situation, in der ein Benutzer oder ein Programm nur über eine IP-Adresse eines Partnerrechners verfügt und den zugehörigen Hostnamen benötigt. Man braucht in diesen Fällen den Hostnamen der besseren Lesbarkeit wegen, um ihn z. B. zur Diagnose in Logdateien einzutragen. DNS-Anfragen, die dazu dienen, eine IP-Adresse auf einen Domänennamen abzubilden, werden als inverse Anfragen bzw. als Reverse Lookup (*inverse* oder *reverse* Abbildung) bezeichnet.

Es ist allerdings sehr zeitaufwändig bei einer inversen Anfrage den gesamten Domänen-Baum nach einer IP-Adresse zu durchsuchen, zumal nicht bekannt ist, in welchem Zweig des Baumes sich der gesuchte Eintrag befindet. Aus diesem Grund wurde eine eigenständige Domäne für inverse Zugriffe geschaffen, die als *in-addr.arpa*-Domäne bezeichnet und durch InterNIC verwaltet wird. Unterhalb dieser Domäne gibt es nur vier Subdomänen-Ebenen, so dass man die Auflösung eines Domänennamens in wenigen Schritten erledigen kann.

Die Knoten der Domäne in-addr.arpa sind nach Zahlen in der für IP-Adressen üblichen Repräsentation benannt. Die Domäne in-addr.arpa hat 256 Subdomänen und die Subdomänen haben jeweils wieder 256 Subdomänen. In der untersten (vierten) Stufe werden die vollen Hostnamen eingetragen.

Die Subdomänen der Ebene 1 in der in-addr.arpa-Domäne haben als Bezeichnung eine Zahl zwischen 0 und 255 und repräsentieren die erste Komponente einer IP-Adresse. Die nächste Ebene im Baum repräsentiert die zweite Komponente einer IP-Adresse usw. In Abb. 6.15 ist eine Adressauflösung für die IP-Adresse 195.214.80.70 beispielhaft dargestellt. Beginnend mit dem niedrigsten Byte der IP-Adresse wird in den Baum eingestiegen. Jedes Byte wird als Index in einer Ebene verwendet, bis man in der vierten Ebene angelangt ist und den zugeordneten Hostnamen erhält.

Alle lokalen Netze (Subnetze) sollte man bei Änderungen immer in der Domäne in-addr.arpa eintragen lassen, um die umgekehrte Abbildung zu ermöglichen.

6.6.6 DNS-Konfiguration

Jede DNS-Zone muss einen DNS-Server bereitstellen und sollte diesen auch zur Erhöhung der Ausfallsicherheit doppelt auslegen. DNS bietet hierzu die notwendigen

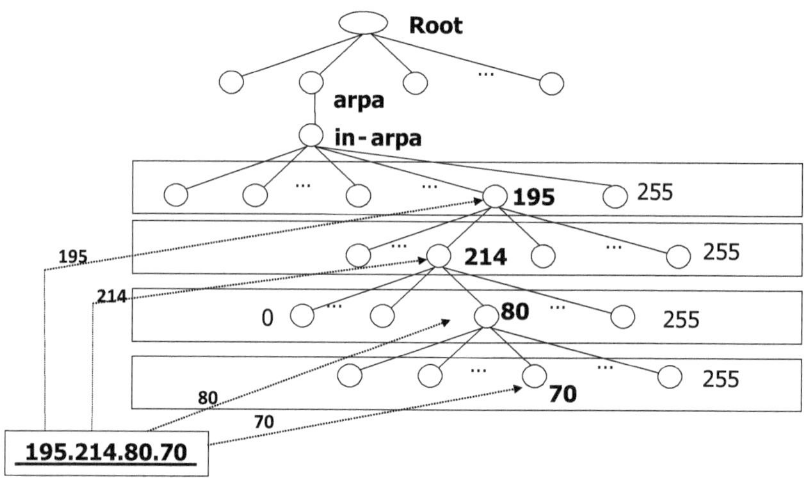

Abb. 6.15 Reverse Abbildung von IP-Adressen auf Hostnamen

Mechanismen zur Synchronisation eines primären mit einem sekundären DNS-Server. In Abb. 6.16 ist ein Beispiel einer möglichen Konfiguration dargestellt, ohne dabei auf Sicherheitsaspekte einzugehen. Wie man sieht, gibt es in dem Ausschnitt eines Unternehmensnetzes zwei lokale DNS-Server mit den Adressen 195.214.80.70 und 195.214.80.71. Der nächste zugeordnete DNS-Server liegt beim ISP und hat die IP-Adresse 195.143.108.2.[9]

Heute trennt man netzinterne DNS-Server von den extern zugänglichen DNS-Servern und legt nur die externen in eine demilitarisierte Zone (DMZ). Der externe DNS-Server dient dann als *Forwarder* und alle DNS-Nachrichten werden ausschließlich über diesen gesendet. Damit werden auch externe Angreifer daran gehindert, dass sie interne Adressinformationen ermitteln können. Nur die nach außen zugänglichen Rechner (z. B. WWW-Server oder WWW-Proxy) sollen über den Forwarder abfragbar sein. Ein DNS-Forwarder ist also ein DNS-Server, der zur Auswertung einer DNS-Anfrage extern kommuniziert. Alle internen DNS-Server müssen so konfiguriert werden, dass sie Anfragen, die sie nicht selbst beantworten können, an den Forwarder senden.

Aus Redundanz- und auch aus Lastverteilungsaspekten werden in größeren Netzen autoritative DNS-Server fast immer in ein Server-Cluster eingebettet, wobei die Zonendaten identisch auf einem oder mehreren Sekundärservern liegen. Die Synchronisation zwischen dem Primär- und den Sekundärservern erfogt über spezielle Zonentransfernachrichten.

DNS-Konfiguration unter Unix
Die DNS-Datenbasis wird in Dateien verwaltet. Unter Unix oder Linux werden für BIND u. a. folgende Dateien/Dateitypen[10] zur Konfiguration benötigt:

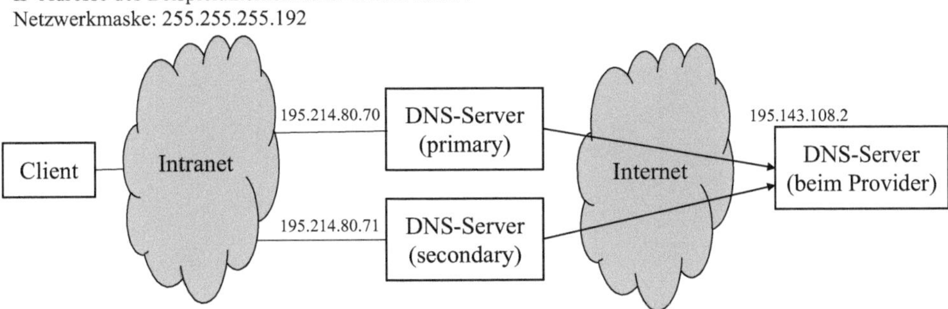

Abb. 6.16 Doppelte Auslegung der DNS-Server in einem Unternehmensnetz

---

[9] Dies soll nur als Beispiel dienen und muss nicht mit der Realität übereinstimmen.

[10] Die Namen der Dateien variieren je nach System, sind auch zum Teil frei zu vergeben und nur exemplarisch dargestellt.

- *named.conf* und *named-boot*: Diese Datei enthält globale Parameter für den DNS-Server (Bind-Optionen, Forwarder, Zonen-Struktur usw.) und wird unmittelbar nach dem Start des DNS-Servers eingelesen. In den Optionen werden unter *forwarders* die DNS-Server eingetragen, an welche eine DNS-Anfrage gesendet werden soll, wenn sie nicht direkt beantwortet werden kann. Trägt man „*forwarder first*" ein, so wird jede DNS-Anfrage zuerst an die angegebenen DNS-Server weitergeleitet, bevor sie an einen DNS-Root-Name-Server gesendet wird. Trägt man „*forwarder only*" ein, werden die DNS-Root-Name-Server gar nicht gefragt.
- *named.cache* oder *named.root*: In dieser Datei sind die weltweit eindeutigen DNS-Root-Name-Server mit ihren IP-Adressen hinterlegt.
- *db.127.0.0* oder *named.127.0.0*: Forward-Lookup-Datei für die Abbildung von *localhost* auf die Loopback-Adresse.
- *db.<domain>* oder *named.<domain>*: Forward-Lookup-Datei für alle Rechnernamen der Domäne <domain>, Beispiel: *db.jstage.isys.de*.
- *db<network>* oder *named.<network>*: Reverse-Lookup-Datei für das Subnetzwerk mit der im Dateinamen enthaltenen IP-Adresse <network>, Beispiel: *db.192.168.2*.

Beispiel

Im Folgenden wird eine Konfigurationsdatei *named.conf* exemplarisch grob dargestellt, ohne auf Details einzugehen. Der Optionsteil enthält unter anderem Angaben zum Forwarder sowie über Rechner, die Anfragen machen dürfen. Anschließend sind die Zonen beschrieben. Zu jeder Zone wird der Verweis auf die zugehörigen db-Dateien (für die Hosttabellen und für inverse Auflösung) angegeben.

```
options {
 directory "/var/named";
 forwarders { … };
 …
};
# Obligatorische Zone für die DNS-Root-Name-Server
zone "." IN {
 type hint;
 file "named.root";
};
# Festlegen des Loopback (forward und reverse)
zone "localhost" IN {
 type master;
 file "db.localhost";
};
zone "0.0.127.IN-ADDR.ARPA"  IN {
 type master;
 file "db.127.0.0";
};
# Die Zonen (forward und reverse)
zone "isys.de" IN {
 type master;
 file "db.isys.de";
};
```

Tab. 6.6 Felder der DNS-PDU

Feldbezeichnung	Bedeutung
Name	Name des IP-Knotens, zu dem der RR gehört.
Type	Typ des Records (A = IP-Adresse, NS = Name-Server-Record für autorisierten DNS-Server, MX = Mail-Server-Record, Verteiler für Mail-Server, SOA = Beginn einer Zone, CNAME = Aliasname, PTR = Angabe eines Zeigers auf eine Domäne).
Class	immer IN (Internet).
Time-to-live (TTL)	Stabilität (Gültigkeitsdauer) des Records als Integerzahl (je höher desto stabiler). Der Wert ist für das Caching wichtig.
Value	Wert des Records je nach Typ: z. B. bei Typ A die IP-Adresse, bei Typ NS der Name des Name-Servers, bei Typ MX der Name des E-Mail-Servers.

```
...
zone "jstage.isys.de" IN {
 type master;
 file "db.jstage.de";
};
zone "2.168.192.IN-ADDR.ARPA" IN {
 type master;
 file "db.192.168.2";
};
...
```

Informationen des DNS werden in *Resource Records* (RR) verwaltet. Der Aufbau eines Resource Records wird meist mit folgendem Inhalt angegeben:[11]

```
(Name, Type, Class, Time-to-live, Value)
```

Die Felder sollen hier nur kurz erläutert werden (Tab. 6.6):

Beispiel

Ohne weiter auf Details einzugehen, wird im Folgenden ein Auszug einer *db*-Datei mit Hostnamen gezeigt. Am Anfang der Datei steht ein SOA-Eintrag (Start of Authority), welcher die administrierte Zone beschreibt und eine Bearbeitungsnummer für die Versionspflege enthält. Weiterhin sind einige Parameter aufgeführt, die für den DNS-Server wichtig sind. Hierzu gehört beispielsweise der Standard-TTL-Wert. Ansonsten sind nur NS- und A-Records in der Datei. Die TTL-Angaben wurden in den einzelnen IN-Records weggelassen, es gilt die Default-Angabe.[12]

---

[11] Dem Wert geht optional eine Längenangabe voraus.

[12] Die Bedeutung des Platzhaltersymbols „@" und weitere Details können in der BIND-Dokumentation des jeweiligen Systems nachgelesen werden.

```
# Standard TTL, 2 Tage = 2D
$TTL 2D
# @ bedeutet, dass die Zone aus named.conf entnommen wird
@ IN  SOA softie.isys-software.de. root.softie.isys-software.de. (
    2002121115      ; serial YYYYMMDDCC
    10800           ; refresh after 3 hours
    3600            ; retry after 1 hour
    604800          ; expire after 1 week)
IN  NS  ns.isys.de.
IN  NS  ns2.isys.de.
localhost      IN  A     127.0.0.1
; Router
grandcentral   IN  A     192.168.2.1
; Server
backup         IN  A     192.168.2.6
...
```

Beispiel

Mit dem Kommando nslookup- (Windows, Unix) bzw. dem dig-Kommando (Linux)
kann man sich die Konfiguration eines DNS-Servers ansehen. Mit dem Parameter *Type*
wird der Record-Typ, der ausgegeben werden soll (A, MX, SOA, NS usw.), angegeben.

```
nslookup
>set type=MX
>hm.de
      MX-Records werden ausgegeben
>exit
Der NS-Report (Auszug) für hm.edu sieht beispielsweise wie folgt aus:
NS-Record(s) for domain hm.edu:
ns.fh-muenchen.de. 129.187.244.11
ns.e-technik.fh-muenchen.de. 129.187.206.129

MX-Servers for hm.edu:
150 mailhost.fh-muenchen.de. 129.187.244.204  // Mail Exchange Resource
Records
140 mailrelay3.rz.fh-muenchen.de. 129.187.244.101
120 vulcan.rz.fh-muenchen.de. 129.187.244.102

SOA-Record (Start of Authority) for hm.edu:
ns.hm.edu. hostmaster.hm.edu. 2009121462 10800 1800 3600000 86400
Serial: 2009121462 (Versionsnummer)
Refresh: 10800
Retry: 1800
Expire: 3600000 (1000 hours or 42 days)
TTL: 86400
```

```
Recursive-Queries (Rekursive Auflösung):
ns.e-technik.fh-muenchen.de. YES - recursive queries allowed!
ns.hm.edu. YES - recursive queries allowed!
...
```

6.6.7 DNS-E-Mail-Konfiguration

Eine weitere Anwendung von DNS ist die Unterstützung des SMTP-Protokolls,[13] das für die Kommunikation im SMTP-basierten E-Mail-System wichtig ist. DNS hält alle Informationen für eine korrekte Übermittlung von E-Mails. Eine E-Mail-Adresse im SMTP-System hat bekanntlich das Format user@host.domain.suffix. Mit DNS kann der Hostname aufgelöst werden. Dazu wird vor dem Absenden einer E-Mail eine DNS-Anfrage abgesetzt, mit der ein MX-Record des Zielrechners ermittelt wird. Anschließend wird mit dieser Information eine Namensauflösung durch einen weiteren DNS-Request initiiert, um den zugeordneten A-Record zu besorgen.

Interessant ist hier, dass in den MX-Einträgen noch Gewichte für die Mail-Server einer Zone angegeben werden können. Je niedriger das Gewicht ist, umso eher wird ein Mail-Server ausgewählt (inverse Zusendereihenfolge). Damit kann ein Ausfallkonzept aufgebaut werden. Normalerweise wird der Mail-Server einer Domäne adressiert, der das niedrigste Gewicht hat. Fällt ein Mail-Server aus, wird der nächste in der Liste adressiert.

Beispiel

MX-Einträge könnten in der DNS-Konfiguration z. B. wie folgt aussehen:

IN MX 5 mail1.isys.de

IN MX 10 mail2.isys.de

In diesem Beispiel würde zunächst der Mail-Server *mail1* angesprochen werden. Wenn dieser nicht antwortet, wird der Mail-Server *mail2* adressiert.

6.6.8 DNS-Nachrichten

Die DNS-Nachrichten für das Request-/Response-Protokoll setzen sich aus mehreren Sektionen (Sections) zusammen (RFCs 1035 und 1036):

- Der *Header* besteht aus den ersten sechs Feldern (Header Section).
- Die *Question Section* enthält Felder zur Spezifikation der Anfrage. Die Anfrage wird in einem Resource Record (RR), aber nur mit den ersten drei Feldern (*Name, Type, Class*) formuliert.
- Die *Answer Section* enthält die Antwort eines Name-Servers in Form von Resource Records. Eine Antwort kann mehrere RR ausgeben, z. B. weil ein Hostname mehrere IP-Adressen haben kann.[14]
- Die *Authority Section* enthält die RRs von autorisierten Name-Servern.

---

[13] SMTP steht für Simple Mail Transfer Protocol.

[14] Die IPv4-Adresse ist an die Netzwerkschnittstelle gebunden.

- Die *Additional Information Section* enthält zusätzliche Informationen zur Anfrage oder zur Antwort, wie etwa die Zeit, die für die Anfrage benötigt wurde, den Zeitpunkt der Bearbeitung und die Länge der Anfrage- sowie der Antwortnachricht.

Die Abb. 6.17 zeigt den DNS-Header. Die Bedeutung der ersten Felder ist in Tab. 6.7 beschrieben.

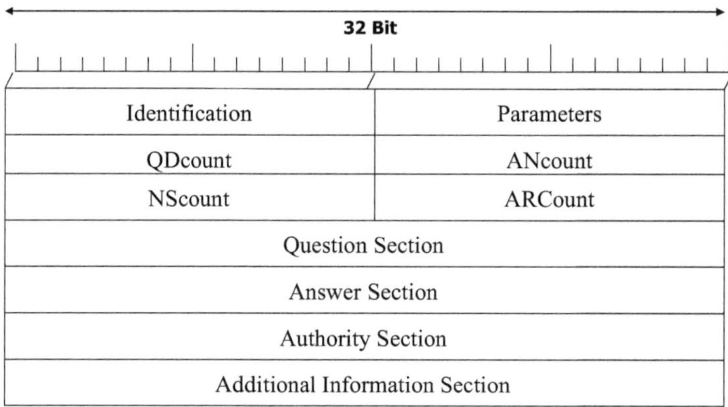

Abb. 6.17 Aufbau der DNS-PDU

Tab. 6.7 Felder der DNS-PDU

Feldbezeichnung	Länge in Bits	Bedeutung
Identifikation	16	Dies ist eine Id der Anwendung, welche die Abfrage abgesetzt hat. Sie wird in die Antwort-Nachricht übernommen. Somit ist eine Zuordnung möglich.
Parameter	16	Das Feld hat mehrere Statusfelder und Flags: • Anfrage-/Antwort-Flag: 0 = Anfrage, 1 = Response • Opcode: Operationscode, der die Art der Anfrage angibt: 0 = Standard-Query, 1 = inverse Query, 2 = Serverstatus abfragen • AA-Flag: Flag, das angibt, ob die Antwort von einem autoritativen Server stammt • TC-Flag: Flag, das anzeigt, ob die Nachricht geteilt wurde (> 512 Bytes) • RD-Flag: Flag, das gesetzt wird, wenn in der Anfrage eine rekursive Auflösung gewünscht wird • RA-Flag: Gibt an, ob ein Server rekursives Auflösen unterstützt • Rcode: Antwort-Code des Servers, 0 = kein Fehler, 2 bis 5 = verschiedene Fehlertypen, Fehlertyp 3 bedeutet z. B. „Domain existiert nicht".
QDcount	16	Anzahl der Einträge in der Question Section.
ANcount	16	Anzahl an Resource Records (RR) in der Answer Section.
NScount	16	Anzahl an Resource Records (RR) in der Authority Section.
ARcount	16	Anzahl an RR in der Additional Information Section.

6.7   Sicherheit in Steuer- und Konfigurationsprotokollen

6.7.1   Sicherheitsprobleme in ICMP und ARP

Durch die Ausnutzung von Lücken in Steuer- und Konfigurationsprotokollen ist eine Fülle von Angriffen möglich, die aufgrund der Notwendigkeit der Protokolle nur eingeschränkt unterbunden werden können. Als besonders gefährdet gelten die Protokolle ICMP und ARP.

Über ICMP sind beispielsweise verschiedene Denial-of-Service-Angriffe möglich. Ein Angreifer könnte ICMP-Nachrichten vom Typ „fragmentation needed" erzeugen, die zu einer Flut an IP-Fragmenten führen würden.

Der sogenannte *Ping-to-death-Angriff* verfolgt das Ziel, Hosts zum Absturz zu bringen. Der Angriff kann ebenfalls mit ICMP-Mitteln durchgeführt werden. Hier sendet ein Angreifer ICMP-Ping-Pakete mit großer Nutzlast, die zu einer Fragmentierung führen. In früheren IP-Implementierungen führte dies bei der Defragmentierung im Zielhost aufgrund von Implementierungsschwächen in Betriebssystemen (Windows, Linux, verschiedene Unix-Derivate) zu Abstürzen.

Das Einschleusen eines ICMP-Pakets vom Typ „redirect" könnte dazu führen, dass Nachrichten einer Verbindung über einen Angreifer-Host gelenkt werden, der diese dann speichern und auswerten kann. Dieser Angriff wird als ICMP-Redirect-Angriff bezeichnet.

Ebenso ist das Einschleusen anderer ICMP-Pakete wie etwa des Typs „destination unreachable" möglich. Derartige ICMP-Pakete führen zum Verbindungsabbruch zwischen kommunizierenden Anwendungen. Hier spricht man von einem ICMP-Verbindungsabbruch-Angriff

Bei ARP ergeben sich einige Sicherheitsprobleme, wenn ein Angreifer-Host seine IP-Adresse mit der MAC-Adresse eines Opfer-Hosts verbindet. Die Kombination (MAC-Adresse des Angreifer-Hosts, IP-Adresse des Opfer-Hosts) würde dann in den ARP-Cache anderer Hosts gelangen. Nachrichten, die an den Opfer-Host zugestellt werden sollen, würde dann der Angreifer erhalten. Dieser Angriff wird als Cache-Poisoning-Angriff bezeichnet.

Weiterhin kann man über ARP-Broadcasts Denial-of-Service-Angriffe ausführen, um die Netzwerkbandbreite zu belasten. Dieser Angriff kann auch über ein lokales Netz hinaus an Partnernetze erfolgen, wenn die ARP-Suche über die IP-Router (ARP-Proxies) an die Nachbarnetze weitergeleitet wird.

Gegenmaßnahmen gegen Denial-of-Service-Attacken können aufgrund der Beobachtung einer ansteigenden Anzahl an ICMP- oder ARP-Nachrichten eingeleitet werden. Der ICMP- bzw. ARP-Nachrichtenverkehr könnte dann gedrosselt werden.

6.7.2   Sicherheitsprobleme in DHCP

Bei DHCP kann ein Sicherheitsproblem durch einen *DHCP Starvation Angriff* (Angriff durch Aushungern) erfolgen. Bei dieser Angriffsart fordert ein Angreifer viele IP-Adressen von einem DHCP-Server an, so dass der Adressraum aufgebraucht wird. Dies ist möglich, da die MAC-Adressen in den Netzwerkkarten konfiguriert werden können. So kann ein einzelner Rechner mehrere DHCP-Anfragen mit jeweils unterschiedlichen MAC-Adressen senden. Der DHCP-Server geht dann davon aus, dass es sich immer um einen anderen Rechner handelt. Für die restlichen Rechner im Netzwerk bleibt dann möglicherweise keine IP-Adresse mehr übrig.

Ein DHCP-Starvation-Angriff wirkt sich nur auf die Broadcast-Domäne aus, da DHCP-Requests per Broadcast gesendet werden und von IPv4-Routern nicht weitergeleitet werden. Zudem gilt es nur für die dynamischen IP-Adressbereiche. Die statisch einer MAC-Adresse zugeordneten IP-Adressbereiche sind davon nicht betroffen.

Nach RFC 2131 ist es auch möglich, dass in einer Broadcast-Domäne nicht-authorisierte DHCP-Server installiert werden können. Der daraus entstehende Schaden ist allerdings ebenfalls auf die Broadcast-Domäne begrenzt und dürfte durch eine Netzwerk-Überwachung schnell erkannt werden.

Um derartige Probleme zu vermeiden, setzt man heute sichere Authentifizierungsund Autorisierungsverfahren für die Zugangskontrolle in lokalen Netzwerken ein. IEEE 802.1x ist der Standard für alle IEEE 802-Netzwerke. Der Standard schlägt das Extensible Authentication Protocol (EAP) nach RFC 3748 zur Authentifizierung und *RADIUS* (Remote Authentication Dial-In User Service) nach RFC 2865 vor. Diese Verfahren sollen hier nicht weiter vertieft werden.[15]

IEEE 802
IEEE 802 ist ein Projekt des Institute of Electrical and Electronics Engineers (IEEE), das Standards im Bereich der lokalen Netze (LAN) in den ISO/OSI-Schichten 1 und 2 festlegt. In vielen Arbeitsgruppen werden unter anderem Standards zu Ethernet- und WLAN-Technologien festgelegt.

6.7.3 Sicherheitsprobleme in DNS

Das Domain Name System war schon oft Ziel von Angriffen. Ohne DNS funktioniert das gesamte Internet nicht, daher sind diese Angriffe besonders kritisch. Ein *DNS-Amplification-Angriff* (DNS-Verstärkungsangriff) ist beispielsweise ein Denial-of-Service-Angriff, bei dem sehr große Datenmengen über DNS-Nachrichten an einen Opferrechner gesendet werden, um seine Netzwerkverbindung zu überlasten. Derartige Angriffe gab es des Öfteren direkt auf die Root-Name-Server, um diese so zu schwächen, dass sie von außen kaum mehr erreichbar waren. DNS-Anfragen aus dem Internet können dann nicht mehr oder nur noch sehr langsam beantwortet werden, was Auswirkungen auf die Funktionsfähigkeit des gesamten Internets hat. Da die dreizehn Root-Name-Server heute

---

[15] Siehe hierzu (Eckert 2014).

über Lastverteilungsmechanismen auf mehrere Hundert Server repliziert sind, kann das gesamte DNS so gut wie nicht mehr lahmgelegt werden.

Kritisch ist auch ein *DNS-Spoofing-Angriff.* Hier versucht ein Angreifer seine IP-Adresse einem Dömänennamen eines Opfers zuzuordnen. Bei einer DNS-Abfrage über den Domänennamen erhält ein dritter Host dann die IP-Adresse des Angreifers. Das klassische DNS verwendet keine Sicherheitsmechanismen. Dadurch ist es potenziellen Angreifern möglich, die Kommunikation zwischen DNS-Client und DNS-Server abzuhören und zu manipulieren, um im Internet z. B. gefälschte Zuordnungen von Namen auf IP-Adressen in Umlauf zu bringen. Bei einer *Man-in-the-Middle-Attacke* braucht ein Angreifer lediglich den Datenverkehr für DNS-Anfragen über den Standard-Port 53 abzuhören und die Anfragen mit gefälschten Daten zu beantworten. Da der Client weder die Möglichkeit hat, falsche Einträge zu erkennen, noch über sichere Informationen verfügt, um den Absender zu authentifizieren, werden die falschen DNS-Einträge als korrekt angenommen und verwendet. Auch die DNS-Caches in den Hosts und in den DNS-Servern können Ziel eines Angriffs sein., wenn die Herkunft von DNS-Nachrichten nicht überprüft wird. Diese Angriffe werden als DNS-Cache-Poisoning bezeichnet.

Um derartigen Sicherheitsproblemen zu begegnen, wurde *DNSSEC* (DNS Security Extension) erstmals in RFC 2535 im Jahr 1999 definiert und im Jahr 2004 komplett neu überarbeitet (RFC 4033).[16] Ziele von DNSSEC sind vor allem die Sicherstellung der Authentizität der Herkunft der DNS-Pakete, die Datenintegrität und eine sichere Verteilung von öffentlichen Schlüsseln. Über einen Authentifizierungsmechanismus ist eine Prüfung möglich, ob ein Sender von Nachrichten auch derjenige ist, für den er sich ausgibt. Datenintegritätsmechanismen stellen sicher, dass Daten auf dem Weg nicht verfälscht werden. Da für die sichere Kommunikation Signaturen benötigt werden, ist ein Verteilungsmechanismus für Schlüssel erforderlich. DNSSEC nutzt ein Public-Key-Verschlüsselungsverfahren und unterstützt verschiedene Verschlüsselungsalgorithmen (z. B. RSA/MD5 und RSA/SHA-1).[17] Um die genannten Anforderungen zu erfüllen, wurden neue Resource-Record-Typen (DNSKEY, RRSIG usw.) definiert, die den öffentlichen Teil des Zonenschlüssels enthalten. Mit dem privaten Schlüsselanteil wird jeder einzelne RR der zugehörigen Zone unterzeichnet.

Als erste Top-Level-Domain führte Schweden im Jahr 2005 DNSSEC für die *.se*-Domäne ein und bietet seitdem DNSSEC als zusätzlichen Service für Inhaber ihrer Subdomänen an (DNSSEC 2018). Durch die Einführung von DNSSEC in Schweden wurde der Grundstein für einen sicheren Einsatz von DNS gelegt. Mehr als zwei Drittel der Top-Level-Domains waren in 2017 bereits signiert (2017). Seit 2010 ist DNSSEC auf allen Root-Servern installiert.

---

[16]Für eine weiterführende Betrachtung von DNSSEC sei auf die RFCs 4033, 4034 und 4035 verwiesen.

[17]Mehr zu Verschlüsselungsverfahren ist in (Eckert 2014) zu finden.

Literatur

Eckert, C. (2014). *IT-Sicherheit: Konzepte – Verfahren – Protokolle*. München: Oldenbourg Wissenschaftsverlag.

Mandl, P. (2017). *TCP und UDP Internals – Protokolle und Programmierung*. Wiesbaden: Springer Vieweg.

Tanenbaum, A. S., & Wetherall, D. J. (2011). *Computernetzwerke* (5. Aufl.). München: Pearson Education.

Internetquellen

DNSSEC. (2018). http://www.dnssec.net/why-deploy-dnssec. Zugegriffen am 12.06.2018.

InterNIC. (2018). https://www.internic.net. Zugegriffen am 16.03.2018.

LRZ. (2018). https://www.lrz.de. Zugegriffen am 29.06.2018.

OpenNIC. (2018). https://opennic.org. Zugegriffen am 28.06.2018.

ORSN. (2018). www.orsn.org. Zugegriffen am 28.06.2018.

Root-Servers. (2018). http://www.root-servers.org. Zugegriffen am 12.06.2018.

Zusammenfassung

Seit 2012 ist IPv6 Pflichtprotokoll für jedes IP-fähige Gerät. Vieles, was in IPv4 noch in eigene Protokolle ausgelagert wurde, ist in IPv6 standardmäßig vorhanden. Protokolle wie ARP sind im IPv6 als Neighbor Discovery Protocol (NDP) bereits integriert. Die IPv6-Adressen sind 128 Bits lang, das heißt die Adressproblematik ist mit IPv6 langfristig gelöst. Die Struktur des IPv6-Adressraums ähnelt aber – mit einigen Besonderheiten – der von IPv4. Einige Steuerprotokolle wie ICMP und DHCP und auch einige Routing-Protokolle wie RIP und OSPF mussten auf die neue Adressstruktur angepasst werden, ebenso das Protokoll IGMP für die Kommunikation von Gruppenzugehörigkeiten. Hierfür wird die Multicast Listener Discovery-Funktionalität (MLD) mit Hilfe von ICMPv6 bereitgestellt. Die Steuerinformation wurde bei IPv6 teilweise vereinfacht, Fragmentierung in den Routern wird nicht mehr unterstützt. Routing-Protokolle wie RIP, OSPF und BGP mussten auch auf die neuen IPv6-Adressen angepasst werden.

7.1 Ziele der IPv6-Entwicklung

Vorläufer von IPv4 war das *Network Control Program* (NCP), das bereits 1972 lauffähig war. Zwischen den Jahren 1973 und 1978 wurde dann TCP (Transport Control Protocol) entwickelt und man trennte NCP in die Protokolle IP und TCP auf. Schon früh wurde mit der Entwicklung eines Nachfolgers begonnen und ab 2003 wurde das im Jahre 1998 als IPv7 bezeichnete Protokoll enorm weiterentwickelt. Es wurde schließlich IPv6 daraus.

© Springer Fachmedien Wiesbaden GmbH, ein Teil von Springer Nature 2019
P. Mandl, *Internet Internals*, https://doi.org/10.1007/978-3-658-23536-9_7

IPv6 wurde ursprünglich im RFC 2460 spezifiziert. Die dort beschriebene Funktionalität ist aber teilweise schon wieder veraltet. Der aktuelle Standard ist heute im RFC 8200 beschrieben. Die Spezifikation fordert, dass jedes IP-fähige Gerät auch IPv6 implementieren muss. Mittlerweile beherrschen alle Betriebssysteme und Router IPv4 und IPv6.

Hauptziel der Entwicklung des neuen IP-Protokolls mit der Bezeichnung IPv6 war es, die Adressproblematik umfassend und langfristig zu lösen. Insbesondere auch deshalb, weil man für die vielen neuen Geräte immer mehr Adressen benötigte. In IPv6 gibt es ca. 40 Sextillionen (2^{128}) Adressen, bei IPv4 sind es ca. 4 Milliarden (2^{32}). Weitere Subziele der IPv6-Entwicklung waren:

- Die Vereinfachung des Protokolls zur schnelleren Bearbeitung von Paketen in Routern.
- Reduzierung des Umfangs der Routing-Tabellen.
- Anwendungstypen wie Multimedia-Anwendungen (Echtzeitanwendungen) sollten unterstützt werden.
- Eine höhere Sicherheit in der Vermittlungsschicht (Datenschutz, Authentifikation).
- Das Multicasting sollte besser unterstützt werden.
- Flussmarken zur Unterstützung virtueller Verbindungen sollten eingeführt werden.
- Zur Unterstützung mobiler Hosts sollte eine Möglichkeit geschaffen werden, über die Hosts ihr Heimatnetz verlassen können.
- IPv6 sollte zudem die Möglichkeit der Weiterentwicklung des Protokolls vereinfachen.

Da es von vorneherein unmöglich schien, das ganze Internet auf einen Zug umzustellen, wurde auch schnell klar, dass eine Koexistenz mit IPv4 für eine Migration unbedingt erforderlich war.

Trotz der doch signifikanten Vorteile ist IPv6 im Vergleich zu IPv4 immer noch nur partiell im Einsatz. Der meiste Internetverkehr wird über IPv4 abgewickelt. Aber immerhin nutzten im Januar 2018 bereits über 22 % der Google-Nutzer weltweit IPv6 (Google IPv6 Statistics 2018).

7.2   IPv6-Adressstruktur und -Adressraum

7.2.1   Grundlegendes zur Adressierung

Auch eine IPv6-Adresse kennzeichnet nicht einen Host, sondern ein Interface (physikalischer Port), also den Netzwerkanschluss eines Hosts. Für jedes Interface wird eine eigene IPv6-Adresse vergeben. Auch die Link-Layer-Adressen (MAC-Adressen) sind den Interfaces zugeordnet.[1]

▶ **IPv6: Nodes, Links, Interfaces und Nachbarn** Ein IPv6-fähiges Gerät wird auch als *Node* bezeichnet. Das kann ein Host oder ein Knotenrechner (IPv6-Router) sein.

---

[1] Siehe auch (Wiese 2012).

Ein *Link* ist eine Anbindung eines Nodes an ein Subnetzwerk über eine Netzwerkzugriffstechnologie wie Ethernet. Ein Node besitzt *Interfaces* für den Zugang über Links zu Subnetzwerken.

IPv6-Adressen identifizieren ein *Interface*, Link-Layer-Adressen identifizieren einen Link. In der Regel ist eine Link-Layer-Adresse mit einer IPv6-Adresse verknüpft.

Alle Nodes mit demselben Link sind *Nachbarn* (*Neighbors*).

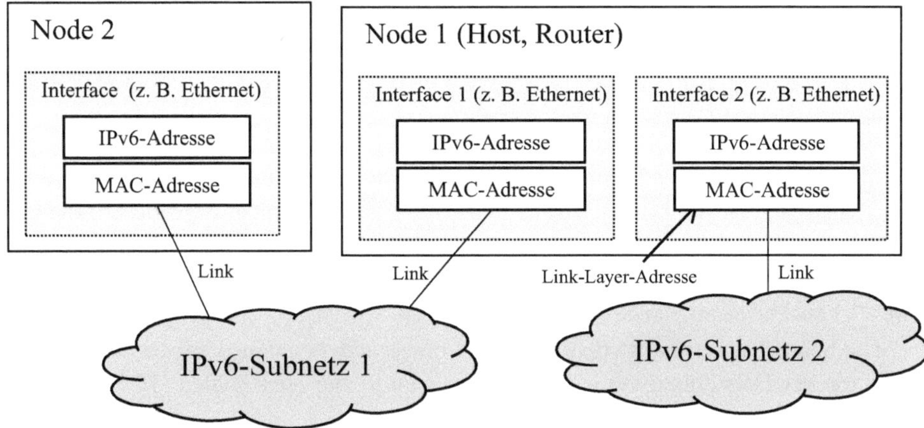

In der Abbildung sind zwei Nodes dargestellt. Node 1 und Node 2 sind Nachbarn im IPv6-Subnetz 1. Node 2 ist über jeweils ein Interface an einen Link zweier Subnetze angebunden.

IPv6 unterstützt 16-Byte lange Adressen (128 Bit). Der grundlegende Aufbau einer IPv6-Adresse mit 128 Bits ist in Abb. 7.1 sowohl unstrukturiert als auch zunächst grob strukturiert in einen Netzwerk- und einen Interface-Anteil dargestellt.

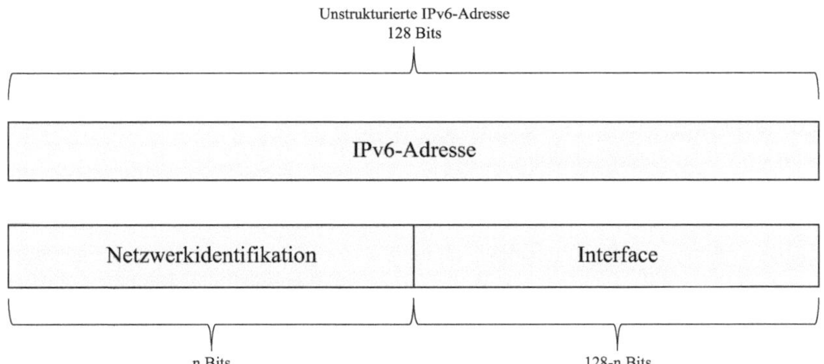

Abb. 7.1 Grundlegender Aufbau einer IPv6-Adresse

Beispiel

Eine anschauliche Analogie zur Anzahl der möglichen IPv6-Adressen (2^{128}) ist die folgende: Wenn die ganze Welt mit Computern bedeckt wäre, könnte man mit IPv6 ca. $7*10^{23}$ IP-Adressen pro m^2 abdecken.

Dies ergibt sich wie folgt: Der Äquatorradius der Erde r ist $6{,}378*10^6$ m. Die Erdoberfläche S ist $4*r^2*Pi$. Daraus folgt $S = 5{,}112*10^{14}$ Quadratmeter (annähernd, da die Erde nicht wirklich eine Kugel ist). Die theoretisch mögliche Anzahl an IPv6-Adressen ist 2^{128} also $3{,}40*10^{38}$. Dies ergibt schließlich $6{,}65*10^{23}$ IPv6 Adressen pro Quadratmeter oder ca. 665 Billiarden IPv6-Adressen pro Quadratmillimeter. Im Vergleich zu IPv4 ergibt sich eine Vergrößerung des Adressraums um 2^{96}.

Der IPv6-Adressraum und speziell genutzte Adressen sind im RFC 4291 festgelegt. Einige Bereiche wie z. B. alle Adressen, die mit 02: beginnen, sind nicht zugewiesen, andere sind für bestimmte Aufgaben reserviert, z. B. wird das Präfix 00: für das Mapping von IPv4 nach IPv6 verwendet. In IPv6 gibt es verschiedene Klassen von Adressen. Diese sind in Tab. 7.1 beschrieben.

Die Schreibweise der IPv6-Adressen ist etwas anders als in IPv4. Die IPv6-Adressen sind von der Darstellung her in acht Gruppen zu je vier Hex-Zahlen (16 Bit) abgetrennt durch Doppelpunkte aufgeteilt.

Zur Abbildung von IPv4-Adressen gibt es in IPv6 die *IPv4-Mapped Adressen*. Sie benutzen immer das Präfix ::FFFF/96. Die verbleibenden 32 Bits werden zur Kodierung der IPv4 Adresse verwendet, die natürlich global eindeutig sein muss. Für die IPv4-Adresse wird die klassische Schreibweise (dotted decimal) verwendet. Alternativ kann eine IPv4-Adresse als normale IPv6-Adresse geschrieben werden. Hierzu müssen jeweils zwei Byte der IPv4-Adresse zu einer Hex-Zahlen-Gruppe umgerechnet werden.

Eine klassenweise Aufteilung in A-, B-, C-Klassen usw. gibt es bei IPv6 nicht. Die 128-Bit-Adresse wird aber üblicherweise in eine Netzidentifikation und in eine Identifikation für den Host strukturiert. Meist werden die ersten n Bits (üblicherweise die ersten 64 Bits) als Netzidentifikation verwendet und der Rest wird der Host-Id zugeordnet. Die Präfixlänge wird gemäß CIDR-Notation an die Adresse gehängt.

Tab. 7.1 IPv6-Adresstypen

Adresstyp	Bedeutung
Unicast-Adressen	Dies ist der traditionelle Adresstyp zum Adressieren des Netzanschlusses eines Hosts oder Routers.
Multicast-Adressen	Sie kennzeichnen eine Reihe von Endsystemen, also eine Gruppe von Interfaces, z. B. für Gruppenkommunikation. Ein Paket wird an alle Netzanschlüsse zugestellt, die einer Multicast-Adresse zugeordnet sind. Die Aufgabe der Broadcast-Adressen (IPv4) wird bei IPv6 von Multicast-Adressen übernommen.
Anycast-Adressen	Sie kennzeichnen eine Gruppe von Netzwerkanschlüssen, die meist einer funktionalen Gruppe angehören (z. B. alle Router). Ein mit einer Anycast-Adresse versehenes Datagramm wird einem beliebigen Rechner aus der Menge zugestellt.

Auch in einer URL kann eine IPv6-Adresse notiert werden, wobei eckige Klammern als Trennzeichen zwischen der IPv6-Adresse und der TCP-Portnummer verwendet werden.

Beispiel

1. Eine IPv6-Adresse sieht ungekürzt prinzipiell wie folgt aus:
   8000:0000:0000:0000:0123:5555:89AB:CDEF
2. Gruppen mit lauter Nullen werden ersetzt:
   8000::0123:5555:89AB:CDEF
3. Nullen hinten können auch weggelassen werden. Die Adresse
   8A00:0000:0123:0005:89AB:CDEF:0000:0000
   wird damit zu 8A00:0:123:5:89AB:CDEF::
4. Die Adresse
   ::65:78C1:9A:6008 entspricht 0000:0000:0000:0000:0065:78C1:009A:6008
5. Die IPv4-Adresse 192.168.0.1 kann wie folgt geschrieben werden:
   ::FFFF:192.168.0.1 oder ::FFFF:C0A8:1
6. CIDR-Notation mit 64 Bits Netzwerkanteil:
   2001::0123:5555:89AB:CDEF/64
7. URL-Notation mit Port:
   http://[2001::0123:5555:89AB:CDEF/64]:8080

IPv6-Notationsregeln und Adress-Sonderformen

Einige Notationsregeln zur besseren Lesbarkeit von IPv6-Adressen sind im RFC 5952 beschrieben (Lüpke 2018):

- Führende Nullen innerhalb von Blöcken müssen weggelassen werden
  `001 → 1`
- Gruppen mit lauter Nullen können durch zwei Doppelpunkte „::" ersetzt werden. Zwei Doppelpunkte müssen aber immer die größtmögliche Anzahl an Nullblöcken kürzen:
  `1005:0:0:0:0:0:0:1 → 1005::1`
- Das Symbol „::" ist nur an einer Stelle der Adresse erlaubt, sonst geht die Eindeutigkeit verloren.
- Alphabetische Zeichen müssen klein geschrieben werden.
- Portnummern werden hinter der schließenden eckigen Klammer, welche auch die URL abschließt, geschrieben.

Es gibt einige spezielle IPv6-Adressen. Diese werden in den ersten Bits der Adresse kodiert (siehe nachfolgende Tabelle). Diese Kodierungen können von den Routern ausgewertet werden.

Präfix	Bedeutung
::/128 (alle 128 Bits stehen auf 0)	Das Präfix entspricht der IPv4-Adresse 0.0.0.0 und steht für die undefinierte Adresse. Eine andere Darstellungsform ist 0:0:0:0:0:0:0:0. Diese Adresse kann beim Bootvorgang eines Hosts verwendet werden, um eine Adresskonfiguration durchzuführen und darf nicht als Empfängeradresse benutzt werden.
::1/128 (0:0:0:0:0:0:0:1)	Das Präfix gibt die Loopback-Adresse (in IPv4 z. B. 127.0.0.1) an. Die Loopback-Adresse wird wie bei IPv4 verwendet, um Paket an sich selbst zu senden. IPv6-Pakete mit der Loopback-Adresse als Zieladresse werden nicht an die angeschlossenen Netze weitergeleitet. Sie dürfen keinem Interface zugewiesen werden.

Präfix	Bedeutung
FF00::/8 (die ersten acht Bits stehen auf 1)	Das Präfix weist auf eine Multicast-Adresse hin.
FF80::/10	Das Präfix weist auf eine Link-lokale Adresse hin

Alle Adressen, die nicht mit einem der Tabelle beschriebenen Präfixe beginnen, werden als globale Unicast-Adressen behandelt.

7.2.2   Globale Unicast-Adressen

Globale Unicast-Adressen dienen dazu, einen Rechner (Host, Router) im Internet global eindeutig zu identifizieren. Eine Unicast-Adresse hat folgenden Aufbau (siehe Abb. 7.2).

Die Netzwerkidentifikation (das *Global Routing Prefix)* kann dazu verwendet werden, den Adressbereich einer Organisation wie z. B. eines Internet Providers oder eines Unternehmens zu identifizieren. Diese Information nutzen Router zur Optimierung. Das Präfix wird üblicherweise nochmals hierarchisch strukturiert. Adressbereiche einer gemeinsamen Route werden in den Routing-Tabellen der Internet-Router zusammengefasst.

Die IANA weist RIRs (RIPE, ARIN, APNIC, …) meist /23-Präfixe, manchmal auch /20-, /21- oder /22-Präfixe zu. Die aktuelle Adresszuweisung durch IANA auf die RIRs ist in IANA IPv6 Unicast Address Assignments 2018 zu finden.

Die *Subnet-Identifikation* kann von den RIRs für eine Aufteilung der IPv6-Adressbereiche in ihrer zuständigen Region genutzt werden. In der Regel werden /32-Präfixe weitergegeben. ISPs vergeben dann an ihre Kunden Adressbereiche in ihrem zugeordneten Adressraum, wobei die Subnet-Identifikation nochmals untergliedert wird.

Die *Interface-Identifikation* dient der Adressierung eines Hosts innerhalb eines Subnetzes. Sie wird manuell zugewiesen oder mit Hilfe eines speziellen Verfahrens automatisch (Autokonfiguration) generiert, das als *EUI-64-Verfahren* bezeichnet wird. Die Interface-Identifikation kann auch zufällig erzeugt werden, um Sicherheitsprobleme zu vermeiden (RFC 4941). Ein Beispiel einer Untergliederung der einzelnen Adressbestandteile ist in Abb. 7.3 dargestellt. Diese Unicast-Adressen sind für Provider geeignet und bestehen aus

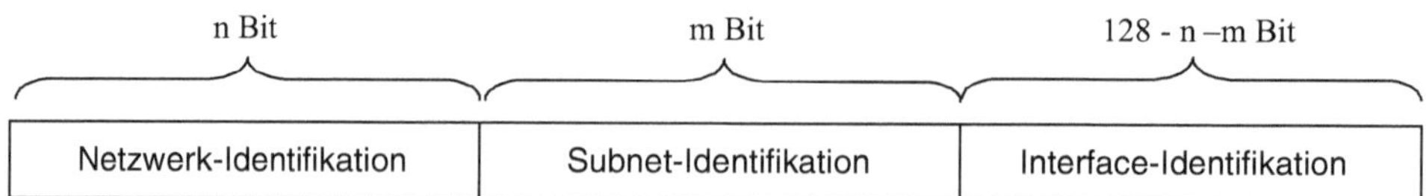

Abb. 7.2 Aufbau einer globalen Unicast-Adresse

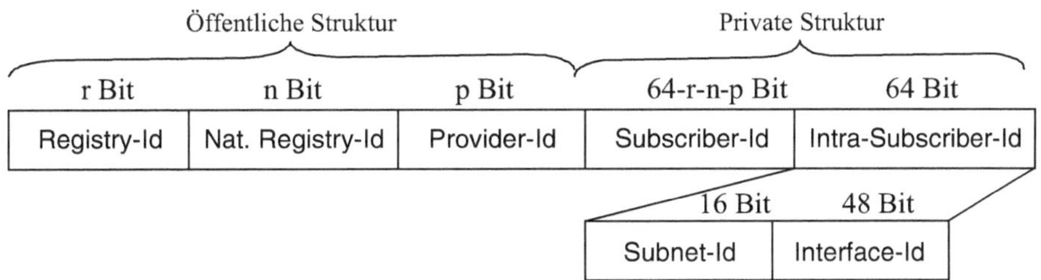

Abb. 7.3 Beispiel einer konkreten Struktur einer globalen Unicast-Adresse

einem öffentlichen und einem privaten Anteil. Die einzelnen Adressbestandteile haben dabei nach RFC 2073 folgende Bedeutung:

- *Registry-Id* ist die internationale Registrierungs-Id; ICANN hat die Registry-Id 0b10000, RIPE hat 0b01000 und APNIC hat 0b00100 usw.
- *Nat. Registry-Id* ist die Identifikation einer nationalen Organisation.
- *Provider-Id* identifiziert den Anbieter der Internet-Dienste, den ISP. Die Provider-Id kann von variabler Länge sein. Ein großer, weltweit agierender Provider erhält z. B. eine kleine Id (p ist klein). Damit bleiben mehr Bits für die Sub-Provider dieses Anbieters übrig.
- *Subscriber-Id* kennzeichnet einen privaten Netzbetreiber und kann mit der Netzwerk-Id in IPv4 verglichen werden.
- *Intra-Subscriber-Id* dient der privaten Nutzung und kann nochmals zur Strukturierung innerhalb eines privaten Netzes verwendet werden. Hierzu wird der Adressanteil in eine *Subnet-Id* und eine *Interface-Id* zerlegt, was bei IPv4 ebenfalls der *Subnet-Id* und der *Host-Id* entspricht. In diesen Adressbestandteil kann z. B. die 48-Bit-MAC-Adresse übernommen werden.

64-Bit Extended Unique Identifier und EUI-64-Verfahren

Als 64-Bit Extended Unique Identifier bezeichnet man ein MAC-Adressformat zur Identifikation von Netzwerkgeräten, das von IEEE standardisiert wurde (siehe auch RFC 4291). Eine EUI-64-Adresse ist, wie der Name andeutet, 64 Bits lang.

Das EUI-64-Verfahren beschreibt die automatische Erweiterung der 48-Bit-langen MAC-Adresse auf die 64-Bit-lange EUI-Adresse. EUI-64-Adressen können aus IEEE-802-Adressen abgeleitet und für den Interface-Identification-Teil der IPv6-Adresse verwendet werden.

Eine international agierende Registrierungsorganisation kann also mehrere nationale Organisationen versorgen und diese können wiederum jeweils weitere Organisationen mit Adressen versorgen. Die öffentlichen Adressanteile ermöglichen eine globale Lokalisierung auf der Erde, womit ein weltweites hierarchisches Routing ermöglicht wird.

Globale Unicast-Adressen dienen also im Wesentlichen der Hierarchisierung. Damit kann eine weltweite Hierarchie an Adressen aufgebaut werden, die letztendlich im Vergleich zu IPv4 zur Reduzierung der Einträge in den Routing-Tabellen führt.

7.2.3 Link-lokale Adressen

Eine *Link-lokale Adresse* besteht aus dem Präfix FE80::/10 und dem 64 Bits langen
Interface-Identifier. Link-lokale Adressen werden in den IP-Instanzen der gängigen Betriebssysteme während des Systemstarts erzeugt und auf das lokale Subnetz beschränkt.
Sie sind nur für den Einsatz innerhalb des eigenen Netzwerkes bestimmt. Sie dürfen daher
von Routern nicht in andere Netze weitergeleitet werden und entsprechen im Wesentlichen
den privaten IPv4-Adressen.

Jedes Interface verfügt über eine Link-lokale Adresse. Nach den ersten 10 festgelegten
Bits folgen in einer Link-lokalen Adresse 54 0-Bits. Danach kommt die 64-Bits breite In-
terface-Id. Beispielhafte Einsatzbereiche für Link-lokale Adressen sind die *automatische
Adresskonfiguration* oder das *Neighbor Discovery* (siehe Abschn. 7.4.2 und 7.4.1).

7.2.4 Anycast-Adressen

Anycast-Adressen ist in IPv6 kein eigener Adressbereich zugeordnet. Sie werden vielmehr
aus dem Adressbereich der Unicast-Adressen erstellt. Eine Unicast-Adresse, die mehr als
einem Interface zugeordnet wird, bezeichnet man als *Anycast-Adresse*. Alle Knoten, die
einer Anycast-Gruppe hinzugefügt werden, müssen explizit dafür konfiguriert werden.
Die Router versuchen über ihre Forwarding-Informationen den nächsten Zielknoten der
Anycast-Gruppe zu erreichen.

Eine Anycast-Adresse besitzt, analog zu den anderen Adressen, einen Präfix zur Identifikation des Netzwerks. Innerhalb des durch das Präfix identifizierten Netzwerkes müssen sich alle Knoten befinden, die mit einer Anycast-Adresse adressiert werden. Innerhalb
des Netzwerkes einer Anycast-Gruppe muss die vollständige Anycast-Adresse als ge-
sonderter Eintrag in den Forwarding-Tabellen geführt werden. Soll eine Anycast-Gruppe
gebildet werden, die über das gesamte Internet verteilt ist, muss ein Präfix mit der Länge
0 gewählt werden. Für solche globalen Anycast-Adressen müssen die entsprechenden Einträge in den Routing-Tabellen aller Router verwaltet werden.

Eine beispielhafte Anycast-Adresse ist die vordefinierte Adresse aller Router eines Teilnetzes. Ergänzt man die Identifikation eines Netzwerks mit einer „leeren" (alle Bits sind auf
0 gesetzt) Identifikation für den Host, erhält man die Anycast-Adresse der lokalen Router.
Ein Paket, das an diese Anycast-Adresse versendet wird, erreicht in der Regel direkt einen
der nächsten Router. Es ist somit möglich, nur mit dem Wissen der Netzwerkidentifikation
einen der Router im lokalen Netzwerk über die Anycast-Adresse anzusprechen.

Nachteilig an der Anycast-Kommunikation ist, das man bei Änderungen im Netz nicht
vorhersehen kann, welcher Zielknoten ausgewählt wird. Anycast ist damit nicht für beliebige Anwendungsfälle interessant. Einsatz findet es z. B. bei DNS zum Auffinden von
Root-Name-Servern Abschn. (6.6.2).

Es sei noch erwähnt, dass eine IPv6-*Anycast-Adresse* nicht als Quelladresse in einem
IPv6-Paket steht darf.

7.2.5 Multicast-Adressen

Auch in IPv6 dienen Multicast-Adressen dem Senden von Nachrichten an eine Gruppe. Multicast-Nachrichten werden z. B. für die Anwendungen *Neighbor Discovery, DHCPv6* und für die Unterstützung des Routings eingesetzt. Eine IPv6-*Multicast-Adresse* darf wie bei IPv4 nicht als Absenderadresse benutzt werden. Der Aufbau ist in Abb. 7.4 skizziert.

IPv6-Multicast-Adressen beginnen mit dem Format-Präfix FF::/8 (0b11111111). Anschließend folgt ein Feld namens *Flag*, von denen das letzte Bit angibt, ob es sich um eine temporär vergebene oder um eine „well-known", also eine ständig zugeordnete Multicast-Adresse handelt. Die ersten drei Bits sind für zukünftige Verwendungen reserviert und müssen derzeit auf Null gesetzt sein.

Im Feld *Scope* ist in einem Halbbyte der Gültigkeitsbereich festgelegt (Werte: $0 \times 0 - 0 \times F$). Der Wert 0xE bedeutet z. B., dass es sich um eine Multicast-Adresse handelt, die alle Rechner adressiert. Dies entspricht der IPv4-Broadcastadresse. Das Feld *Scope* legt somit fest, wie weit sich ein Multicast-Paket ausbreiten darf. Mögliche Werte sind unter anderem:

- Der Wert 0×1 kennzeichnet eine Multicast-Adresse, die sich nur auf das Interface eines Rechners bezieht. Die Pakete, die an diese Adresse gesendet werden, sind knotenlokal und verlassen den Knoten nie. So gekennzeichnete Adressen sind also vergleichbar mit den IPv4-Loopback-Adressen.
- Der Wert 0×2 gibt an, dass es sich um eine Link-lokale Adresse handelt. Die IPv6-Pakete, die an diese Adresse gesendet werden, werden von Routern grundsätzlich nie weitergeleitet und können deshalb das Subnetz nicht verlassen.

Im Feld *Group-Id* ist schließlich die Identifikation der Multicast-Gruppe enthalten. Im RFC 3306 (Update im RFC 7371) wird die Strukturierung dieses Feldes weiter diskutiert.

IPv6-Multicast-Adressen werden übrigens ähnlich wie bei IPv4 ebenfalls auf Ethernet MAC-Adressen abgebildet. Hier werden die letzten vier Bytes der IPv6-Adresse in die MAC 33-33-00-00-00-00 eingesetzt, was auch zu Kollisionen führt.

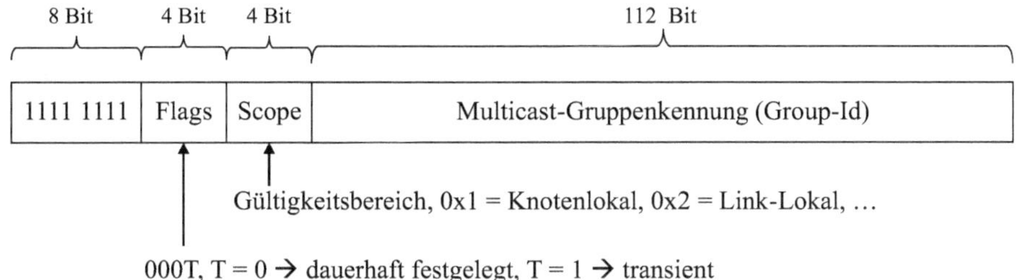

Abb. 7.4 Aufbau einer IPv6-Multicast-Adresse

7.3   IPv6-Steuerinformation

In Abb. 7.5 ist der IPv6-Header dargestellt. Er ist im Vergleich zum IPv4-Header etwas einfacher strukturiert, da die Länge des IPv6-Headers fix ist. Damit ist auch in den Routern eine einfachere Verarbeitung möglich. Optionale Angaben sind in Erweiterungs-Header ausgelagert, die nur bei Bedarf verwendet werden.

Die Felder des IPv6-Headers sind in Tab. 7.2 erläutert.

In Tab. 7.3 sind die in IPv6 definierten Erweiterungs-Header zusammengefasst. Header und Erweiterungs-Header sind miteinander verkettet, wobei jeder Typ maximal einmal vorkommen kann. Die Erweiterungen werden nicht in den Routern bearbeitet, sondern nur in den Endsystemen. Eine Ausnahme hierzu ist der Routing-Erweiterungs-Header. Die Reihenfolge der Erweiterungs-Header in einem IP-Paket ist genau festgelegt.

IPv6-Flussmarken

Ein interessanter Aspekt in IPv6 sind Flussmarken. Ziel von Flussmarken ist der Aufbau von Pseudo-verbindungen zwischen Quelle und Ziel mit definierbaren QS-Merkmalen wie Verzögerung und Bandbreite. Ressourcen können reserviert werden, was für Datenströme von Echtzeitanwendungen sehr hilfreich ist. Ein „Fluss" wird durch die Quell- und Zieladresse sowie durch eine Flussnummer eindeutig identifiziert.

Die Flexibilität von Datagramm-Netzen soll bei diesem Mechanismus mit den Vorteilen der virtuellen Verbindungen kombiniert werden. Router führen für die Verarbeitung von „Flüssen" eine Sonderbehandlung durch. Man sollte allerdings erwähnen, dass das Thema noch stark in der Experimentierphase ist, weshalb hier auch nicht weiter darauf eingegangen wird.

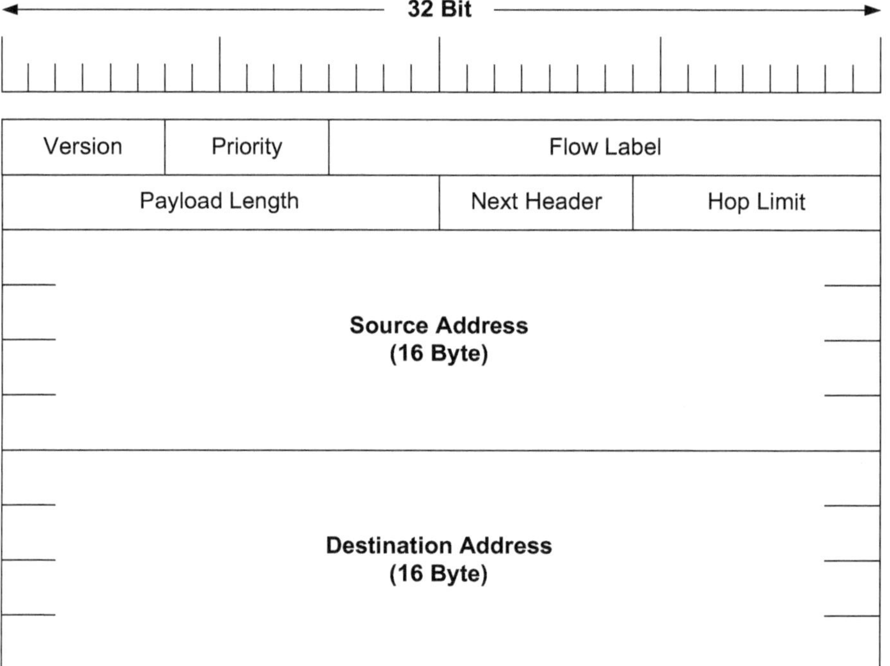

Abb. 7.5 IPv6-Header

Ein Beispiel für eine Kette aus einem IPv6-Header mit einem Erweiterungs-Header und einer anschließenden TCP-PDU ist in Abb. 7.6 dargestellt. Nach dem letzten Erweiterungs-Header bzw. unmittelbar nach dem IPv6-Header folgen die im IPv6-Paket zu übertragenden Nutzdaten, in diesem Fall ein TCP-Header gefolgt von den TCP-Nutzdaten.

Die Erweiterungs-Header für das Routing und für die Fragmentierung sollen im Folgenden beispielhaft diskutiert werden.

Tab. 7.2 Felder des IPv6-Headers

Feldbezeichnung	Länge in Bits	Bedeutung
Version	4	Versionsnummer des Internetprotokolls (6).
Priorität	8	Der Wert der Priorität dient als Information für den Router und ist interessant bei Überlastsituationen. Folgende Werte sind möglich: • 0–7 = Verkehrsarten mit Staukontrolle • 0 = nicht charakterisierter Verkehr • 4 = stoßartiger Verkehr (z. B. Filetransfer) • 6 = interaktiver Verkehr (z. B. Remote Login) • 8–15 = Verkehrsarten ohne Staukontrolle (8 z. B. für Videoanwendungen).
Flow Label	20	Flussmarke zur Identifikation des „Flusses", falls ungleich 0. Flussmarken werden im Quellknoten in die IPv6-PDU eingetragen. Die Quelladresse kennzeichnet in Verbindung mit der Zieladresse und der Flussmarke einen Fluss.
Payload Length	16	Nutzdatenlänge ohne die 40 Bytes des IPv6-Headers.
Next Header	8	Verweis auf ersten Erweiterungs-Header. Der letzte Erweiterungs-Header verweist auf den Protokolltyp der nächsthöheren Schicht (vergleiche hierzu das IPv4-Feld Protokoll).
Hop Limit	8	Verbleibende Lebenszeit des Pakets in Hops. Jeder Router zählt das Hop-Limit bei Ankunft eines IP-Pakets um 1 herunter. Dies entspricht dem TTL-Feld in IPv4. Der Name entspricht jetzt der eigentlichen Nutzung im Internet.
Source Address	128	IPv6-Adresse der Quelle.
Destination Address	128	IPv6-Adresse des Ziels.

Tab. 7.3 IPv6-Erweiterungs-Header

Erweiterungs-Header	Beschreibung
Optionen für Teilstrecken (Hop-by-Hop)	Verschiedenene Informationen für Router, um beispielsweise Debugging-Funktionen auszuführen.
Routing	Definition einer vollen oder einer Teilroute, die das Paket durchlaufen muss.
Fragmentierung	Informationen zur Fragmentierung von IPv6-Paketen.
Authentifizierung	Dient der Echtheitsüberprüfung des Senders.
Verschlüsselte Sicherheitsdaten	Informationen über verschlüsselte Inhalte.
Optionen für Ziele	Zusätzliche Informationen, die dem Zielrechner übermittelt werden sollen (generisch und erweiterbar).

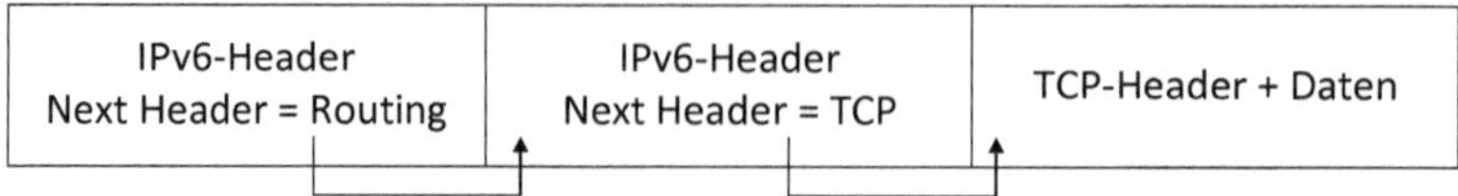

Abb. 7.6 Verkettung der IPv6-Erweiterungs-Header

Next Header	0	Anzahl Adressen	Nächste Adresse
reserviert	Bitmuster		
Adressliste (1-24 IPv6-Adressen)			

Abb. 7.7 IPv6-Routing-Erweiterungs-Header

Der *Routing-Header* nach Abb. 7.7 dient dem Quellhost zur Festlegung (Vorabdefini-
tion) des Weges (Pfads) bis zum Ziel. Es wird sowohl striktes als auch loses Routing, d. h.
ein voller Pfad oder ausgewählte Router zugelassen. Der Routing-Header enthält folgende
Felder:

- *Next Header*: Verweis auf den nächsten Erweiterungs-Header in der Kette.
- *Anzahl Adressen*: Anzahl der folgenden IPv6-Adressen, die besucht werden müssen.
- *Next Address*: Index innerhalb der folgenden IPv6-Adressliste auf die nächste zu besu-
  chende Adresse.
- *Bitmuster*: Bitmap, in der für jede IPv6-Adresse ein Bit vorhanden ist. Bei einer Bit-
  folge mit Werten von 1 müssen die korrespondierenden Adressen unmittelbar aufeinan-
  der besucht werden. Ansonsten können auch andere Router dazwischen liegen.
- *Adressliste*: Bis zu 24 IPv6-Adressen, die durchlaufen werden müssen.

Der *Fragmentierungs-Header* wird verwendet, um größere Dateneinheiten zu senden, also
wenn die IP-PDU-Länge größer als die MTU-Größe des Pfades ist.
   Nach Abb. 7.8 sind im Fragmentierungs-Header folgende Felder enthalten:

- *Next Header*: Verweis auf den nächsten Erweiterungs-Header in der Kette.
- *Fragment Offset*: Position der Nutzdaten relativ zum Beginn der PDU (Ursprungs-
  Dateneinheit).
- *Identifikation*: Identifikation (Id) der PDU.
- *M*: Dies ist das More-Flag, M = 1 bedeutet, dass weitere Fragmente folgen.

Im Gegensatz zu IPv4 erfolgt die Fragmentierung bei IPv6 nur im Quellknoten, die
IPv6-Router fragmentieren dagegen nicht. Dies hat eine geringere Routerbelastung zur
Folge, die natürlich auf Kosten der Hosts geht. IPv6 verfügt auch über eine Path-MTU-
Discovery-Funktion in den Endsystemen zum Auffinden der MTU-Größe, die für den
gesamten Pfad von der Quelle zum Ziel passt.

Next Header	reserviert	Fragment Offset	00M
Identifikation			

Abb. 7.8 IPv6-Fragmentierungs-Erweiterungs-Header

7.4 Besondere IPv6-Mechanismen

7.4.1 Neighbor Discovery

Das *Neighbor Discovery Protocol* (ND-Protokoll, RFC 2461) dient bei IPv6 zur Unterstützung der automatischen Konfiguration von Endsystemen. Im ND-Protokoll spricht man von *Links*, wenn man einen Netzwerkanschluss meint und von Link-Adresse, wenn man von der Adresse des Netzwerkanschlusses spricht. Dabei spielt es keine Rolle, um welchen physikalischen Netzwerkanschluss es sich handelt. Das ND-Protokoll ist sowohl für LANs als auch für verbindungsorientierte Netze (z. B. ISDN, ATM) konzipiert. In einem Ethernet-LAN ist die Link-Adresse eine MAC-Adresse und in ATM-Netzwerken eine ATM-Adresse.

Das ND-Protokoll löst einige Probleme, die aus der IPv4-Konfiguration bekannt sind und dort in eigenen Protokollen behandelt werden. Hierzu gehören unter anderem:

- Das Auffinden von IPv6-Routern im gleichen Link (Subnetz). Dies wird als *Router Discovery* bezeichnet.
- Die dynamische Zuordnung von Konfigurationsparametern wie der maximalen MTU-Größe und dem Hop-Limit an IPv6-Endsysteme. Hier spricht man von *Parameter Discovery*.
- Die automatische IPv6-Adress-Konfiguration für Interfaces zur Laufzeit (*Neighbor Solicitation*). Hier ist auch die Abbildung der bisherigen 48-Bit-MAC-Adressen auf die EUI-64-Bit-Adressen von Bedeutung.
- Die dynamische Adress-Auflösung für Layer-2-Adressen wie es bei IPv4 im ARP-Protokoll abgewickelt wird.
- Die optimale MTU-Größe wird in IPv6 vom sendenden Endsystem eingestellt und muss zur Laufzeit gefunden und optimiert werden. Die Suche nach der optimalen MTU-Größe auf dem Pfad zwischen Sender und Empfänger wird wie bei IPv4 als Path MTU Discovery bezeichnet.

Beispielhaft sollen zwei Aspekte betrachtet werden: Die Ermittlung von Konfigurationsparametern vom Router (*Parameter Discovery*) und das Auffinden von Routern im Netz (*Router Discovery*).

Wenn ein Endsystem seinen nächsten Router sucht, sendet es eine *Router-Solicitation*-Nachricht über Multicast an die Adresse „FF02::2". Damit werden alle Router angesprochen. Die Router antworten mit einer *Router-Advertisement*-Nachricht. Damit unterstützt das ND-Protokoll das Auffinden des verantwortlichen Routers zur Laufzeit und man muss diese Information nicht im Endsystem manuell konfigurieren oder über DHCP ermitteln. In einem IPv6-Subnetz können im Gegensatz zu IPv4 mehrere Router aktiv sein. Das ND-Protokoll nutzt zur Abwicklung seiner Aufgaben einige ICMPv6-Nachrichten. Das Ermitteln des nächsten Routers im Subnetz wird z. B. über eine ICMPv6-Nachricht (Router Discovery) durchgeführt.

Ein Host eines Subnetzes kann zum Startzeitpunkt eine Nachricht ins Subnetz senden, die als *Router-Solicitation*-Nachricht[2] bezeichnet wird. Die Nachricht wird an die feste Multicast-Adresse „FF02::1"[3] (Scope = „Link-lokal", also im Subnetz) gesendet. Ein Router antwortet mit einer *Router-Advertisement*-Nachricht an die Link-Adresse des Endsystems. Folgende Parameter kann eine *Router-Advertisement*-Nachricht unter anderem übertragen:

- *Max-Hop-Limit*: Dies ist der Wert „Hop-Limit", der in die IPv6-PDUs eingetragen wird.
- *Retransmission-Timer*: Zeit in Millisekunden, die seit dem Absenden der letzten *Solicitation*-Nachricht abgelaufen ist.
- *Managed-Address-Configuration-Flag*: Über diese Information wird angezeigt, dass der Router eine *stateful Configuration* (siehe unten) mit DHCPv6 unterstützt.
- Über ein *Optionsfeld* wird z. B. vom Router auch die *MTU-Größe* übermittelt. Mit dieser Information kann das Endsystem zur Vermeidung von Fragmentierung beitragen, was ja in IPv6 Aufgabe der Endsysteme ist.

In IPv4 wird die dynamische Ermittlung von Parametern vom DHCP-Server mitübernommen, sofern nicht eine statische Einstellung der Parameter im Endsystem vorgenommen wird.

Jeder IPv6-Router sendet zudem periodisch seine Parameter im Subnetz über eine *Router-Advertisement*-Nachricht auch über die Multicast-Adresse „FF02::2".

Wenn in IPv6 beim Parameter Discovery kein Router antwortet, besteht alternativ die Möglichkeit, das Protokoll DHCPv6 zu verwenden. Dies muss entsprechend im Netzwerk konfiguriert werden.

7.4.2 Stateless Address Autoconfiguration (SLAAC)

Die automatische Konfiguration von Endsystemen, d. h. die Versorgung der Endsysteme mit IPv6-Adressen wird in IPv6 über zwei Varianten unterstützt: *Stateless* und *Stateful Address Autoconfiguration*. Erstere wird auch mit *SLAAC* bezeichnet und im RFC 4862 beschrieben. In diesem RFC wird auch klargestellt, dass die Bezeichnung „Stateful

---

[2] Solicitation = Bewerbung, Ansuchen.

[3] Diese Multicast-Adresse wird als *Solicited-Multicast-Adresse* bezeichnet.

Address Autoconfiguration" nicht mehr verwendet werden soll. Hier wird einfach auf das Protokoll DHCPv6 verwiesen.

Bei der Variante *Stateless Address Autoconfiguration* suchen sich die Endsysteme eines IPv6-Subnetzes automatisch ohne Unterstützung durch einen dedizierten DHCP-Server ihre IP-Adressen. Das Verfahren funktioniert nur innerhalb von IPv6-Subnetzen. Die IPv6-Adresse eines Subnetzes setzt sich aus zwei Teilen, einem Präfix und einem Link-Token, zusammen. Das Link-Token repräsentiert die einem Endsystem bereits zum Startzeitpunkt bekannte MAC-Adresse (im Falle eines LAN). Nur das Präfix muss ermittelt werden, der Rest ist dem Endsystem bekannt.

Für die Variante *Stateful Address Autoconfiguration* wird ICMPv6 als Protokoll verwendet. ICMPv6-Pakete werden hierfür wiederum in IPv6-Pakete eingebettet, die als Hop-Limit den Wert 0 enthalten. Eine Weiterleitung der Pakete durch einen Router ist damit nicht zugelassen. Der Ablauf ist grob in Abb. 7.9 skizziert.

Wenn ein Endsystem eine IPv6-Adresse eines Kommunikationspartners benötigt, sendet es zunächst in einem ersten Schritt die eigene Link-Adresse, also die MAC-Adresse, in einer ICMPv6-Nachricht mit dem Typ 135 über die *Solicited-Multicast-Adresse* „FF02::1". Diese Nachricht wird als *Neighbor-Solicitation* bezeichnet. Dabei werden alle Endsysteme und Router des Subnetzes angesprochen. Wenn nun ein Rechner im Subnetz die gesendete MAC-Adresse (das Link-Token) ebenfalls verwendet, sendet dieser eine *Neighbor-Advertisement*-Nachricht direkt an die Link-Adresse des anfragenden Endsystems. Damit kann also festgestellt werden, ob ein Link-Token bereits verwendet wird. Ist dies der Fall, muss eine manuelle Konfliktauflösung erfolgen.

Wenn das Link-Token eindeutig ist, also sich kein anderer Rechner beschwert, wird in einem zweiten Schritt eine weitere *Neighbor-Solicitation*-Nachricht an die spezielle *All-Routers-Multicast-Adresse* gesendet. Diese Nachricht ist für alle lokalen Router

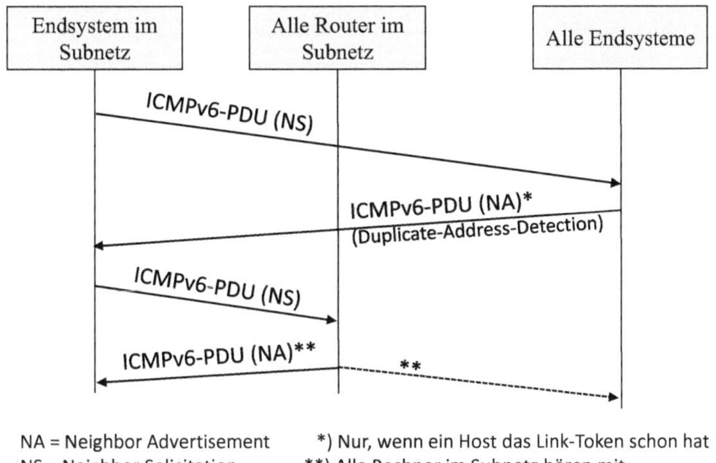

Abb. 7.9 Ablauf bei Stateless Address Autoconfiguration

bestimmt. Mindestens ein Router antwortet an die *Solicited-Multicast-Adresse* mit einer *Neighbor-Advertisement*-Nachricht, in der er das Präfix zur Ergänzung der IPv6-Adresse an das Endsystem überträgt. Alle Rechner im Netz hören die Nachricht mit und die IPv6-Adresse ist nun im Subnetz bekannt.

Durch dieses Verfahren wird auch ein vereinfachtes Renumbering von IPv6-Adressen möglich, da die Vergabe der Adressen zeitlich über eine Lease-Zeit begrenzt wird.

Stateless Address Autoconfiguration ist durchaus risikoreich, da ein Router auch ausfallen kann und dann kein Endsystem mehr in der Lage ist, im Subnetz zu kommunizieren. Eine Ergänzung der Variante um einen DHCPv6-Server ist daher möglicherweise durchaus sinnvoll.

7.4.3 Multicast Listener Discovery

Das in IPv4 verwendete IGMP zur Kommunikation von Multicast-Gruppenzugehörigkeiten wird in IPv6 durch das ICMPv6-Protokoll mitabgedeckt. Die Funktion wird als *Multicast Listener Discovery* (MLD) bezeichnet. MLDv1 (RFC 2710) entspricht in etwa der Funktionalität von IGMPv2 und MLDv2 (RFC 3810, RFC 4604) der vom IGMPv3-Protokoll. Im Unterschied zu IPv4 wird in IPv6 für diese Aufgaben ICMPv6 anstelle von IGMP für die Kommunikation zwischen Host und Router verwendet. RFC 4604 bezeichnet die Multicast-Funktionalität auch als *Source-specific Multicast (SSM)*. Hosts und Router, die Multicast unterstützen, werden als *SSM-aware* bezeichnet.[4]

Im Internet wird die Bezeichnung *Group Management Protocol* (GMP) sowohl für IGMP als auch für MLD verwendet. Als *Source-Filtering GMP* (SFGMP) werden nur die Versionen IGMPv3 und MLDv2 bezeichnet. Source-Filtering bedeutet, dass ein Host selektiv auswählen kann, von welchen Quellrechnern einer Multicast-Gruppe Nachrichten empfangen werden sollen.

MLD ist ein Subset von ICMPv6 und nutzt bestimmte ICMP-Nachrichtentypen. MLD-Pakete sind also in ICMPv6-Nachrichten eingebettet. Im Feld *Next Header* des IPv6-Headers identifiziert der Wert 58 die ICMPv6-Pakete. Mit einer ICMPv6-Nachricht vom Typ 130 sendet z. B. ein Multicast-fähiger Router eine Abfrage an die benachbarten Hosts, um herauszufinden, wer an welcher Multicast-Gruppe beteiligt ist (Multicast Listener Query). ICMPv6-Nachrichten vom Typ 143 werden von den Hosts verwendet, um ihren benachbarten Routern ihren Multicast-Listener-Status bzw. Statusänderungen mitzuteilen (Multicast Listener Report). Der Aufbau der Nachrichten entspricht dem IGMPv3-Nachrichtenaufbau.

Die Multicast-Adressen sind in IPv6 festgelegt, sie beginnen mit 0xFF (Präfix FF::/8). MLD-Pakete werden immer von einer Link-lokalen Adresse aus versendet und haben im IPv6-Header den Hop Count auf 1 gesetzt.

---

[4]Eine ausführliche Abhandlung zu Multicast im Internet ist in (Minoli 2008) zu finden.

7.5   Anpassung wichtiger Protokolle an IPv6

Für die Nutzung von IPv6 verändern sich auch die meisten Steuer- und Routing-Protokolle, wenn auch teilweise nur geringfügig. ARP und IGMP fallen zum Beispiel ganz weg, weil die Funktionalitäten vollständig in IPv6 bzw. in ICMPv6 integriert sind. Im Folgenden sollen Veränderungen der wichtigsten Protokolle kurz vorgestellt werden. Neben den hier genannten Anpassungen ist für die Nutzung von IPv6 auch die TCP/UDP-Socket-Schnittstelle anzupassen, da in Funktionsaufrufen IPv6-Adressen anstelle von IPv4-Adressen verwendet werden.

7.5.1   ICMPv6

In IPv6-Umgebungen ist das Steuer- und Kontrollprotokoll ICMPv6 für die Funktionsfähigkeit von IPv6 zwingend erforderlich. IPv6 funktioniert nicht ohne ICMPv6. In ICMPv6 sind im Vergleich zu ICMP einige Funktionen ergänzt worden. ICMPv6 wird wie das bisherige ICMP neben der Übertragung von Fehlermeldungen auch für Diagnoseinformationen verwendet. Darüber hinaus wird es zur Unterstützung der automatischen Adresskonfiguration eingesetzt. ICMPv6 ist im RFC 4443 spezifiziert und wird in einigen Aktualisierungen wie etwa im RFC 8335 erweitert.

Der ICMPv6-Header (siehe Abb. 7.10) wird in der IPv6-Nachricht, in der sie eingebettet ist, mit der Next-Header-Information = 58 eingeleitet. Die Felder entsprechen der herkömmlichen ICMP-PDU. Die Typ-Angabe ist neu organisiert:

- Typ = 1 bedeutet z. B. „Destination Unreachable Message"
- Typ = 2 beinhaltet die Information „Packet too big Message". In IPv4 wurde bei diesem Ereignis vom Router ein ICMP-Paket vom Typ = 3 mit Code = 4 gesendet.
- Typ = 128 beinhaltet die Information „Echo Request Message" und wird vom Kommando *ping* genutzt.
- usw.

Neu sind vor allem die Nachrichtentypen 130, 131 und 132 für die Multicast-Gruppen-Membership-Nachrichten und die Typen 133 bis 173 zur Unterstützung der automatischen Adresskonfiguration.

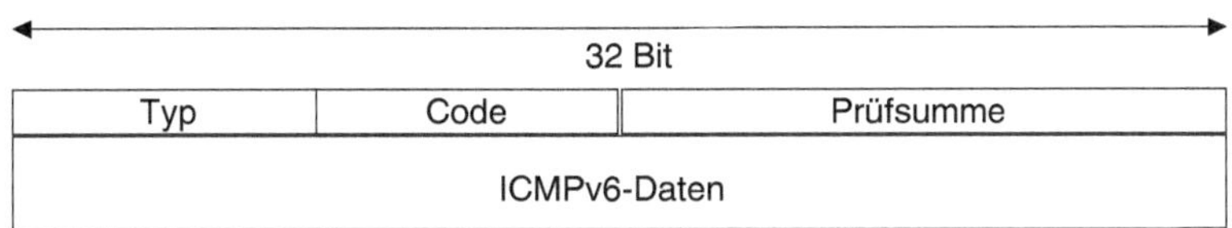

Abb. 7.10 ICMPv6-Header

7.5.2   DHCPv6

Die zustandsbehaftete Adress-Autokonfiguration wird in IPv6 über das Protokoll DH-CPv6 unterstützt. Das Protokoll hat nur wenige Erweiterungen gegenüber DHCP und ist im RFC 3315 sowie in einigen Aktualisierungs-RFCs beschrieben. DHCPv6 deckt auch eine DHCP-Sicherheitslücke ab, da nur autorisierte Clients einen Zugang zum DHCP-Server erhalten.

Wie bei DHCP wird hierfür ein DHCP-Server benutzt, der die Adressen und sonstige Konfigurationsparameter (z. B. Router-Adresse, DNS-Servername) verwaltet. DHCP nutzt UDP als Transportprotokoll. Für die Clientseite ist der UDP-Port 546 belegt, für die Serverseite der UPD-Port 547.

Das Endsystem fungiert als DHCP-Client und kommuniziert über das DHCPv6-Protokoll mit einem DHCPv6-Server. Ist der Server nicht im Subnetz, kann er im DHCPv6-Modell über einen *DHCPv6 Relay Agenten* (RFC 6221), der auf einem Router liegt, indirekt angesprochen werden.

7.5.3   NAT

Network Address Translation (NAT) sollte ursprünglich das IPv4-Adressproblem lösen bzw. abmildern. Da es in IPv6 genügend Adressen gibt, wird NAT in reinen IPv6-Netzen nicht mehr benötigt.

Durch den Einsatz von NAT wird das Ende-zu-Ende-Prinzip aufgegeben. Daher war NAT auch schon immer in der Kritik. In der Internet-Community wird aber auch darüber diskutiert, dass die sicherheitstechnischen Dienste, die NAT leistet, in IPv6 nicht gleichwertig vorhanden sind. NAT schottet nämlich Hosts in privaten Netzen nach außen ab. Allerdings war das ohnehin ursprünglich nicht die Aufgabe von NAT, sondern vielmehr die Aufgabe von Firewalls. Da NAT bei reinen IPv6-Netzen entfällt, muss besonders auf die richtige Konfiguration der Firewalls geachtet werden.

Aktuell wird NAT allerdings noch sehr intensiv genutzt, zumal IPv4 und IPv6 häufig gemeinsam eingesetzt werden bzw. IPv4 noch stark dominiert.

7.5.4   RIPng

RIPng (RIP next generation, RFC 2462) ist eine Anpassung des Routing-Protokolls RIPv2 an IPv6. Insbesondere wird hier die Adressierung auf die neue Adresslänge erweitert. RIPng bleibt aber ein Distance-Vector-Protokoll. Der Austausch der Routing-Informationen und auch der maximale Hop-Count von 15 ändern sich nicht. Zur Vermeidung des Count-to-Infinity-Problems werden ebenfalls die bei RIPv1 und RIPv2 vorgeschlagenen Methoden verwendet.

Die wesentlichen Veränderungen sollen kurz dargestellt werden:

- Die Präfixlänge der Subnetzmaske und nicht mehr die Subnetzmaske selbst wird in den Routing-Informationen übermittelt. Damit ist es auch möglich, dass RIPng in Netzwerken eingesetzt wird, in denen mehrere Präfixlängen verwendet werden.
- Durch Angabe eines „nächsten Hops" kann der nächste Router für ein Netzwerkziel direkt angegeben werden. Im Gegensatz zu RIPv2 dient die Angabe zur Adressierung eines nächsten Routers und nicht eines Hosts.

Der Aufbau einer RIPng-PDU ist in Abb. 7.11 skizziert. Der Aufbau des Headers entspricht dem von RIPv2. Die Tabelle mit Routing-Informationen wird als *RTE*-Tabelle (*Routing Table Entry*) bezeichnet. Die Länge der RTE-Tabelle ist nur durch die MTU-Größe beschränkt. In den RTEs gibt es einige Unterschiede zu RIPv2. Im Feld *IPv6-Präfix* wird das Netzwerkziel als IPv6-Adresse übermittelt.

Die gültige Präfix-Länge wird im Feld *Präfix-Länge* in einem Byte übermittelt. Die Information für einen nächsten Hop wird im Feld *IPv6-Präfix* eingetragen und zusätzlich als solche im Feld *Metrik* mit dem Wert 0xFF gekennzeichnet. Die restlichen Felder entsprechen den Feldern der RIPv2-PDU.

7.5.5   OSPFv3

OSPFv3 (RFC 5340) ist eine Anpassung von OSPFv2 an IPv6. Prinzipiell gibt es allerdings kaum Änderungen. Die OSPFv3-Pakete werden – wie bei OSPFv2 – direkt in IPv6-Paketen übertragen. Ein OSPFv3-Paket wird im IPv6-Header durch den Wert 89 im Feld *Next Header* angekündigt.

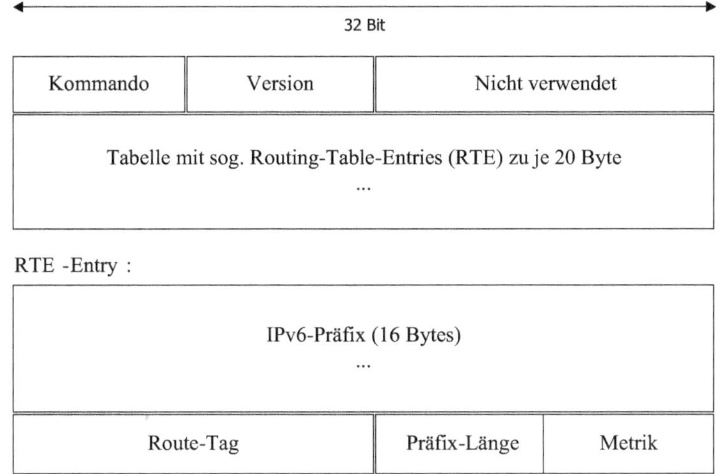

Abb. 7.11 RIPng-PDU

Die grundlegenden Funktionen haben sich im Vergleich zu OSPFv2 nicht verändert. Einige Änderungen mussten aber aufgrund der Veränderung in der IPv6-Adresslänge vorgenommen werden. So wurden beispielsweise eigene OSPF-Pakete für die Übertragung von Link State Advertisements (LSAs) eingeführt.

Ebenso wurde die Authentifizierung entfernt, da in IPv6 der hierfür vorgesehene Authentification-Erweiterungs-Header Anwendung findet.

7.5.6 DNS

Das Domain Name System musste für IPv6 ebenfalls angepasst werden. Die DNS-Unterstützung für IPv6 ist im RFC 3596 geregelt. Da eine IPv6-Adresse viel länger als eine IPv4-Adresse ist, hat man sich darauf geeinigt, anstatt des bekannten Recordtyps A einen neuen Typ „AAAA" zu verwenden.

Beispiel

DNS-Eintrag für Root-DNS-Server A (Root-Servers 2018):

```
a.root-servers.net 2470 IN AAAA 2001:503:ba3e::2:30
```

DNS-Eintrag für IPv4 zum Vergleich:

```
a.root-servers.net 78180 IN A 198.41.0.4
```

Für den Reverse-Lookup, also für die Rückwärtsauflösung von IP-Adressen zu Hostnamen, ist der DNS-Record vom Typ „PTR" definiert. Bei IPv4 wird hierzu die Domäne IN-ADDR.ARPA genutzt. Für IPv6 wird hierfür die neue Domäne *IP6.ARPA* verwendet. Für IPv6 wurde die ursprüngliche Schreibweise zwar grundsätzlich belassen, jedoch wird die IPv6-Adresse Stelle für Stelle notiert. Die einzelnen Stellen werden durch einem Punkt getrennt. Alle Nullen, die bei der Notation von IPv6-Adressen weggelassen werden können, müssen hier explizit angegeben werden.

Beispiel

Reverse-DNS-Eintrag für den Root-DNS-Server A in IP6.ARPA:

```
0.3.0.0.2.0.0.0.0.0.0.0.0.0.0.0.0.0.0.0.e.3.a.b.3.0.5.0.1.0.0.2
.ip6.arpa 1285 IN PTR a.root-servers.net
```

7.6 Koexistenz von IPv4 und IPv6

Im globalen Internet ist IPv6 noch nicht vollständig etabliert. Die Migration von IPv4 nach IPv6 ist schon seit Jahrzehnten im Gange. Mittlerweile beherrschen alle gängigen Betriebssysteme (Windows, Linux, Unix-Derivate) und Router (z. B. Cisco) beide Protokolle und implementieren einen *Dual IP-Stack*, wobei verschiedene Szenarien vorkommen:

- Ein IPv4-Netzwerk muss in eine IPv6-Umgebung integriert werden.
- Ein IPv6-Netz muss an ein IPv4-Netz angeschlossen werden.
- Zwei IPv6-Netze kommunizieren über ein IPv4-Netz. Hier kann ein Tunneling-Mechanismus genutzt werden, d. h. IPv6-Nachrichten werden in IPv4-Pakete eingepackt und übertragen.

Viele wichtige Aspekte für moderne Hochleistungsnetze sowie Anforderungen an mobile Systeme und Sicherheitsprotokolle sind in IPv6 bereits integriert. Ein Umstieg brächte also für einige Anwendungstypen Vorteile. Allerdings ist abzusehen, dass die komplette Umstellung von IPv4 auf IPv6 möglicherweise noch lange dauern wird, zumal auch die Adressprobleme durch Mechanismen wie NAT im Moment immer noch nicht ganz so dramatisch sind. Für die nächsten Jahre ist wohl eine Koexistenz von IPv4 und IPv6 zu erwarten.

Es soll noch erwähnt werden, dass neben den Änderungen in der Vermittlungsschicht für eine Migration nach IPv6 auch höhere Protokolle und auch Anwendungen angepasst werden müssen. Die für die Berechnung von Prüfsummen verwendeten Pseudoheader in UDP und in TCP (Mandl 2017) nutzen z. B. IP-Adressen der Quell- und Zielhosts zur Berechnung von Prüfsummen. Da die IPv6-Adressen wesentlich länger sind, müssen die Prüfsummenberechnungen angepasst werden. Auch DNS musste entsprechend angepasst werden. Alle Implementierungen von Anwendungen und Anwendungsprotokollen, welche die Socket-Schnittstelle nutzen, sind ebenfalls so anzupassen, dass beide Adresstypen (IPv4 und IPv6) unterstützt werden. Die meisten lauffähigen Implementierungen sind ohnehin schon erweitert.

7.7 Sicherheit in IPv6

Bei IPv6 kann auf IPv4-Erweiterungen zur Gewährleistung von Netzwerksicherheit in IPv6 verzichtet werden. Ein großer Vorteil von IPv6 ist, dass im Gegensatz zu IPv4 Sicherheitsmechanismen, die ursprünglich unter dem Arbeitstitel IPsec erarbeitet wurden, im Protokoll schon spezifiziert sind (Wiese 2012). Es lassen sich also sichere IP-Tunnel über das unsichere Internet aufbauen, wie in Abb. 7.12 als Virtual Private Networks dargestellt.

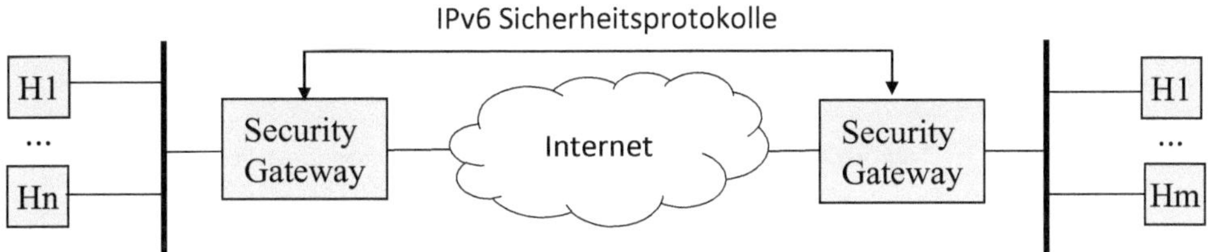

Abb. 7.12 Sicherer IP-Tunnel zwischen zwei Netzwerken

Die vorgesehenen Schutzmaßnahmen, die im Wesentlichen mit IPSec für IPv4 identisch sind, werden bei IPv6 in Erweiterungs-Headern eingebettet. Es gibt den *Authentication Header* (AH) und den *Encapsulating Security Payload Header* (ESP). Der AH dient der Authentifizierung der Partner, da der sendende Partner damit seine Identität angeben kann. Dabei werden die hier nicht weiter erläuterten Hashverfahren HMAC-MD5 (RFC 2403) und HMAC-SHA-1 (RFC 2404) verwendet. In die Hashberechnung von MD5 (Message Digest) werden alle Felder eines IPv6-Pakets einbezogen.

Für die Verschlüsselung der Nutzdaten eines IPv6-Pakets wird meist ein symmetrisches Verfahren eingesetzt, wobei ESP hier grundsätzlich offen ist. Die Verschlüsselung muss aber mindestens auf der Basis des DES-Verschlüsselungsalgorithmus mit 56 Bits langen Schlüsseln erfolgen. DES (Data Encryption Standard, RFC 2405) ist ein symmetrisches Verschlüsselungsverfahren.

Die Schlüssel müssen aber unter den Kommunikationspartnern ausgetauscht werden, wofür ein Schlüsselaustauschverfahren außerhalb von IPv6 angewendet werden muss. Für diese Aufgabe können die Protokolle ISAKMP (Internet Security Association and Key Management Protocol) oder IKE (Internet Key Exchange) nach RFC 4306 angewendet werden. Diese Verfahren basieren wiederum auf dem Diffie-Hellman-Verfahren (Eckert 2014).

Es sei noch erwähnt, dass bei der Ermittlung der maximalen MTU-Größe auch die Erweiterungs-Header miteinbezogen werden müssen, sofern sie angewendet werden. Sonst könnte es zu einer ungewünschten Fragmentierung kommen.

Ebenso soll erwähnt werden, dass in der ursprünglichen IPv6-Spezifikation noch die Funktionen für das *Source Routing* auf der Basis des Routing-Erweiterungs-Headers vorhanden waren. Diese wurden aus Sicherheitsgründen wieder entfernt, weil sie potenziellen Angreifern Möglichkeiten boten, IP-Pakete umzulenken.

Zusätzliche Sicherheitsverbesserungen ergeben sich bei IPv6 dadurch, dass ARP und DHCP nicht mehr benötigt werden.

Jedoch werden auch für das Neighbor Discovery Sicherheitserweiterungen empfohlen (siehe SEcure Neighbor Discovery (SEND), RFC 3971) und SLAAC-Angriffe sind ebenfalls möglich, so dass auch wichtige IPv6-Mechanismen keineswegs als absolut sicher gelten.

Literatur

Eckert, C. (2014). *IT-Sicherheit: Konzepte – Verfahren – Protokolle*. München: Oldenbourg Wissenschaftsverlag.

Mandl, P. (2017). *TCP und UDP Internals – Protokolle und Programmierung*. Wiesbaden: Springer Vieweg.

Minoli, D. (2008). *IP Multicast with Applications to IPTV and Mobile DVB-H*. New York: Wiley.

Wiese, H. (2012). *Das neue IPv6-Internetprotokoll IPv6*. München: Hanser.

Internetquellen

Google IPv6 Statistics. (2018). https://www.google.com/intl/en/ipv6/statistics.html#tab=ipv6-adoption. Zugegriffen am 29.05.2018.

IANA IPv6 Unicast Address Assignments. (2018). https://www.iana.org/assignments/ipv6-unicast-address-assignments/ipv6-unicast-address-assignments.xhtml. Zugegriffen am 16.06.2018.

Lüpke. (2018). IPv6 Workshop. https://danrl.com/projects/ipv6-workshop/. Zugegriffen am 31.05.2018.

Root-Servers. (2018). http://www.root-servers.org. Zugegriffen am 12.06.2018.

Zusammenfassung und Ausblick 8

Zusammenfassung

Dieses Kapitel fasst die Inhalte der vorhergehenden Kapitel kurz zusammen und gibt einen kurzen Ausblick.

Ziel dieses Buches war es, einen tieferen Einblick in die Funktionsweise des Internets mit seinen vielfältigen Protokollen zu vermitteln. Nach einer Einführung in die wesentlichen Aufgaben der Vermittlungsschicht wurde der Aufbau des globalen Internets beschrieben. Das Internet ist ein Netzwerk aus tausenden von komplexen Einzelnetzen, welches nur funktioniert, weil sich alle Teilnetze an Standardprotokolle und Vereinbarungen halten. Die Kernprotokolle sind IPv4 und IPv6. Beide Protokolle sind heute im Einsatz. Obwohl IPv4 heute noch stark überwiegt, nimmt die Verbreitung von IPv6 langsam zu. Die vielen Steuer-, Konfigurations- und Routing-Protokolle sind für das Zusammenspiel im Internet aber ebenso wichtig wie die Kernprotokolle. IPv6 kann vieles, wofür in IPv4 zusätzliche Protokolle und Mechanismen (ARP, IGMP, NAT) notwendig sind. Vor allem schafft IPv6 mit seinen 128-Bit-Adressen im Vergleich zu den 32-Bit-Adressen von IPv4 einen Adressraum, der wohl für sehr lange Zeit ausreichen wird. Damit Nachrichten über die von einzelnen Organisationen verwalteten Teilsysteme, autonome Systeme genannt, ausgetauscht werden können, sind Routing-Protokolle wie BGP von enormer Bedeutung. Auch Internet Exchange Points werden immer wichtiger. Natürlich ist ein derart komplexes Netz nie gegen Angriffe geschützt. Eine Fülle von Sicherheitsmaßnahmen wurden eingeführt, werden aber immer wieder auf die Probe gestellt.

Der Ausbau des Internets geht weiter, denn eine Welt ohne Internet ist kaum mehr vorstellbar. Das bedeutet auch, dass die Entwicklung der Protokollmechanismen noch lange nicht abgeschlossen sein wird. Vor allem durch ständig neue Anwendungen, die

© Springer Fachmedien Wiesbaden GmbH, ein Teil von Springer Nature 2019

169

P. Mandl, *Internet Internals*, https://doi.org/10.1007/978-3-658-23536-9_8

das Internet nutzen und immer mehr Bandbreite benötigen (Cloud-Computing, mobile Computing, Peer-to-Peer-Lösungen für Blockchains etc.), ist eine Weiterentwicklung und Optimierung unbedingt erforderlich. Die Internet-Community, aber auch Hersteller von Netzwerklösungen forschen und entwickeln also intensiv weiter.

Übungsaufgaben und Lösungen 9

Zusammenfassung

Zur Vertiefung des Stoffes sollen die wichtigsten Fragestellungen aus den einzelnen Kapiteln nochmals in Form von Übungsaufgaben wiederholt werden. Mögliche Lösungen werden gleich mitgeliefert. Die Übungsfragen sind nach Kapiteln geordnet und sollen auch zum erneuten Lesen noch nicht ganz verstandener Aspekte aus den vorangegangenen Kapiteln anregen.

9.1 Kommunikation im Internet

1. *Was ist Datenkommunikation?*
   Datenkommunikation befasst sich mit dem Transport von Daten über beliebige Übertragungskanäle. Üblicherweise erfolgt der Transport der Daten in Nachrichten.
2. *Welchen Sinn hat die Schichteneinteilung in Referenzmodellen der Datenkommunikation?*
   Ziel der Schichtung ist die Kapselung von Funktionalität mit der Absicht, dass eine Schicht nur die Funktionen der direkt darunterliegenden Schicht über eine dedizierte Schnittstelle kennen muss. Damit wird auch die komplexe Materie greifbarer.
3. *Was versteht man unter einem Kommunikationsprotokoll?*
   Ein Kommunikationsprotokoll oder kurz ein Protokoll ist ein Regelwerk zur Kommunikation zweier Rechnersysteme oder Prozesse untereinander. Protokolle folgen in der Regel einer exakten Spezifikation.
4. *Was versteht man unter einer Protokollinstanz?*
   Unter einer Protokollinstanz versteht man in der Datenkommunikation die Implementierung einer konkreten Schicht. Protokollinstanzen gleicher Schichten kommunizieren untereinander über ein gemeinsames Protokoll (z. B. kommunizieren TCP-Instanzen über TCP). Zu einer Protokollschicht kann es verschiedene Implementierungen geben.

© Springer Fachmedien Wiesbaden GmbH, ein Teil von Springer Nature 2019

P. Mandl, *Internet Internals*, https://doi.org/10.1007/978-3-658-23536-9_9

5. *Erläutern Sie die Schichten des TCP/IP-Referenzmodells!*
   Das TCP/IP-Referenzmodell hat vier Schichten. Die oberste Schicht entspricht der Anwendungsschicht, in der Anwendungsprotokolle wie HTTP definiert sind. Darunter liegen die Transportschicht, die eine Ende-zu-Ende-Verbindung zwischen verteilten Prozessen ermöglicht, und die Netzwerkschicht, die für die Ende-zu-Ende-Verbindung zwischen zwei Rechnern zuständig ist. Die unterste Schicht ist die Netzwerkzugriffsschicht. Hier werden der Zugriff auf ein gemeinsames Übertragungsmedium und die Übertragung zwischen zwei Knoten im Netzwerk geregelt (Beispiel: Ethernet mit seinem Zugriffsprotokoll).

6. *Was ist ein Protokollstack?*
   Eine konkrete Protokollkombination wird auch als Protokollstack (kurz Stack) bezeichnet.

7. *Was ist eine Protocol Data Unit (PDU)?*
   Die Instanzen der gleichen Protokollschichten tauschen Protocol Data Units (PDU) miteinander aus. PDUs können sowohl Steuerinformationen der jeweiligen Schicht als auch die Nutzdaten der nächsthöheren Schicht enthalten.

8. *Erläutern Sie die Begriffe Nachricht, Segment, Paket und Frame!*
   Eine PDU der Anwendungsschicht wird als *Nachricht* bezeichnet, *Segment* ist eine Bezeichnung für eine PDU der Transportschicht, *Paket* bezeichnet eine PDU der Vermittlungsschicht (insbesondere bei paketorientierter Übertragung) und *Frame* eine PDU der Netzwerkzugriffsschicht (z. B. Ethernet-Frame).

9.2 Grundlagen der Vermittlungsschicht

1. *Was unterscheidet die Vermittlungsverfahren „Leitungsvermittlung" und „Paketvermittlung"?*
   Die Leitungsvermittlung reserviert beim Verbindungsaufbau alle benötigten Ressourcen wie beispielsweise die Bandbreite und Pufferspeicher über die gesamte Übertragungsstrecke hinweg. Für die Verbindung kann somit eine feste Bandbreite garantiert werden.

   Bei der Paketvermittlung werden zwischen dem Sender und dem Empfänger keine Ressourcen für die Übertragung reserviert. Eine Nachricht wird in einzelne Pakete gestückelt und von Knoten zu Knoten übertragen.

2. *Warum werden virtuelle Verbindungen in der Vermittlungsschicht auch „scheinbare Verbindungen" genannt?*
   Man spricht von virtuellen Verbindungen (engl. Virtual Circuits), wenn bei einer Nachrichtenübermittlung beim Verbindungsaufbau eine Route festgelegt und Ressourcen reserviert werden. Da im Gegensatz zur Leitungsvermittlung jedoch keine physikalische Leitung durchgeschaltet wird, spricht man auch von scheinbaren Verbindungen.

3. *Erläutern Sie den Unterschied zwischen statischen und dynamischen Routing-Mechanismen! Nennen Sie je ein konkretes Verfahren hierzu!*
   Bei einem statischen Routing-Mechanismus (z. B. Flooding) werden die optimalen Routen einmal (z. B. durch manuelle Konfiguration) ermittelt und dann unverändert verwendet. Ein dynamischer Routing-Mechanismus (z. B. Link-State-Verfahren) besitzt einen Algorithmus, mit dem die optimalen Routen während des Betriebs aktualisiert werden. Eine wiederkehrende Neuberechnung der optimalen Routen ermöglicht eine Reaktion auf Veränderungen im Netzwerk, wie beispielsweise den Ausfall einer Teilstrecke.

4. *Was versteht man unter einem zentralen Routing-Verfahren? Handelt es sich hier um ein statisches oder um ein adaptives Routing-Verfahren?*
   Bei einem zentralen Routing-Verfahren werden die Routing-Informationen von einem zentralen Knoten (Routing-Kontroll-Zentrum) ermittelt und an die einzelnen Knoten übertragen. Das Routing der einzelnen Knoten basiert somit ausschließlich auf den Routing-Informationen des zentralen Knotens.
   Zentrale Routing-Verfahren werden der Gruppe der adaptiven Routing-Verfahren zugeordnet, da die laufend neu berechneten Routing-Informationen vom zentralen Knoten an die einzelnen Knoten verteilt werden.

5. *Welche Vorteile bringt ein hierarchisches Routing-Verfahren?*
   Ein hierarchisches Routing-Verfahren reduziert den Aufwand zum Ermitteln der optimalen Route, da weniger Informationen verarbeitet werden müssen. Knoten, die über einen gemeinsamen Pfad erreicht werden können, werden hierfür zu Gruppen (bzw. einer Region) zusammengefasst. In den einzelnen Knoten muss daher nur noch die Routing-Information zu den Regionen und nicht für jeden einzelnen Knoten verwaltet werden.

6. *Erläutern Sie kurz das Optimierungsprinzip beim Routing!*
   Liegt ein Knoten B auf der optimalen Route zwischen den Knoten A und C, besagt das Optimierungsprinzip, dass auch der optimale Pfad von B nach C auf dieser Route liegt. Die optimalen Routen einer Menge an Quellknoten zu einem Zielknoten können durch einen Baum (Graphentheorie), den „Sink Tree" dargestellt werden.

7. *Was versteht man im Distance-Vector-Routing-Verfahren unter dem Count-to-Infinity-Problem und wie verhält sich das Verfahren im Hinblick auf Konvergenz? Bitte Begründung angeben!*
   Beim Distance-Vector-Routing-Verfahren (DVR-Verfahren) tauschen die Knoten ihre Routing-Informationen nur mit den direkten Nachbarn aus. Fällt beispielsweise der Knoten A (oder die Teilstrecke zu diesem Knoten) aus, können dies nur die direkten Nachbarn erkennen. Die anderen Knoten im Netzwerk propagieren jedoch ungeachtet des Ausfalls ihre Routing-Information zum Knoten A an ihre direkten Nachbarn. Die vermeintliche „Entfernung" zum ausgefallenen Knoten wird so immer weiter inkrementiert bis ein Schwellwert erreicht wird. Dieses Verhalten wird als „Count-to-Infinity-Problem" bezeichnet. Die Konvergenz bei schlechten Nachrichten ist somit schlecht, da es lange dauert bis der Schwellwert erreicht ist und somit der Knoten als unerreichbar erkannt wird.

8. *Nennen Sie drei mögliche Metriken, die ein Routing-Verfahren zur Ermittlung der optimalen Routen nutzen kann!*
   Zu den möglichen Metriken gehören der Hop Count (Anzahl der Knoten bis zum Ziel), die durchschnittliche Übertragungszeit oder die Kosten für die Leitungsnutzung.

9. *Wie sieht ein einzelner Router im Link-State-Routing-Verfahren die aktuelle Netzwerktopologie?*
   Beim Link-State-Routing-Verfahren besitzt jeder Router die Kosteninformationen aller Teilstrecken in einem Netzwerk. Jeder einzelne Router kennt somit die vollständige Topologie und nicht nur seine direkte Nachbarschaft.

10. *Sind im Link-State-Routing-Verfahren Routingschleifen möglich? Begründen Sie Ihre Entscheidung!*
    Da die einzelnen Router im Link-State-Routing-Verfahren die gesamte Topologie kennen, können Schleifen erkannt und so vermieden werden.

11. *Was versteht man unter einem Sink Tree im Sinne der Wegewahl?*
    Ein Sink Tree stellt die optimalen Routen von allen Knoten in einem Netzwerk zu einem Ziel (Senke) als einen Baum (Graphentheorie) dar.

12. *Wozu dient der Dijkstra-Algorithmus?*
    Der Algorithmus von Dijkstra dient der Lösung des Optimierungsproblems zur Suche nach optimalen Routen durch ein Netzwerk. Der Algorithmus berechnet den kürzesten Pfad von einem gegebenen Startknoten zu anderen Knoten in einem kantengewichteten Graphen.

13. *Warum wird der Dijkstra-Algorithmus in die Klasse der Greedy-Algorithmen eingeordnet?*
    Der Algorithmus gehört zur Klasse der Greedy-Algorithmen, weil er schrittweise den Folgezustand ermittelt, der den größten Fortschritt verspricht. Die Idee ist, beim Durchlaufen des Graphen immer der Kante zu folgen, die den kürzesten Streckenabschnitt vom Startknoten aus verspricht.

14. *Was versteht man unter Downward- und Upward-Multiplexing?*
    Downword-Multiplexing ist ein Protokollmechanismus zur Übertragungsleistungsanpassung, der mehrere Verbindungen einer Schicht n auf eine (n-1)-Verbindung abbildet. Auf der Empfängerseite wird es umgedreht. Der Vorgang wird als Demultiplexen oder auch als *Upward-Multiplexing* bezeichnet.

15. *Wann benötigt man eine Fragmentierung von Paketen in der Vermittlungsschicht?*
    Die PDU-Länge (Länge der Frames) ist in der Netzwerkzugriffsschicht gemäß TCP/IP-Referenzmodell begrenzt. Unter Umständen passen die Pakete der Vermittlungsschicht nicht vollständig in die Frames der Netzwerkzugriffsschicht. Beispielsweise passt ein IP-Paket mit einer Länge von 2000 Bytes nicht in einen einzigen Ethernet-Frame. In diesem Fall ist eine Fragmentierung, also eine Zerlegung von Paketen in mehrere Einzelteile (Fragmente), notwendig. Im Endsystem müssen die Fragmente wieder zusammengeführt werden, bevor ein Paket an die nächsthöhere Schicht übergeben wird.

16. *Was kann die Vermittlungsschicht zur Vermeidung bzw. zum Abbau von Stausituationen im Netz beitragen?*

    Dies kann z. B. durch Überwachung der Endsysteme durch die Netzbetreiber im Rahmen einer Traffic Policy erfolgen. Generell ist dies einfacher bei virtuelle Verbindungen als bei datagrammorientierten Netzen. Zum Einsatz kommt beispielsweise der Leaky-Bucket-Algorithmus.

    Im Internet wird die Staukontrolle auch durch die Transportschicht übernommen. Es besteht auch die Möglichkeit, dass Router (Vermittlungsknoten) im Zusammenspiel mit der Transportschicht Informationen austauschen, um mögliche Stausituationen frühzeitig zu erkennen (siehe hierzu das ECN-Verfahren bei TCP/IP).

9.3 Aufbau des Internets

1. *Was ist ein autonomes System im Internet?*

    Ein autonomes System (AS) ist ein eigenständiges Teilnetz des Internets, das von einer Organisation (Unternehmen, Universität) eigenständig verwaltet wird.

2. *Was ist im globalen Internet ein Transit-AS?*

    Die Aufgabe eines Transit-AS ist es, die Verbindung von autonomen Systemen herzustellen. Pakete werden zwischen den autonomen Systemen über Transit-AS in der Regel gegen Gebühren übertragen.

3. *Was ist ein Tier-1-ISP?*

    Ein Tier-1-ISP ist großer Betreiber von globalen Internet-Backbones. Die wenigen Tier-1-ISPs kommunizieren untereinander über Peering-Abkommen ohne Gebühren und stellen gemeinsam ein globales Internet-Backbone dar. Beispiele für Tier-1-ISPs sind AT&T (US-amerikanischer Telekomanbieter), AOL (US-amerikanischer Online-Dienst), NTT (Nippon Telegraph and Telephone Corporation) und Verizon Communications (US-amerikanischer Telekomanbieter).

4. *Was ist ein Multihomed-AS?*

    Ein Multihomed-AS ist ein autonomes System, das zur Erhöhung der Ausfallsicherheit über mehrere Links an mindestens zwei größere ISPs angebunden ist.

5. *Welche Aufgabe hat ein Internet Exchange Point?*

    Internet Exchange Points (IXPs) werden meist von eigenen Unternehmen betrieben und dienen der Verbindung autonomer Systeme. Sie werden oft von ISPs gemeinsam betrieben, um Kosten für den Transit über Tier-1- oder Tier-2-ISPs zu sparen. IXPs benötigen für ihre Dienste nicht nur einen einzigen Router, sondern stellen ihre Dienste über umfangreiche ausfallgesicherte Rechenzentren zur Verfügung.

6. *Was ist ein CDN?*

    Content Distribution Networks (CDNs) von Google, Akamai usw. verfügen über Hunderttausende von Rechnern, die weltweit auf viele Rechenzentren verteilt sind. Die Rechenzentren sind wiederum durch ein privates IP-Netz miteinander verbunden, das nicht Bestandteil des Internets ist. CDNs stellen Dienste mit hoher Verfügbarkeit und Sicherheit für Anbieter von verteilten Plattformen zur Verfügung. Kunden von CDNs sind Unternehmen, die Content jeglicher Art, der weltweit schnell verfügbar sein muss, bereitstellen müssen. Beispielnutzer sind Video-Provider und sonstige Anbieter von Streaming-Angeboten.

9.4　Das Internetprotokoll IPv4

1. *Beschreiben Sie kurz den Dienst, den IPv4 für die darüberliegenden Schichten im Hinblick auf die Übertragungssicherheit zur Verfügung stellt!*
   IPv4 bietet eine nicht zuverlässige und verbindungslose Nachrichtenübertragung als Dienst an. Die Übertragung wird als nicht zuverlässig eingestuft, da weder eine Empfangskontrolle noch eine Überprüfung der Nachrichtenintegrität vorgenommen wird. IPv4 ist ein verbindungsloses Protokoll, weil zwischen Sender und Empfänger keine Steuerung der Kommunikation vorgenommen wird.

2. *Welches Vermittlungsverfahren verwendet die Internet-Schicht?*
   Die Internet-Schicht nutzt die Paketvermittlung als Vermittlungsverfahren. MPLS wird zusätzlich vor allem von Netzwerkbetreibern benutzt, um virtuelle Verbindungen bereitstellen zu können.

3. *Warum wurden in IPv4 Adressen „verschenkt" und wie werden im derzeitigen globalen Internet IPv4-Adressen eingespart? Nennen Sie zwei Einsparvarianten!*
   IPv4-Adressen waren ursprünglich fest in Klassen aufgeteilt. Je nach Klasse standen entweder ein, zwei oder drei Bytes zur Adressierung der Hosts in einem Netzwerk bereit. Bei der Vergabe einer Netzadresse musste sich ein Unternehmen beispielsweise entscheiden, ob ein Klasse-C-Netz mit max. 254 ($2^8 - 2$) Adressen oder ein Klasse-B-Netz mit max. 65534 ($2^{16} - 2$) Adressen nötig war. Wollte das Unternehmen 300 Hosts mit einer öffentlichen IP-Adresse ausstatten, musste ein Klasse-B-Netz genutzt werden. In diesem Fall wurden 65234 – also der größte Teil – nicht verwendet und daher „verschenkt".

   Um diesem Problem entgegenzuwirken, wurde die feste Aufteilung in Klassen aufgehoben. Mit Hilfe von VLSM (Variable Length of Subnet Mask) und CIDR (Classless Inter-Domain Routing) ist es bei IPv4 möglich, die Länge des Host-Anteils variabel zu wählen. So kann beispielsweise ein Host-Anteil von 9 Bits ($2^9 - 2 = 510$) gewählt werden, um die 300 Hosts des vorherigen Beispiels zu adressieren.

   Eine weitere Möglichkeit ist die Verwendung des NAT-Verfahrens (Network Address Translation). Mit NAT kann man ein Intranet mit privaten IP-Adressen betreiben und mit wenigen öffentlichen IP-Adresse den Zugang zum globalen Internet ermöglichen. Dies reduziert die Anzahl der benötigten öffentlichen IP-Adressen und somit die Adressknappheit.

4. *Welche Bedeutung hat das TTL-Feld im IP-Header und wie wird es in einem Router im Rahmen der Bearbeitung eines ankommenden IPv4-Pakets bearbeitet?*

   Mit dem TTL-Feld (Time-To-Live) wird die Verweilzeit eines Pakets im Netzwerk beschränkt. Somit wird verhindert, dass ein Paket unendlich lange im Netz zirkuliert. Der Sender setzt den TTL-Wert auf einen festen Startwert (z. B. 128). Die Router verringern diesen Wert beim Weiterleiten einfach um 1. Das TTL-Feld entspricht somit einem Hop-Zähler. Erreicht das TTL-Feld den Wert 0, wird es von den Routern nicht weitergeleitet und verworfen. Das Routing in IPv4-Netzen terminiert somit entweder bei Erreichen des Ziels oder nach einer festen Anzahl von Hops.

5. *Wozu benötigt eine IPv4-Instanz das Protokoll-Feld aus dem IPv4-Header?*

   Es zeigt dem Empfänger an, mit welchem Protokoll das Paket weiter verarbeitet werden soll. Ist im Protokoll-Feld beispielsweise eine 6 angegeben, muss die IP-Instanz das Paket an eine TCP-Instanz übergeben.

6. *Beschreiben Sie kurz den Protokollmechanismus der Fragmentierung am Beispiel von IPv4 und gehen Sie dabei auf die genutzten Felder Identifikation, Fragment Offset und Flags ein!*

   Mit der Fragmentierung wird die Größe eines Pakets an die MTU-Größe (Maximum Transmission Unit) einer Teilstrecke angepasst. Ermöglicht eine Teilstrecke nur die Übertragung von maximal 512 Bytes großen Datenpaketen, muss z. B. ein Paket mit 2000 Bytes in vier Teilstücke aufgeteilt werden.

   IPv4 teilt bei der Fragmentierung die Nutzdaten in entsprechende Teilstücke auf und erzeugt für jedes Teilstück einen neuen IP-Header. Das Identifikation-Feld wird bei allen Teilstücken mit der gleichen Identifikationsnummer beschrieben. Der Empfänger kann so alle Teilstücke zu einem ursprünglichen Paket zuordnen. Mit dem Fragment Offset wird die relative Position zum Anfang der ursprünglichen Nutzdaten angegeben. Der Abstand wird beim Fragment Offset in 8-Byte-Schritten angegeben. Mit dem MF-Flag wird gekennzeichnet, ob noch weitere Fragmente folgen oder ob ein Fragment das letzte ist. Ist das MF-Flag auf 0 gesetzt, wurde das letzte Fragment empfangen. Steht es auf 1, ist die Übertragung noch nicht abgeschlossen. Das DF-Flag macht schließlich eine Aussage darüber, ob ein Paket grundsätzlich zerlegt werden darf oder nicht.

7. *Erläutern Sie den Unterschied zwischen limited Broadcast und directed Broadcast in IPv4-Netzen! Wann benötigt man z. B. diese Broadcast-Varianten? Nennen Sie je ein Beispiel!*

   Eine normale Broadcast-Nachricht (limited Broadcast) wird vom zuständigen IPv4-Router nicht in andere Netzwerke übertragen und erreicht somit nur die Knoten im selben Netzwerk. Die Beschränkung auf das lokale Netzwerk ist notwendig, um eine Überlastung des Internets zu vermeiden. Limited Broadcast wird beispielsweise beim Booten eines Rechners verwendet, um im lokalen Netz eine IPv4-Adresse zu erfragen (DHCP).

   Mit einem direkten (directed) Broadcast werden alle Hosts in einem entfernten Netz angesprochen. Ein direkter Broadcast wird bis zum Router des Zielnetzes weitergeleitet, der diesen dann an alle Hosts des Zielnetzes verteilt. Das Weiterleiten von direkten Broadcast-Nachrichten ist in vielen Routern deaktiviert, da es für Angriffe genutzt werden kann.

8. *Host A sendet in einem IPv4-Netzwerk seinem Partnerhost B ein IPv4-Paket mit einer Länge von 5000 Bytes. 20 Bytes davon benötigt der IPv4-Header des Pakets (minimaler IP-Header ohne Optionen). Es gelten folgende Bedingungen:*
   - *Das IPv4-Paket muss von A nach B drei IP-Netze durchlaufen, Host A liegt im Netz 1, Netz 2 ist ein Transitnetz und Host B liegt in Netz 3.*
   - *Netz 1 und Netz 2 werden durch Router R1 verbunden.*
   - *Netz 2 und Netz 3 werden durch Router R2 verbunden.*
   - *Netz 1 hat eine MTU-Größe von 2048 Bytes.*
   - *Netz 2 hat eine MTU-Größe von 1024 Bytes.*
   - *Netz 3 hat eine MTU-Größe von 576 Bytes.*

Skizzieren Sie die gesamte Netzwerktopologie*!*

Wie viele IP-Fragmente verlassen R1 für das besagte *IPv4-Paket in Richtung Netzwerk mit der Nummer 2?*

Da die MTU-Größe des Netzes 1 mit 2048 Bytes schon zu klein für das IPv4-Paket mit einer Gesamtlänge von 5000 Bytes ist, muss zunächst im Host A eine IP-Fragmentierung vorgenommen werden. Für die maximale Nutzlast ergeben sich 2024 Bytes. Die Länge der Nutzlast muss entsprechend der Fragment-Offset-Angabe ein Vielfaches von 8 Bytes sein. Mit dem IPv4-Header von 20 Bytes ergibt sich eine Gesamtlänge von 2044 Bytes. Es müssen somit drei IPv4-Fragmente erstellt werden. Die ersten beiden IPv4-Fragmente besitzen jeweils eine Nutzdatenlänge von 2024 Bytes, während das letzte Fragment eine Nutzdatenlänge von 932 Bytes aufweist.

Der Router R1 versucht die drei ankommenden IPv4-Fragmente wie gewöhnlich als IPv4-Pakete an den nächsten Knoten zu übertragen. Die MTU-Größe von Netz 2 beträgt 1024 Bytes. Im Router R1 wird keine Defragmentierung des ursprünglichen Pakets unternommen. Für die maximale Nutzlast ergeben sich 1000 Bytes (abzüglich IPv4-Header und Vielfaches von 8 Bytes). Zwei ankommende IPv4-Fragmente mit einer Nutzdatenlänge von 2024 Bytes müssen somit jeweils nochmals in drei IP-Fragmente aufgeteilt werden (1000 + 1000 + 24). Das Fragment mit einer Nutzdatenlänge von 932 Bytes muss nicht weiter aufgeteilt werden.

Den Router R1 verlassen somit sieben IPv4-Fragmente in Richtung Netzwerk mit der Nummer 2.

Wie viele IPv4-Fragmente verlassen R2 für das besagte IPv4-Paket in Richtung Netzwerk mit der Nummer 3?

Berechnung wie bei b)

MTU-Größe = 576 Bytes

Nutzlast = 552 Bytes (572 Bytes Gesamtlänge)

Im Router 2 müssen 12 IPv4-Fragmente mit folgenden Nutzdatenlängen gebildet werden. Notation: (Laufende Nummer, Nutzdatenlänge in Bytes):

(1, 552); (2, 448); (3, 552); (4, 448); (5, 24); (6, 552); (7, 448); (8, 552); (9, 448); (10, 24); (11, 552); (12, 380)

In welchem System (Host oder Router) werden die IPv4-Fragmente wieder zusammengebaut? Wie wird in diesem System erkannt, welche IPv4-Fragmente zum ursprünglichen IPv4-Paket gehören?

Die Defragmentierung findet erst im Zielhost (B) statt. Mit Hilfe des Identifikation-Feldes können die IPv4-Fragmente zum ursprünglichen IPv4-Paket zugeordnet werden.

9. *Eine Organisation hat von seinem ISP den IPv4-Adressblock 131.42.0.0/16 (classless) zugewiesen bekommen. Die Organisation möchte gerne ihr Netzwerk intern wie folgt aufteilen:*
   - *ein Subnetz mit bis zu 32000 Rechnern*
   - *15 Subnetze mit bis zu 2000 Rechnern*
   - *8 Subnetze mit bis zu 250 Rechnern*

   Der Adressblock wird zunächst in die zwei Adressblöcke 131.42.0.0./17 und 131.42.128.0/17 aufgeteilt. Zeigen Sie auf, wie die Organisation intern die Adressen weiter aufteilen könnte, um obiges Ziel zu erreichen. Hinweis: Alle beteiligten Router beherrschen CIDR.

131.42.0.0/17	1. Subnetz mit bis zu 32000 Rechnern (max. 32766)
131.42.128.0/21	1. Subnetz mit bis zu 2000 Rechnern (max. 2046)
131.42.136.0/21	2. Subnetz mit bis zu 2000 Rechnern (max. 2046)
…	
131.42.240.0/21	15. Subnetz mit bis zu 2000 Rechnern (max. 2046)
131.42.248.0/24	1. Subnetz mit bis zu 250 Rechnern (max. 254)
131.42.249.0/24	2. Subnetz mit bis zu 250 Rechnern (max. 254)
…	
131.42.255.0/24	8. Subnetz mit bis zu 250 Rechnern (max. 254)

10. *Was passiert, wenn ein IPv4-Fragment, also ein Teil eines IPv4-Pakets, in einem Netzwerk landet, dessen MTU-Größe kleiner ist als die Länge des Fragments?*

    Das IPv4-Fragment wird vom ersten Router dieses Netzwerkes weiter fragmentiert.

11. *Wo (auf welchem Rechner) werden IPv4-Fragmente wieder zum ursprünglich abgesendeten IPv4-Datagramm reassembliert?*

    Das Defragmentieren (Reassemblieren) wird bei IPv4 ausschließlich im Zielknoten vorgenommen.

12. *Was versteht man im Sinne der IP-Adressvergabe unter einem multihomed Host?*

Als multihomed Host wird ein Host bezeichnet, der über mehrere IP-Adressen erreicht werden kann. Ein Host kann dazu mehrere Netzwerkkarten nutzen.

13. *Wie lauten die entsprechenden Netzwerkmasken für die CIDR-Präfixnotationen /16, /20 und /24 bei IPv4-Adressen?*

Die CIDR-Präfixnotation gibt an, wie viele Bits für den Netzwerkteil der IPv4-Adresse verwendet werden. Es ergeben sich somit folgende Netzwerkmasken:

/16:   11111111.11111111.00000000.00000000 oder 255.255.0.0
/20:   11111111.11111111.11110000.00000000 oder 255.255.240.0
/24:   11111111.11111111.11111111.00000000 oder 255.255.255.0

14. *Aus dem IPv4-Adressbereich 11.1.253/24 eines VLSM-Teilnetzes sollen /27-Teilnetze herausgeschnitten werden. Wie lauten die Teilnetzwerkadressen? Wie viele IPv4-Adressen bleiben pro /27-Teilnetz?*

1.   VLSM-Teilnetz: 11.1.253.0/27
2.   VLSM-Teilnetz: 11.1.253.32/27
3.   VLSM-Teilnetz: 11.1.253.64/27
...
8.   VLSM-Teilnetz: 11.1.253.224/27

Es bleiben je *Teilnetz* 30 ($2^5 - 2$) IPv4-Adressen für Hosts verfügbar.

15. *Nennen Sie den Unterschied zwischen der klassischen Subnetz-Adressierung und dem Classless Inter-Domain Routing (CIDR)! Welche Vorteile bringt CIDR für die Adressenknappheit im Internet?*

Eine klassische IPv4-Adresse unterteilt sich in vier Gruppen zu je einem Byte. Je nach gewählter Adressklasse stehen entweder ein, zwei oder drei Bytes für die Adressierung der Knoten eines Netzwerks zur Verfügung. Beim CIDR/VLSM wird die starre Aufteilung in Adressklassen aufgehoben. Die Anzahl der Bits für den Host-Anteil kann somit so gewählt werden, dass die für eine Organisation benötigte Anzahl von öffentlichen Adressen gerade erreicht wird. Es werden somit nicht so viele öffentliche IPv4-Adressen verschwendet.

16. *Wozu wird in IPv4-Netzen im Router das Wissen über eine Netzwerkmaske für jedes angeschlossene Netz benötigt?*

Für die Wegewahl im Router ist die Netzwerknummer der angeschlossenen Netzwerke interessant. Um aus der vollständigen Adresse eines Netzwerkes den Netzteil zu ermitteln, reicht es aus, eine logische UND-Verknüpfung der Adresse mit der Netzwerkmaske durchzuführen.

17. *Was bedeutet in CIDR die Darstellung 132.10.1.8/24?*

Mit der 24 hinter dem Slash wird angegeben, dass die ersten 24 Bits der Adresse das Netzwerk beschreiben. Die Netzwerknummer ist somit 132.10.1.0.

18. *Wie unterstützt IPv4 die explizite Staukontrolle?*

    Mit dem Verfahren „Explicit Congestion Notification" (ECN) wird im Zusammenspiel mit der Transportschicht (TCP) eine Ende-zu-Ende-Signalisierung von Stauproblemen und damit eine explizite Stausignalisierung zwischen Endpunkten unterstützt. Wenn ein IPv4-Router eine Stausituation erkennt, setzt er in den Headern der betroffenen IPv4-Pakete sogenannte ECN-Bits, die in den Endsystemen an TCP weitergereicht werden. Die TCP-Instanzen haben dann die Möglichkeit, sich über die Stausituation zu informieren und eine Drosselung der Netzlast auf der Transportebene einzuleiten.

19. *Wozu dient IGMP?*

    Das IGMP-Protokoll wird in IPv4-Netzen zur Kommunikation von Gruppenzugehörigkeiten zwischen Hosts und dem nächstgelegenen Router benutzt. Anwendungen können den Beitritt in eine Multicast-Gruppe oder den Austritt aus einer Multicast-Gruppe bekanntgeben. Umgekehrt können IPv4-Router über IGMP abfragen, welche Multicast-Nachrichten an welche Hosts weiterzuleiten sind.

20. *Wie wird die IPv4-Adresse auf Ethernet-MAC-Adressen abgebildet?*

    Ethernet unterstützt im lokalen Netzwerk sowohl Broadcast als auch Multicast und stellt hierfür bestimmte Adressbereiche zur Verfügung. Ungefähr die Hälfte aller MAC-Adressen sind für Multicast reserviert, genauer gesagt alle, bei denen das erste Bit auf 1 gesetzt ist. Für die Abbildung von IPv4-Multicast-Adressen auf MAC-Adressen werden Pseudo-MAC-Adressen verwendet. Die 23 niederwertigen Bits der IPv4-Adresse werden in die dafür reservierte MAC-Adresse 01-00-5e-00-00-00 eingesetzt. 28 Bits der IPv4-Multicast-Adresse werden also auf 23 Bits in der Ethernet-MAC-Adresse abgebildet. Diese Nichteindeutigkeit kann zu Kollisionen führen, aber diese sind sehr unwahrscheinlich.

9.5   Routing und Forwarding im Internet

 1. *Erläutern Sie, wie ein neu in ein Netzwerk hinzukommender OSPF-Router seine Routing-Information aufbaut und verwaltet. Gehen Sie dabei auf den Begriff des Spanning-Trees und auf die nachbarschaftliche Beziehung der OSPF-Router ein.*

    Ein OSPF-Router bezieht die benötigten Routing-Informationen von den direkten Nachbarn oder speziellen „designierten" Routern. OSPF-Router bauen untereinander Verbindungen auf, um Routing-Informationen auszutauschen und die gegenseitige Erreichbarkeit fortlaufend zu prüfen.

    Beim Austausch der Routing-Informationen verteilt ein OSPF-Router seine gesamten – nicht nur die eigenen – Verbindungsinformationen an seine direkten Nachbarn. Ein OSPF-Router, der Informationen erhält, gleicht diese mit seiner lokalen Datenbank ab und nimmt entsprechende Aktualisierungen vor. Diese Aktualisierungen werden dann an alle OSPF-Router weitergeleitet, zu denen eine Verbindung aufgebaut wurde.

    Aus den Informationen der lokalen Datenbank berechnet jeder OSPF-Router eigenständig über einen geeigneten Algorithmus (z. B. Dijkstra-Algorithmus) die günstigste

Route zu allen bekannten Routern. Mit diesen Informationen wird ein Baum aufgebaut, in dem der aktuelle Router die Wurzel darstellt. Als Kanten werden nur die günstigsten Routen zu den bekannten Zielen berücksichtigt. Mit Hilfe dieses „Spanning-Trees" kann jeder OSPF-Router die optimale Route für ein Ziel bestimmen.

2. *Ein Problem bei Routing-Protokollen ist das Konvergenzverhalten bzw. die Konvergenzdauer bei Änderungen der Netzwerktopologie oder bei Änderungen von Routen. Wie ist das Konvergenzverhalten bei den Routing-Protokollen RIPv2 und OSPFv2? Welche Mechanismen nutzt RIPv2 zur Verbesserung der Konvergenz? Sind in beiden Routing-Protokollen Endlosschleifen (Count-to-Infinity-Problem) möglich?*
   Die Protokolle RIPv2 und OSPFv2 kommunizieren nur mit ihren direkten Nachbarn, um Änderungen der Netzwerktopologie auszutauschen. Im Gegensatz zu RIPv1 bietet RIPv2 eine „Triggered-Updates-Methode", die neue Routing-Informationen sofort weiterleitet. Eine neue Information verbreitet sich somit bei RIPv2 und OSPFv2 ähnlich schnell. Da RIPv2 auch ein Distance-Vector-Verfahren verwendet, sind Routingschleifen aber prinzipiell möglich. Mit verschiedenen Techniken wie beispielsweise Split-Horizon-Technik wird versucht, das Count-to-Infinity-Problem abzumildern. OSPFv2 basiert auf dem Link-State-Verfahren, weshalb alle Router die gesamte Netzwerktopologie kennen. Routingschleifen können daher bei OSPFv2 vermieden werden.

3. *Kann man innerhalb eines autonomen Systems im globalen Internet unterschiedliche Routing-Verfahren verwenden? Begründen Sie Ihre Entscheidung!*
   Innerhalb eines autonomen Systems wird sinnvollerweise ein einheitliches Routing-Verfahren verwendet. Beim Einsatz von verteilten Verfahren ist die Kommunikation zwischen den Routern nur möglich, wenn das gleiche Verfahren eingesetzt wird. Andernfalls müssten entsprechende Gateways für eine Umsetzung sorgen. Aber auch bei lokalen oder statischen Verfahren ist eine Abstimmung aller Router eines autonomen Systems wichtig.

4. *Welches Problem im Routing-Protokoll RIP versucht die Split-Horizon-Technik zu lösen und wie funktioniert diese Technik?*
   Bei der Verbreitung von „schlechten" Nachrichten (z. B. bei Ausfall eines Knotens) besitzt RIP eine langsame Konvergenz. Aufgrund des Count-To-Infinity-Problems benötigt es eine lange Zeit, bis alle Knoten im Netz den Ausfall erkannt haben. Die Split-Horizon-Technik versucht dieses Problem zu lösen, indem es Informationen nicht zu dem Router zurücksendet, von dem die Route auch empfangen wurde. Mit dieser Technik kann in einfachen Topologien das Count-To-Infinity-Problem abgemildert werden, zu Routing-Schleifen kann es aber dennoch kommen.

5. *Im globalen Internet setzt man prinzipiell zwei verschiedene Routing-Verfahren ein (EGP und IGP). Erläutern Sie den Unterschied zwischen EGP und IGP und stellen Sie dar, wo beide Routing-Verfahren Verwendung finden. Nennen Sie je ein konkretes Routing-Protokoll für die beiden Verfahren!*
   Innerhalb eines autonomen Systems werden Interior-Gateway-Protokolle (IGP) verwendet. Für die Kommunikation zwischen autonomen Systemen werden Exterior-Gateway-Protokolle (EGP) eingesetzt. Ein IGP wie zum Beispiel RIP oder OSPF

konzentriert sich stark auf die Berechnung der schnellsten Routen innerhalb des autonomen Systems. Bei einem EGP (z. B. BGP) müssen bei der Ermittlung der Routen zusätzliche Aspekte wie beispielsweise Sicherheit oder Kosten berücksichtigt werden.

6. *Wie funktioniert das Longest Prefix Matching?*
Anhand der Zieladresse eines ankommenden IP-Pakets prüft ein IP-Router, welches der richtige Ausgabekanal ist. Dazu benötigt man die Informationen in der Forwarding-Tabelle. Die Zieladresse des eingehenden IP-Pakets wird mit den Einträgen in der Forwarding-Tabelle verglichen, wobei die längsten Präfixe zuerst geprüft werden. Die Bestimmung der Route läuft nach dem Longest Prefix Matching-Algorithmus ab. Der Eintrag mit der längsten Übereinstimmung wird aus der Forwarding-Tabelle ausgewählt.

7. *Was bezeichnet man bei den Forwarding-Regeln in Endsystemen als Standardroute und was als Loopback-Route?*
Wenn eine bitweise logische Und-Operation der Zieladresse aus dem IP-Header mit dem Wert 0.0.0.0 zu dem Ergebnis 0.0.0.0 führt, wird von der IP-Instanz die Standardroute verwendet, weil dann kein konkreteres Ziel ermittelbar ist.

Für alle Pakete, die an Adressen in der Form 127.x.y.z gesendet werden, wird die Adresse des nächsten Knotens auf 127.0.0.1 gesetzt. Dies ist die Loopback-Adresse. Diese Pakete werden von der IP-Instanz nicht in das Netzwerk gesendet, sondern verbleiben im Endsystem, da die Zielanwendung dort abläuft.

8. *Warum wird BGP als Pfadvektorprotokoll bezeichnet?*
BGP ist ein Pfadvektorprotokoll, weil es in seiner Routing-Tabelle ganze Pfade von Quell-AS zum Ziel-AS verwaltet.

9. *Wie funktioniert das Zusammenspiel von BGP mit den IGPs grob?*
Die Forwarding-Tabellen aller IGP-Router innerhalb eines autonomen Systems benötigen Informationen über die BGP-Routen. Zwischen IGP-Routern innerhalb autonomer Systeme werden daher auch interne BGP-Sitzungen (iBGP-Sitzungen) aufgebaut, über die mit benachbarten BGP-Routern Informationen ausgetauscht werden. BGP-Router propagieren über iBGP iBGP-Updates und die IGP-Router tragen diese Informationen in ihre Forwarding-Tabellen ein. Diese Information nutzen sie zusammen mit den bekannten Informationen, um ankommende Pakete über AS-interne Routen zum richtigen BGP-Router zu leiten.

10. *Was ermöglicht die MPLS-Technik den Netzwerkbetreibern und wie funktioniert sie grob?*
Mit der MPLS-Technik kann ein Netzwerkbetreiber Unternehmen mit mehreren Standorten ein MPLS-Backbone anbieten, um die einzelnen Unternehmensstandorte effizient zu verbinden. Netzbetreiber werden in die Lage versetzt, definierte Pfade in ihren Netzwerken festzulegen. Dies geschieht über virtuelle Leitungen. Die aufwändige Suche nach Einträgen in den Forwarding-Tabellen kann mit MPLS beschleunigt werden. Wege zwischen zwei MPLS-fähigen Routern werden über MPLS-Labels gekennzeichnet.

11. *Wie kann im Multicast-Routing ein unkontrolliertes Flooding mit Multicast-Paketen, und damit Routing-Schleifen, vermieden werden?*
    Der grundsätzliche Ansatz zur Vermeidung von Routing-Schleifen basiert auf dem Reverse Path Forwarding-Verfahren (RPF). Dazu muss jeder Router einen Multicast-Verteilungsbaum ermitteln, um die Multicast-Forwarding-Tabellen schleifenfrei zu belegen. Bei jedem ankommenden Multicast-Paket vergleicht der Router die Quelladresse im IP-Header mit dem Eintrag seiner lokalen Forwarding-Tabelle. Wenn das Paket von einer anderen Netzwerkschnittstelle empfangen wird als von der in der Forwarding-Tabelle eingetragenen, wird das Paket verworfen. Im anderen Fall wird es über alle anderen Netzwerkschnittstellen weitergeleitet. Diese Prüfung wird auch als *Reverse Path Forwarding Check* bezeichnet.

9.6   Steuer- und Konfigurationsprotokolle

1. *Über welche Steuerprotokolle wird eine Ping-Nachricht abgesetzt und wie funktioniert die Kommunikation?*
   Es wird ausschließlich ICMP verwendet. ICMP-Pakete werden direkt über IP versendet. Bei Aufruf des Ping-Kommandos sendet der Host einen ICMP-Echo-Request mit Pakettyp 8 (Code = 0) an die angegebene Zieladresse. Der Empfänger muss, sofern er das Protokoll unterstützt und die Echo-Requests auf dem Zielhost nicht deaktiviert sind, einen ICMP-Echo-Reply (pong, ICMP-Pakettyp 0, Code = 0) zurücksenden. Ist der Zielrechner nicht erreichbar, antwortet sein zuständiger IPv4-Router mit der ICMP-Nachricht „Network unreachable" (Typ = 3, Code = 0) oder „Host unreachable" (Typ = 3, Code = 1).

2. *Wie findet ein Host innerhalb eines LANs (IPv4-Netzwerks) die MAC-Adresse eines Partner-Hosts, wenn er das erste Mal ein IPv4-Paket an diesen senden will?*
   Kennt der Host die IPv4-Adresse des Partner-Hosts, kann er mit Hilfe von ARP (Address Resolution Protocol) die MAC-Adresse zur bekannten IPv4-Adresse ermitteln. Über ARP wird eine Anfrage nach der MAC-Adresse an das gesamte Netzwerk gestellt. Kennt ein Host oder Router im Netzwerk die MAC-Adresse zur angegebenen IP-Adresse, liefert er diese als Antwort zurück.

3. *Wie findet ein Host die MAC-Adresse eines Partner-Hosts, der nicht im eigenen LAN, sondern irgendwo in einem entfernten LAN liegt, das aber über einen Router erreichbar ist?*
   Ist der gesuchte Host nicht im gleichen Netzwerk, erkennt dies der verantwortliche IP-Router im Netzwerk anhand der angegebenen IP-Adresse und leitet die Anfrage entsprechend weiter. Der IP-Router fungiert also als ARP-Proxy.

4. *Was versteht man unter NAT (Network Address Translation) und welche Vorteile bietet das Verfahren?*
   Das NAT-Verfahren wird in der Regel an der Grenze zwischen einem privaten und dem öffentlichen Netzwerk eingesetzt. Wird aus dem privaten Netzwerk ein IPv4-Paket in

das öffentliche Netzwerk gesendet, wird die Quelladresse durch das NAT-Verfahren
ersetzt. Durch das Ersetzen der eigentlichen Quelladressen durch meist nur eine öffentliche Adresse werden öffentliche IPv4-Adressen eingespart. Darüber hinaus wird die
eigentliche Topologie des privaten Netzwerks verdeckt und so ein Angriff erschwert.

5. *Welche Aufgabe verrichtet ein NAT-Router im Rahmen der Adressierung für ankommende und abgehende IP-Pakete?*
   Bei abgehenden IPv4-Paketen muss der NAT-Router die Quelladresse durch eine öffentliche IPv4-Adresse ersetzen und sich diese Adressumsetzung merken. Bei eingehenden IPv4-Paketen ersetzt der NAT-Router diese durch die entsprechende IPv4-Ziel-
   adresse im privaten Netzwerk.

6. *Warum muss ein NAT-Router vor dem Weiterleiten eines vom globalen Internet ankommenden oder vom Intranet abgehenden IP-Pakets die Checksumme im IPv4-
   Header jedesmal neu berechnen?*
   Der NAT-Router ändert die Quell- oder Zieladresse der IPv4-Pakete. Da die Checksumme auch über die Quell- und Zieladresse berechnet wird, muss diese Berechnung
   bei einer Änderung erneut durchgeführt werden. Der Empfänger des Pakets würde
   ansonsten das Paket als fehlerhaft verwerfen, da die berechnete Checksumme nicht
   mit der angegebenen übereinstimmt.

7. *Wozu dient DNS im globalen Internet?*
   Das Domain Name System (DNS) ist ein Internet-Directory-Service, also eine Art
   Adressbuch des Internets. Es ist für die Abbildung von symbolischen Namen (Do-
   mainnamen usw.) auf Adressen (IP-Adressen usw.) zuständig.

8. *Wie sind die Domains im Internet strukturiert, was sind Zonen im DNS und wer verwaltet diese?*
   DNS ist ein hierarchisches Namensverzeichnis für IP-Adressen, das in einer Baum-
   struktur organisiert ist. Das Internet ist dabei in mehrere hundert *Domänen* aufgeteilt.
   Die Domänen sind wiederum in *Teildomänen* (Subdomains) untergliedert usw. Dabei
   ist zu beachten, dass dies einer rein organisatorischen und keiner physikalischen Einteilung entspricht.
   Ein DNS-Server verwaltet jeweils Zonen des DNS-Baums, wobei eine Zone an einem Baumknoten beginnt und die darunterliegenden Zweige beinhaltet. Die Verantwortung darunterliegender Subzonen kann an weitere DNS-Server delegiert werden.

9. *Wie findet ein Clientrechner zu einem Rechnernamen eines Servers die zugehörige
   IP-Adresse?*
   Der Clientrechner, bzw. der entsprechende Anwenderprozess, wendet sich lokal an
   einen *Resolver*. Der Resolver kann die Anfrage entweder lokal befriedigen, wenn er
   die IP-Adresse in seinem Cache gespeichert hat, oder er setzt einen Request an den
   ihm zugeordneten lokalen DNS-Server ab. Der DNS-Server prüft seinerseits, ob er die
   Adresse in seinem Cache hat. Falls ja, dann gibt er diese in einer Response-Nachricht
   an den Resolver zurück. Falls er die Adresse nicht hat, sendet er einen Request an den
   nächsten DNS-Server. Dabei wird der Hostname je nach Implementierung mit einer
   iterativen bzw. rekursiven Anfrage aufgelöst. Auch Mischformen sind denkbar.

10. *Welche Aufgabe hat der Resolver im DNS und auf welchem Rechner liegt er typischerweise?*

    Der DNS-Resolver liegt typischerweise auf dem Client und stellt über eine API den Anwendungsprozessen die entsprechende Funktionalität zur Namensauflösung zur Verfügung. Dieser übernimmt beim Aufruf die Delegation der Anfrage an den zugeordneten DNS-Server.

11. *Wie ist ein DNS-Resolver üblicherweise implementiert?*

    Der DNS-Resolver ist üblicherweise in Systembibliotheken implementiert.

12. *Wozu dient die DNS-Domäne in-addr.arpa?*

    Die DNS-Domäne in-addr.arpa dient zur umgekehrten Namensauflösung, also der Umwandlung von IP-Adressen in die zugehörigen Hostnamen.

13. *Welche anderen DNS-Name-Server muss ein DNS-Name-Server kennen, der für die Verwaltung einer Zone zuständig ist und drei Subzonen an darunterliegende Name-Server delegiert hat?*

    Der DNS-Server muss die Server der delegierten Subzonen sowie den DNS-Server der ihm übergeordneten Zone kennen. Zusätzlich hat jeder Server eine Liste mit den Adressen der DNS-Root-Name-Server.

14. *Was ist der Unterschied zwischen iterativer und rekursiver Behandlung einer DNS-Anfrage?*

    Iterativ: Die kontaktierten DNS-Server geben jeweils nur die als nächstes zuständigen DNS-Server bekannt. Der lokale Server muss demnach alle „auf dem Weg liegenden" DNS-Server kontaktieren.

    Rekursiv: Jeder angefragte DNS-Server gibt die Anfrage an den nächsten DNS-Server weiter und erhält irgendwann das Ergebnis zurück, das er dann seinerseits an den anfragenden DNS-Server bzw. Host weiterreicht.

15. *Welche Komponente entscheidet, ob beim Auflösen eines Namens in DNS nach der iterativen oder der rekursiven Abfragemethode vorgegangen werden soll?*

    Im DNS-Server ist implementiert, wie die Abfrage behandelt werden soll. Daher sind bei mehreren DNS-Servern auch Mischformen möglich.

16. *Wozu werden Resource Records vom Typ „MX" und wozu solche mit Typ „A" bzw. „AAAA" benötigt?*

    Typ MX: Resource Record für die Angabe eines Mailservers

    Typ A: Resource Record für eine IPv4-Adresse

    Typ AAAA: Resource Record für eine IPv6-Adresse

17. *Was versteht man unter einem autoritativen DNS-Server und woran merkt man, dass eine DNS-Response nicht von einem autoritativen DNS-Server kommt?*

    Der einem Host direkt zugeordnete DNS-Server wird als autoritativer DNS-Server bezeichnet. Er verfügt immer über die Adressen der ihm direkt zugeordneten Hosts und ist verantwortlich für eine Zone.

    Im DNS-Header befindet sich ein Feld mit Parametern, von denen ein Flag angibt, ob die Antwort von einem autoritativen Server stammt.

18. *Warum sind die DNS-Root-Name-Server so wichtig und wie findet ein lokaler DNS-Server einen DNS-Root-Name-Server?*
    Ein DNS-Root-Name-Server verfügt über Informationen zu allen freigegebenen Top-Level-Domains. Eine Suchanfrage findet hier immer als Ergebnis den nächsten zuständigen DNS-Server. Auf jedem DNS-Server-System sind in statischen Tabellen die Adressen der DNS-Root-Name-Server hinterlegt. Kann kein DNS-Server erreicht werden, wird direkt ein DNS-Root-Name-Server kontaktiert.

19. *Wozu dient DHCP in IPv4-Netzen im Wesentlichen?*
    Das Dynamic Host Configuration Protocol stellt einen Mechanismus bereit, der es ermöglicht, dass Hosts dynamisch (meist beim Startvorgang) eine IPv4-Adresse und weitere IP-Parameter von einem DHCP-Server anfordern können. Neben der IPv4-Adresse kann ein Host, DHCP-Client genannt, die Subnetzmaske, die Adresse des DNS-Servers, die Adresse des zuständigen IP-Routers und weitere Parameter ermitteln.

20. *Warum ist in IPv4-Netzen das Path MTU Discovery Verfahren so wichtig?*
    Es ist so wichtig, damit eine Fragmentierung von IPv4-Paketen weitgehend vermieden wird. Das Verfahren ermöglicht nämlich, zwischen zwei kommunizierenden Hosts die MTU-Größe zu ermitteln, welche für alle Teilnetze von der Quelle zum Ziel passt.

21. *Welche Protokolle verwendet das Traceroute-Kommando?*
    Das Traceroute-Kommando verwendet UDP und ICMP.

9.7   Das Internetprotokoll IPv6

1. *Nennen Sie vier Ziele der IPv6-Entwicklung!*
   Folgende Ziele können unter anderem genannt werden: eine umfassende und langfristige Lösung der Adressproblematik (Adressknappheit), die Unterstützung mobiler Kommunikation, die Vereinfachung des Protokolls zur schnelleren Bearbeitung von Paketen in Routern und die Reduzierung des Umfangs der Routing-Tabellen.

2. *Was ist in der IPv6-Terminologie ein Node, was ist ein Link, und was ist ein Interface? Wie werden die zugeordneten Adressen genannt?*
   Ein IPv6-fähiges Gerät wird auch als *Node* bezeichnet. Das kann ein Host oder ein Knotenrechner (IPv6-Router) sein. Ein *Link* ist eine Anbindung eines Nodes an ein Subnetzwerk. Ein Node besitzt *Interfaces* für den Zugang über Links zu Subnetzwerken. IPv6-Adressen identifizieren ein Interface, Link-Layer-Adressen identifizieren einen Link. In der Regel ist eine Link-Layer-Adresse mit einer IPv6-Adresse verknüpft.

3. *Wie funktioniert bei IPv6 die Stateful Address Autoconfiguration (SLAAC) prinzipiell?*
   Die Endsysteme eines IPv6-Subnetzes suchen sich automatisch ihre IP-Adressen. Die IPv6-Adresse eines Subnetzes setzt sich aus zwei Teilen, einem Präfix und einem Link-Token, zusammen. Das Link-Token repräsentiert die einem Endsystem bereits zum Startzeitpunkt bekannte MAC-Adresse (im Falle eines LAN). Nur das Präfix muss

ermittelt werden, der Rest ist dem Endsystem bekannt. Im ersten Schritt sendet das Endsystem die eigene Link-Adresse, also die MAC-Adresse in einer ICMPv6-Nachricht über die *Solicited-Multicast-Adresse* „FF02::1". Diese Nachricht wird als *Neighbor-Solicitation* bezeichnet. Dabei werden alle Endsysteme und Router des Subnetzes angesprochen. Wenn das Link-Token eindeutig ist, also sich kein anderer Rechner beschwert, wird in einem zweiten Schritt eine weitere *Neighbor-Solicitation*-Nachricht an die spezielle *All-Routers-Multicast-Adresse* gesendet. Diese Nachricht ist für alle lokalen Router bestimmt. Mindestens ein Router antwortet an die *Solicited-Multicast-Adresse* mit einer *Neighbor-Advertisement*-Nachricht, in der er das Präfix zur Ergänzung der IPv6-Adresse an das Endsystem überträgt. Alle Rechner im Netz hören die Nachricht mit und die IPv6-Adresse ist nun im Subnetz bekannt.

4. *Welchen Sinn haben im IPv6-Protokoll die Erweiterungs-Header? Nennen Sie zwei Erweiterungs-Header und beschreiben Sie kurz deren Aufgabe!*
   Mit den Erweiterungs-Headern können zusätzliche Informationen zwischen den IP-Instanzen ausgetauscht werden. Da ein IPv6-Paket keinen oder mehrere Erweiterungs-Header besitzen kann, ist dies eine sehr flexible Möglichkeit, spezielle Funktionalitäten zu unterstützen, den Protokoll-Overhead im Standardfall jedoch gering zu halten. Zwei Beispiele für Erweiterungs-Header:
   - Fragment-Header: ermöglicht die aus IPv4 bekannte Fragmentierung von IP-Paketen.
   - Routing-Header: enthält eine Liste von Routern, die auf dem Weg zum Ziel angesteuert werden müssen.

5. *Wozu sollen im IPv6-Protokoll Flussmarken dienen?*
   Mit Flussmarken können qualitative Anforderungen wie beispielsweise die benötigte Bandbreite oder die maximale Verzögerung einer IP-Verbindung zwischen einer Quelle und einem Ziel definiert werden. Router können diese Informationen nutzen und entsprechend Ressourcen reservieren, um die benötigte Qualität einer Anwendung sicherstellen zu können. Das Verfahren wird allerdings heute kaum genutzt.

6. *Geben Sie für die IPv6-Adresse 0000:0000:0000:0000:0065:78C1:009A:6008 eine richtige Abkürzung an!*
   Die gekürzte Adresse sieht wie folgt aus: ::65:78C1:9A:6008.

7. *Was macht das Neighbor Discovery Protocol (ND-Protokoll) und welches IPv4-Protokoll ersetzt es?*
   Das Neighbor Discovery Protocol dient bei IPv6 zur Unterstützung der automatischen Konfiguration von Endsystemen. Es dient zum einen dem Auffinden von IPv6-Routern im gleichen Link (Subnetz), zum anderen wird über dieses Protokoll eine dynamische Zuordnung von Konfigurationsparametern wie der maximalen MTU-Größe und dem Hop-Limit an IPv6-Endsysteme ermöglicht (Parameter Discovery). Es führt auch die dynamische Adress-Auflösung für Layer-2-Adressen aus und ersetzt damit das in IPv4 verwendete ARP-Protokoll.

8. *Wie funktioniert MLD grundsätzlich?*

   Die Funktion Multicast Listener Discovery (MLD) entspricht in etwa der Funktionalität von IGMPv2/IGMPv3 aus IPv4-Netzwerken. Im Unterschied zu IPv4 wird in IPv6 für diese Aufgaben ICMPv6 anstelle von IGMP für die Kommunikation zwischen Host und Router verwendet.

9. *Ist IGMP in IPv6 noch notwendig?*

   IGMP wird in IPv6 durch die Funktion Multicast Listener Discovery ersetzt.

10. *Wird DHCP in IPv6 noch benötigt?*

    DHCPv6 kann genutzt werden, um die sogenannte *Stateful Address Autoconfiguration* durchzuführen. Das Verfahren läuft prinzipiell wie in IPv4-Netzen mit DHCP ab.

11. *Was ist in IPv6 eine globale Unicast-Adresse?*

    Globale Unicast-Adressen dienen dazu, einen Host (Knoten) im Internet global eindeutig zu identifizieren.

12. *Was ist in IPv6 eine Link-lokale Adresse?*

    Link-lokale Adressen werden in den gängigen Betriebssystemen während des Systemstarts erzeugt und auf das lokale Subnetz beschränkt. Sie sind nur für den Einsatz innerhalb des eigenen Netzwerks bestimmt. Eine Link-lokale Adresse darf daher von Routern nicht in andere Netze weitergeleitet werden. Sie entsprechen im Wesentlichen den privaten IPv4-Adressen. Jedes Interface verfügt über eine Link-lokale Adresse.

13. *Was ist in IPv6 eine Anycast-Adresse?*

    Eine Unicast-Adresse, die mehr als einem Interface zugeordnet wird, bezeichnet man als Anycast-Adresse. Alle Knoten, die einer Anycast-Gruppe hinzugefügt werden, müssen explizit dafür konfiguriert werden.

14. *Was ist in IPv6 eine Multicast-Adresse?*

    Auch in IPv6 dienen Multicast-Adressen dem Senden von Nachrichten an eine Gruppe. Multicast-Nachrichten werden z. B. für die Anwendungen *Neighbor Discovery* und für die Unterstützung des Routings eingesetzt. Eine IPv6-*Multicast-Adresse* darf wie bei IPv4 nicht als Absenderadresse benutzt werden.

15. *Wie werden in IPv6 Pakete fragmentiert?*

    Fragmentierung wird in IPv6 nur noch im Quellsystem, nicht mehr in den IPv6-Routern ausgeführt.

16. *Wird NAT in IPv6 noch benötigt?*

    Da es in IPv6 genügend Adressen gibt, wird NAT in reinen IPv6-Netzen nicht mehr benötigt. Aktuell wird NAT allerdings noch sehr intensiv genutzt, da IPv4 und IPv6 häufig gemeinsam genutzt werden bzw. IPv4 noch weiter verbreitet.

Badach, A., & Hoffmann, E. (2001). *Technik der IP-Netze*. München: Hanser.

Hafner, K., & Lyon, M. (2000). *ARPA Kadabra oder die Geschichte des Internet*. Heidelberg: dpunkt.

Herold, H., Lurz, B., & Wohlrab, J. (2012). *Grundlagen der Informatik* (2., ak. Aufl.). München: Pearson Studium.

Mandl, P. (2009). *Masterkurs Verteilte betriebliche Informationssysteme: Prinzipien, Architekturen und Technologien*. Wiesbaden: Springer Vieweg.

Mandl, P. (2014). *Grundkurs Betriebssysteme* (4. Aufl.). Wiesbaden: Springer Vieweg.

Mandl, P., Bakomenko, A., & Weiß, J. (2010). *Grundkurs Datenkommunikation: TCP/IP-basierte Kommunikation: Grundlagen, Konzepte und Standards* (2. Aufl.). Wiesbaden: Vieweg-Teubner.

Stevens, R. W., Fenner, B., & Rudoff, A. M. (2005). *UNIX network programming. The sockets networking API* (Bd. 1, 3. Aufl.). Boston: Addison Wesley.

Yanyan, L., & Keyu, J. (2012). Prospect for the future internet: A study based on TCP/IP vulnerabilities. In International conference on computing, measurement, control and sensor network. CPS Publishing.

Internetquellen

Microsoft Docs. (2018). https://docs.microsoft.com/de-de/. Zugegriffen am 23.02.2018.

Wikipedia AlterNIC. (2018). https://en.wikipedia.org/wiki/AlterNIC. Zugegriffen am 23.03.2018.

Wikipedia OSI. (2018). https://en.wikipedia.org/wiki/OSI_protocols. Zugegriffen am 23.03.2018.

© Springer Fachmedien Wiesbaden GmbH, ein Teil von Springer Nature 2019

P. Mandl, *Internet Internals*, https://doi.org/10.1007/978-3-658-23536-9

A

Adressauflösung, inverse 133
AfriNIC 42
ALP-IX 36
Anycast 46
APNIC 42
ARIN 42
ARP 112
   Adressauflösung 112
AS. *Siehe* System, autonomes
Assured Forwarding 59

B

BCIX 36
Best-Effort-Prinzip 41
BGP 94
   Routing Information Base 95
BGPv4 94
Broadcast 46
Broadcast-Route 76

C

CDN. *Siehe* Content Distribution
      Network
CIDR 28, 52
Congestion 23
Content Distribution Network 37

D

Data Encryption Standard 166
DE-CIX 36
Demultiplexing 25
DENIC 4

DHCP 119
DHCPv6 158, 162
   Relay Agent 162
Differentiated Services 59
   Codepoint 59
Differenzierte Dienste. *Siehe* Differentiated
      Services
Diffie-Hellman-Verfahren 166
Dijkstra's Algorithmus 23
DMZ 116
DNS 124
   AlterNIC 126
   Anycast 127
   BIND 130
   ccTLD 125
   DNS-Resolver 130
   DNS-Root-Name-Server 127
   DNS-Server, autoritativer 129
   DNS-Server, nicht-autoritativer 129
   DNS-Zonen 128
   EDNS 131
   Extended DNS (*Siehe* (EDNS))
   gTLD 125
   hosts.txt 124
   ICANN 125
   Infrastruktur-Domain 125
   InterNIC 125
   Name-Server (*Siehe* (DNS-Server))
   New gTLD 125
   OpenNIC 126
   Root-Name-Server (*Siehe* (DNS-Root-
      Name-Server))
   TLD (*Siehe* (Top-Level-Domain))
Domain Name System. *Siehe* DNS
Downward-Multiplexing 26

© Springer Fachmedien Wiesbaden GmbH, ein Teil von Springer Nature 2019   193
P. Mandl, *Internet Internals*, https://doi.org/10.1007/978-3-658-23536-9

springer-vieweg.de

Peter Mandl

Grundkurs Betriebssysteme

Architekturen, Betriebsmittelverwaltung, Synchronisation, Prozesskommunikation, Virtualisierung

4. Auflage

LEHRBUCH

Springer Vieweg

springer-vieweg.de